纺织科学与工程高新科技译丛

先进非织造材料

[英]乔治·凯利 (George Kellie) 编著

刘宇清　译

中国纺织出版社有限公司

内 容 提 要

本书详细介绍了先进非织造材料常用纤维、绿色回收和生物聚合物材料以及纳米纤维的应用；同时对非织造材料生产技术、性能测试及复合非织造材料的主要应用领域进行了综述；最后简要介绍了先进非织造材料在医疗卫生、汽车、过滤、能源、土工、农业、建筑、家居以及包装等领域的应用。

本书可作为高等院校纺织科学与工程、非织造材料与工程及相关专业的教材，也可供相关领域工程技术人员、科研人员及营销人员阅读。

著作权合同登记号：01-2019-0561

图书在版编目（CIP）数据

先进非织造材料/（英）乔治·凯利（George Kellie）编著；刘宇清译. --北京：中国纺织出版社有限公司，2021. 1

（纺织科学与工程高新科技译丛）

书名原文：Advances in Technical Nonwovens

ISBN 978-7-5180-6639-1

Ⅰ.①先… Ⅱ.①乔… ②刘… Ⅲ.①非织造织物 Ⅳ.①TS17

中国版本图书馆 CIP 数据核字（2019）第 188295 号

策划编辑：沈 靖 孔会云 责任编辑：沈 靖
责任校对：寇晨晨 责任印制：何 建

中国纺织出版社有限公司出版发行
地址：北京市朝阳区百子湾东里 A407 号楼 邮政编码：100124
销售电话：010—67004422 传真：010—87155801
http://www.c-textilep.com
中国纺织出版社天猫旗舰店
官方微博 http://weibo.com/2119887771
北京玺诚印务有限公司印刷 各地新华书店经销
2021 年 1 月第 1 版第 1 次印刷
开本：710×1000 1/16 印张：21
字数：343 千字 定价：168.00 元

原书名：Advances in Technical Nonwovens

原作者：George Kellie

原 ISBN：978-0-08-100575-0

先进非织造材料（刘宇清译）

ISBN：978-7-5180-6639-1

注意

本书涉及领域的知识和实践标准在不断变化。新的研究和经验拓展我们的理解，因此须对研究方法、专业实践或医疗方法作出调整。从业者和研究人员必须始终依靠自身经验和知识来评估和使用本书中提到的所有信息、方法、化合物或本书中描述的实验。在使用这些信息或方法时，他们应注意自身和他人的安全，包括注意他们负有专业责任的当事人的安全。在法律允许的最大范围内，爱思唯尔、译文的原文作者、原文编辑及原文内容提供者均不对因产品责任、疏忽或其他人身或财产伤害及/或损失承担责任，亦不对由于使用或操作文中提到的方法、产品、说明或思想而导致的人身或财产伤害及/或损失承担责任。

译者序

非织造行业是一个充满活力和快速增长的行业，最近的技术创新促进了新型最终用途的开发，特别是新冠肺炎疫情发生以来，口罩、防护服和消毒湿巾等成为非常重要的防护物资。高过滤效率的熔喷非织造布、静电纺丝技术、高防护等级的面料、可洗涤的重复使用面料更是核心的防护材料，保护了医护人员和普通民众的安全。

《先进非织造材料》一书为非织造行业提供最新的发展信息，详细介绍了先进非织造材料常用纤维、绿色回收和生物聚合物材料以及纳米纤维的应用；同时对非织造材料生产技术、性能测试及复合非织造材料的主要应用领域进行了综述；最后简要介绍了先进非织造材料在医疗卫生、汽车、过滤、能源、土工、农业建筑、家居以及包装等领域的应用。

本书专注于非织造行业的需求，明确并强调非织造材料应用技术。本书内容由该领域的专家和国际作者团队编辑贡献，对先进非织造材料的应用进行了全面介绍。

中国纺织出版社有限公司引进《先进非织造材料》一书，为纤维材料和大纺织产业的从业人员快速了解该领域的最新发展提供了有益帮助。翻译《先进非织造材料》并不是目的，希望借此与中国纺织出版社有限公司一起，促进非织造材料与工程专业的人才培养，为我国从非织造产业大国向强国迈进作出微小贡献。感谢苏州大学非织造材料与工程专业杨瑞嘉、张蓉、王威、杨舒桦、王海涛、丁正媛、杨振北、陈文霞、罗世丽等在翻译过程中提供的协助。

限于译者知识的局限性和时间的紧迫性，翻译过程中虽纠正了原书中某些专业术语以及一些行业有争议的词汇表达，但仍需要进一步推敲和深度讨论。由于译者水平有限，不当之处还请广大读者多提宝贵意见。

译者　刘宇清

目 录

第1章　先进非织造材料概述

G. Kellie

凯利解决方案有限公司，英国塔珀利

1.1　非织造材料的市场

在过去的 40 年里，非织造材料工业一直在持续不断地发展，并已成为人造纤维市场的重要组成部分。然而，由于非织造行业及其应用的广泛性和复杂性，人们并不能很好地理解到底什么是非织造材料。因此，在研究非织造技术之前，了解非织造工业的背景至关重要。

2014 年欧洲一次性非织造材料协会（EDANA）发布的关于欧洲年度统计数据的报告显示，2014 年欧洲非织造材料的总产量比上年增长约 4.7%，达到 2.165×10^6t[1]。EDANA 预测，欧洲非织造材料卷材行业的年营业额约为 48 亿欧元。此前 EDANA 还估计，欧洲地区的非织造材料产量约占全球市场的 25%。报告还显示，2014 年非织造材料增长最显著的四个领域中有三个是在技术型非织造材料。

在非织造材料的最终用途中，一直保持高增长速度的领域分别为个人护理湿巾（+ 12.1%）、地板覆盖物（+ 12.3%）、土木工程（+ 11.9%）和汽车内饰（+13.1%）。

EDANA 根据非织造材料卷材的销量评估了其主要市场细分[2]，包括卫生（31.9%）、建筑（18.2%）、湿巾（15.8%）和过滤（6.9%）。

IntertechPira（现为 Smithers Apex）公司对非织造材料市场进行了详细研究，并预测非织造材料市场总量将超过 1610 亿平方米[3]；Smithers Apex 的一项新研究表明，2015 年全球非织造材料市场价值已经超过 370 亿美元，到 2020 年将超过 500 亿美元[4-5]。

非织造材料市场的地理分布也在发生变化，该行业正从北美和西欧地区逐渐向其他地区转移。主要是向远东地区的制造业转移，尤其是中国。

1.2 先进非织造材料的特性

非织造材料的发展往往伴随着卫生和一次性用品市场的发展，这些领域都对技术有很高的要求。非织造材料创新指数（以非织造材料的创新率衡量）表明，在开发创新解决方案方面，技术应用首次超过卫生应用；此外，这些创新使非织造材料在先进工业材料类别中名列前茅。

技术型非织造材料很难精确定义，因为它涵盖了广泛的市场。根据最终市场用途，技术型非织造材料通常是耐用的，或者是高性能的。由此，可以将这类材料与一次性非织造材料及其他非织造材料区分开来。虽然一次性非织造材料在技术上也越来越复杂，但技术型或高性能非织造材料主要是针对终端市场的内在需求。它们专门被应用于工业领域，而非日常消费领域。

技术型非织造材料应用的增长速度快于一次性材料，且技术型应用在价值上的增长比在其他方面的增长更快。这反映了一个事实，即在非织造产业中，技术方面有相当大的附加值，例如，通过涂层、复合等技术，可以使非织造材料具有许多功能。

非织造材料终端市场的范围大且多样，并且呈持续增长趋势。一些较为广泛的最终用途包括过滤、汽车、医疗、建筑、电池或燃料电池分离器、隔音和隔热等。

与许多传统材料相比，非织造材料具有良好的环保特性：①使用天然或可持续材料；②使用生物塑料；③使用回收聚合物；④耐用的多次产品取代一次性单次产品；⑤优化或个性化定制解决方案；⑥轻量化。

这些技术和创新使技术型非织造材料已经拥有一定的规模市场。例如，Smithers Apex 等公司发布的数据显示，到 2016 年，高性能非织造材料的市场规模达到 95 亿美元左右[5]。这些先进非织造材料正以惊人的扩张速度和一系列新技术超越许多其他类型的特殊材料。非织造材料的主要应用趋势如图 1.1 所示，技术型非织造材料主要应用领域的分布如图 1.2 所示。

1.2.1 可持续发展

由于大气中二氧化碳水平不断上升和原材料资源逐渐匮乏，可持续发展必然成为主要材料生产国的战略核心。环境问题仍然是下一个十年需要考虑的关键因素。

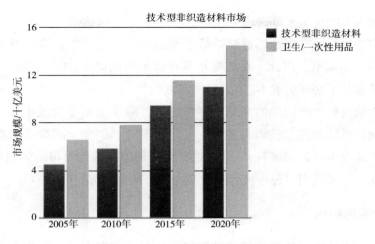

图 1.1　非织造材料的主要应用趋势

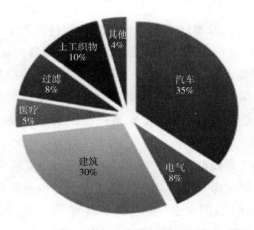

图 1.2　技术型非织造材料的主要应用领域

对于纤维行业来说，重要的是要认识到可持续非织造材料领域是非织造行业发展的关键驱动力。在本报告中，我们可以从多方面看到这一点。截至 2015 年，全球可持续非织造材料市场将达到 122 亿美元，年复合增长率为 12.7%[6]。此外，可持续非织造材料的价值将占所有非织造材料价值的 30% 以上，其产量将接近 $1.5 \times 10^6 t^{[7]}$。

1.2.2　轻量化

轻量化是可持续性的另一种表现。在许多非织造材料的应用中，都有减少其基础重量（简称"基重"）的趋势。随着非织造技术的快速发展，越来越多的生产者通过减少基础重量来节省成本。

在非织造材料生产中，原材料是最主要的成本。由于非织造材料生产商提供的是指定的最小基重，因此，在该最小基重以上的纵向（MD）和横向（CD）上的所有重量都是不必要的成本。

用更少的材料生产同样的产品有多种好处，除了明显节约成本外，还直接减少了二氧化碳排放的总量，而且还有一些附加利益。例如，减少非织造材料基重可以降低货运成本（运输能耗）。非织造材料更轻意味着每卷布的面积更大，这通常会减少在生产或使用过程中换卷的频率，从而减少浪费。

1.2.3　回收再利用

回收的再生纤维的使用是可持续发展的成果，并促使进一步实施可持续发展战略。

再生聚酯（R-PET）纤维已经被广泛应用，而且其产量可能进一步增长。例如，Wellman 国际公司（Indorama 风险投资公司的一部分）走在这一趋势的前端，他们为涤纶短纤维提供了一个有保证的、可追溯的、可持续的原材料。如今，生态认证对企业未来发展至关重要。作为环境解决方案提供的纤维需要有明确的可追踪性，类似于林业管理委员会（FSC）系统提供的已经成功且广泛使用的森林产品。

最近进行了一项生命周期分析（LCA）的研究，主要研究了 PET 瓶到纤维的回收利用过程。这项研究由来自荷兰乌得勒支大学哥白尼研究所的 Li Shen、Ernst Worrell 和 Martin K. Patel 共同完成。他们的 LCA 结果显示，R-PET 纤维与原聚酯相比具有更重要的环境效益；根据开环回收的分配方法，在评估的 9 个类别中，有 8~9 种由机械回收生产的 R-PET 纤维比原始聚酯对环境的影响更小[8]。

1.3　非织造材料的应用

1.3.1　汽车

汽车领域是非织造材料应用增长最快的市场领域之一。轻型汽车和混合动力汽车的开发为非织造材料开辟了广阔的市场和应用领域。据报道，在 2010 ~ 2020 年的 10 年间，非织造材料在汽车工业中的应用将翻一番。现在已有超过 45

个不同种类的非织造材料被应用于汽车的内部和外部，许多车辆中非织造材料的使用面积超过 38m²。

　　预计在 2015~2025 年的 10 年间，非织造材料的消耗量将增长近一倍。驱动非织造材料需求增长最重要的因素之一是非织造材料的轻量化特征，尤其是在汽车工业中，因为轻量化直接影响燃料消耗、二氧化碳排放等。此外，非织造材料逐渐被应用于复合材料或层压材料中。例如，Visiongain 公司预测全球汽车复合材料市场规模将超过 88 亿美元[9]。

　　非织造材料越来越多地被视为技术组成部分，而非基础材料。汽车用非织造材料与其他竞争材料的对比如图 1.3 所示。

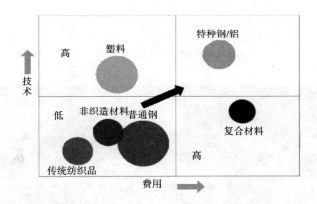

图 1.3　汽车用非织造材料与其他竞争材料的对比

资料来源：凯利解决方案有限公司。

　　据统计，目前平均每辆汽车非织造材料的使用面积约为 28m²。预计到 2020年，每辆汽车非织造材料的使用面积将超过 40m²。

　　非织造材料正在从以内部使用为主向更广泛的最终用途转变，包括车底、过滤或分离器应用等。

　　按应用面积划分，非织造材料在汽车中的应用分布如图 1.4 所示。但非织造材料在汽车外部的应用呈强劲增长趋势，因此，非织造材料在汽车内外部的应用占比将会发生变化。除内饰外，不断增长的汽车用非织造材料的应用分布如图 1.5所示。

　　非织造材料之所以能在汽车市场取得成功是因为其所含的先进技术，为非织造材料带来机遇的关键驱动力如图 1.6 所示。以宝马 i3 为例，它是世界上首批电动汽车之一，宝马 i3 在车身结构中广泛使用复合材料；此外，SGL 集团和宝马集

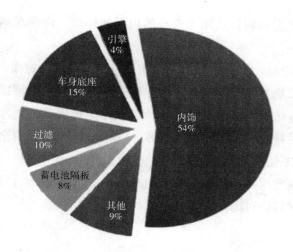

图 1.4　非织造材料在汽车中的应用分布

资料来源：凯利解决方案有限公司。

图 1.5　不断增长的汽车用非织造材料的应用

1—门及侧板　2—车底盖　3—安全气囊　4—地板及下盘盖板　5—座椅后部　6—刹车盘

7—纺织轮拱衬里　8—排气系统　9—过滤器　10—发动机绝缘材料　11—涡轮增压器

12—电池　13—侧门和后门饰板　14—后包裹架　15—储物箱盖　16—A 柱和 C 柱

17—车顶衬里　18—遮阳板　19—仪表板　20—发动机盖板

资料来源：Groz-Beckert。

团的合资企业——SGL 汽车碳纤维，将回收的碳纤维转化为非织造材料，再通过树脂传递模塑工艺[10]形成部件，如宝马 i3 的车顶。

图 1.7 所示为应用增长最快的部分汽车用非织造材料类型。预计汽车用非织造材料在未来 10 年的年复合增长率将超过 7%；对于复合材料，其增长将更加显著，

图 1.6　技术驱动力

资料来源：凯利解决方案有限公司。

预计同期年增长率接近 10%。图 1.8 所示为 2020 年汽车用非织造材料分布情况的预测，图 1.9 所示为 2010~2025 年汽车用非织造材料的销售发展趋势。

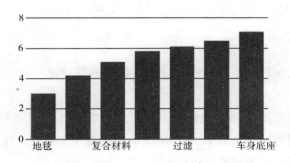

图 1.7　部分应用增长最快的汽车用非织造材料类型

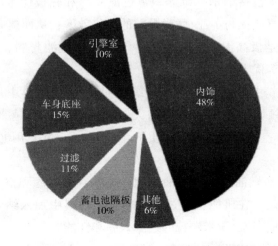

图 1.8　2020 年汽车用非织造材料分布情况的预测

资料来源：凯利解决方案有限公司。

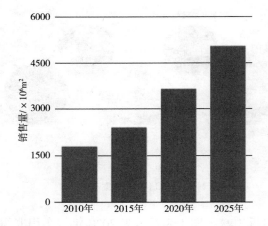

图 1.9　汽车用非织造材料的销售发展趋势

资料来源：凯利解决方案有限公司。

1.3.2　过滤

过滤是非织造材料的另一个重要应用，包括空气过滤、液体过滤、细菌过滤、灰尘过滤等。

非织造材料是过滤的理想材料，因为通过对非织造材料进行设计和改造，可以使其满足过滤时苛刻的规范条件和复杂的监管要求。如今，非织造材料已经取代了许多传统材料，成为过滤介质的首选。

过滤的前沿技术包括纳米纤维非织造过滤介质和驻极体带电介质，这些过滤介质通过静电效应直接提高了亚/微米颗粒的捕集效率，从而提高了过滤性能。

非织造材料还是极高温度和强度条件下理想的过滤材料，且还具有成本低、易于穿透和高效率等优点。

虽然空气/气体过滤介质在全球非织造过滤介质消费中所占的份额很大，但由于汽车/运输领域使用规模越来越大、性能驱动程度越来越高，其消费份额的增长速度快于空气/气体过滤介质的增长速度。过滤用非织造材料的应用领域如下。

（1）汽车。包括燃油过滤、机油过滤、机舱空气过滤和空气过滤。其中，一项最新的创新研究是，在机舱空气过滤用非织造材料中加入纳米纤维层等，这些纳米纤维层有助于提高亚/微米颗粒的过滤效率和性能。

（2）供暖、通风和空调（HVAC）过滤器。

（3）消费产品。如吸尘器、炊具罩。

（4）洁净室。如 HEPA（高效微粒气溶胶）过滤器和 ULPA（超低渗透气溶胶）过滤器[12]。

（5）液体过滤。如饮用水。

（6）食品和饮料领域。

（7）制药/医疗领域。

用于过滤的非织造材料类型包括：针刺非织造材料、气流成网非织造材料、静电纺丝非织造材料、熔喷非织造材料、纺粘非织造材料、水刺非织造材料、热黏合非织造材料、复合非织造材料和湿法成网非织造材料等。

过滤用非织造材料发展的推动因素之一是人们对空气和水质指标日益增长的需求。人均消费水平的提高也将有助于过滤用非织造材料领域的发展。

过滤用非织造材料的消费增长迅速，Smithers Apex 和 McIlvaine 的研究表明，到 2020 年，过滤用非织造材料市场将超过 45 亿美元，年均复合增长率可能超过 5.5%[11]。

1.3.3　建筑和建造

在建造工程中，非织造材料的主要应用包括：屋顶和瓷砖衬底、下垫膜、保温膜、木框包膜和地基稳定等。

非织造层压板和复合材料在透气薄膜领域取得了快速的进展。例如，非织造材料改变了英国的屋顶行业，图 1.10 所示为英国屋顶透气层压板的应用趋势，可见其市场变化之快。图 1.11 展示了非织造材料制作的屋顶透气层的增长情况。

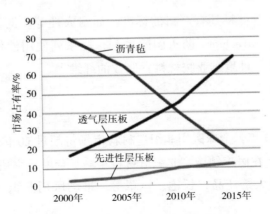

图 1.10　英国屋顶透气层压板的应用

资料来源：凯利解决方案有限公司。

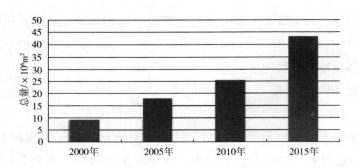

图 1.11 英国非织造材料制作的屋顶透气层的增长情况

资料来源：凯利解决方案有限公司。

此外，非织造材料在地下的应用也在不断增加，例如，用于现场固化管（CIPP）衬垫，这使得地下公用管道在翻新时能够实现最小化挖掘；一个潜在的发展领域是，将 CIPP 非织造结构用于饮用水管道内衬[13]。

1.3.4 航空航天

在航空航天领域，非织造材料和含有非织造材料的复合材料也是一种发展方向。复合材料使机身内部结构发生了巨大的变化，虽然并非所有复合材料都使用非织造增强材料，但其应用正在扩大。例如，空中客车 A350 XWB 系列自推出以来，复合材料的应用比例大幅增加。A350 XWB 的机身有 70%以上是由复合材料（超过 50%）等先进材料制成的。此外，航空航天内部材料也是非织造材料的主要发展目标。

航空航天用非织造材料具有严格的标准，如耐火性等。例如，最近推出的用于飞机座椅的 Ultra-ProTechtor™ 防火阻隔系列，此系列使用沙特基础工业公司的 ULTEM™ 阻燃树脂（一种聚醚亚胺材料）制成的纤维[14]。

1.3.5 医疗卫生

据预测，到 2020 年，全球医用非织造材料市场将超过 20 亿美元[15]。Smithers Apex 等的研究表明，在医疗领域，非织造材料年均复合增长率超过 5%，包括伤口护理用品、绷带、尿失禁产品、长袍、口罩等。推动医用非织造材料市场发展的因素如下。

（1）医用非织造材料的使用可降低医院病菌感染的风险，如艰难梭菌。

（2）一次性非织造材料取代重复使用的织物。

（3）许多西方国家的人口老龄化加剧。

（4）创新应用。例如，在伤口护理方面，开发出以非织造材料为主导的先进的创新产品。

1.3.6　土工

现用于道路建设和地面稳定的关键性材料是土工非织造材料。土工非织造材料可以缩短道路施工时间，并具有稳定性和耐久性。土工非织造材料还可用来管理其他重要的道路需求，如水流管理。土工非织造材料除具有液体流量控制功能外，还需具有良好的、可控的过滤性能；这些先进的土工非织造材料在结构上也足够坚固，能够承受载荷、地面移动和水的流动。

土工非织造材料的最终用途不断扩大，包括路面稳定、填埋衬垫、地下排水、土壤分离、沉积物控制、防侵蚀、抑制杂草等用途的薄膜。图 1.12 所示为土工非织造材料用于路面稳定的示例。

图 1.12　用于地面稳定的土工非织造材料

资料来源：图片由宇宙科技提供。

1.4　未来趋势

先进非织造材料的市场在不断增大，其应用范围也在不断扩大。在未来几年，非织造材料市场将进一步扩大，一系列引人注目的创新的应用将不断出现。

参考文献

［1］ EDANA preliminary European annual statistics for 2013. www. edana. org/news-room/news－announcements/2014/03/31/nonwoven－production－exceeded－2－million－tonnes－in2013－in－greater－europe.

［2］ www. edana. org/discover－nonwovens/facts－and－figures.

［3］ www. edana. org/docs/default－source/default－document－library/press－release－november 2012－；－worldwide－nonwovens－production－to－reach－10－millions－tonnes－by－2016. pdf？Sfvrsn＝2.

［4］ www. smithersapex. com/products/market－reports/the－future－of－global－non-woven－marketsto－2020.

［5］ http：//www. smithersapex. com/news/2015/june/global－nonwovens－projected－to－reach－$ 50－8billion.

［6］ Smithers Apex. The future of high performance nonwovens to 2016. http：//smither-sapex. rdgwy. com/products/market－reports/high－performance－nonwovens－2016 and www. smithersapex. com/products/market－reports/high－performance－nonwovens－2016.

［7］ The future of sustainable nonwovens to 2015：Global market forecasts. http：//www. smithersapex. com/products/market－reports/sustainable－nonwovens－2015.

［8］ Open－loop PET Bottle－to－fibre recycling. www. researchgate. net/publication/223174389_Open_loop_recycling_A_LCA_case_of_PET_bottle－to_fibre_recycling.

［9］ Visiongain. Automotive composites market forecast 2015－2025. https：//www. visiongain. com/Report/1409/Automotive－Composites－Market－Forecast－2015－2025.

［10］ SGL automotive carbon fibers （ACF），the joint venture between the BMW group and SGL group. www. sglacf. com/en. html.

［11］ www. smithersapex. com/news/2014/september/nonwovens－for－filtration－market－to－growto－2019.

［12］ Pentair. Air particle filtration efficiencies and definitions. www. pentair. com/marketlanding/MarketPage_EOS_TechDtl_HEPAULPA. aspx.

［13］ McIlvaine's air，gas，water，fluid treatment and control report. https：//home. mcilvainecompany. com/index. php？option＝com_content&view＝article&id＝71.

［14］ http：//www. innovationintextiles. com/nonwovens/national－introduces－ultra-protechtor-fireblocker/.

［15］www. smithersapex. com/news/2014/september/medical-nonwovens-market-to-grow-to- $2b-by-2018.

第 2 章　先进非织造材料常用纤维

Y. Yan

华南理工大学，中国广州

2.1　概述

2.1.1　从天然纤维到合成纤维

非织造材料的起源可追溯到古代，古人用动物毛皮制造毛毡，这被认为是针刺非织造材料的雏形。造纸术是中国古代四大发明之一，可追溯到公元 105 年。蔡伦是汉代的一名宦官，他用桑树、大麻纤维、大麻废料、渔网和旧破布制作了一张纸（图 2.1)[1]，这被认为是湿法非织造材料的起源。

图 2.1　蔡伦

最早使用的纤维来源于自然界，包括植物纤维和动物毛发。工业制造用非织造材料的起源，可追溯到纺织废料和回收的纤维。现在，非织造材料已被用于个人护理、卫生、保健、服装、家具、汽车、建筑、土工布、过滤、工业和农业等领域。不同用途纤维的选择取决于非织造材料的规格、复合材料、层压板以及成本和效益。由于人造纤维工业的发展，非织造用纤维已从天然纤维、无机纤维、金属纤维、合成纤维（包括人造皮革）发展到"新合纤"和高性能纤维，如图 2.2 所示。

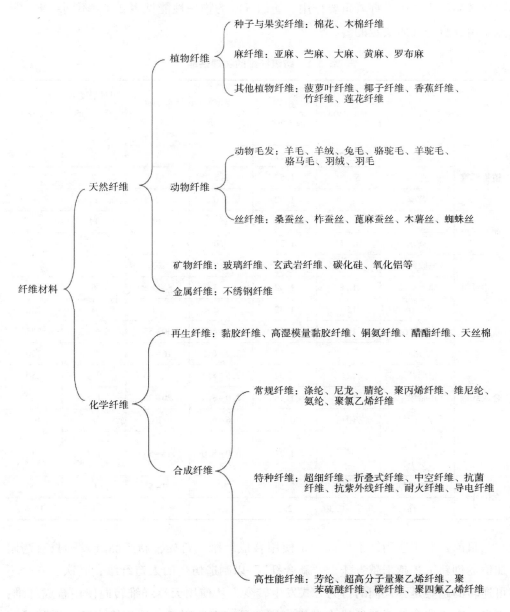

图 2.2　非织造用纤维原料

　　植物纤维是从自然生长或人类栽培的植物中获得的，其特性和产量因地域的不同而不同，并受阳光、水分、植物病害虫害和人口密度等因素的影响。动物纤维主要来自饲养的家禽和家畜，其质量和产量因所属物种的不同而不同，并且受到生活环境的影响。目前，合成纤维以其生产速度快、成本低的优势，在非织造材料产品的生产中发挥着重要作用。纺织纤维的物理性能见表 2.1，不同纤维的特点是由其自身性质决定的。

表 2.1　纺织纤维的物理性能[2]

纤维类型		直径/μm	密度/ $(g \cdot m^{-3})$	强度/ $(cN \cdot dtex^{-1})$	断裂伸长率/%	相对湿度为65%时的回潮率/%	熔点/℃
植物纤维	棉	11~22	1.52	3.5	7	7	—
	亚麻	5~40	1.52	3.5	3	7	—
	黄麻	8~30	1.52	5.0	2	12	—
动物纤维	羊毛	18~44	1.31	1.2	40	14	—
	蚕丝	10~15	1.34	4.0	23	10	—
再生纤维	黏胶纤维	12+	1.46~1.54	2.0	20	13	—
	醋酯纤维	15+	1.32	1.3	24	6	230
	三聚酯纤维	15+	1.32	1.2	30	4	230
合成纤维	尼龙6	14+	1.14	3.2~6.5	30~55	2.8~5	225
	尼龙66	14+	1.14	3.2~6.5	16~66	2.8~5	250
	聚酯纤维	12+	1.34	2.5~5.4	12~55	0.4	250
	腈纶	12+	1.16	2.0~3.0	20~28	1.5	235
	聚丙烯纤维	10+	0.91	2.6~6.0	20	0.1	165
	弹性纤维（莱卡）	—	1.21	6.0~8.0	444~555	1.3	230
无机纤维	玻璃纤维	5+	2.54	7.6	2~5	0	800
	石棉	0.01~0.30	2.5	—	—	1	1500

　　目前，非织造用纤维更倾向于使用合成纤维。首先，新产品开发和具有高附加值的创新工艺越来越青睐于"新合纤"，以制造仿生的人造纤维；其次，一个不可逆转的趋势是，人们的行为方式发生转变，从使用天然纤维转向使用合成纤维；再者，阻碍棉花等天然纤维大规模应用的另一个原因是，棉纤维中的杂质很难完

全去除，因此，在高档非织造材料中的应用受到限制。但是，由于天然纤维的可持续性特性和减少二氧化碳排放的倡导，人们对使用天然纤维的态度发生了变化。目前，与合成纤维性能相当的生物可降解聚合物正被开发用于非织造材料。

2.1.2　从有机纤维到无机纤维

玻璃、巴塞尔等无机纤维可在 500℃ 或更高温度环境下使用。与有机纤维相比，无机纤维易碎，这给纤维加工带来很大难题。环锭纺丝或离心纺丝是利用离心力生产亚/微米级玻璃纤维的有效方法，但它很难用于合成亚/微米级纤维。制造玻璃纤维的典型无机材料是碳化硅（SiC）、氧化铝（Al_2O_3）和硼（B）。

2.1.3　从功能性纤维到高性能纤维

普通合成纤维不能满足商业价值的要求，因此抗菌纤维、防紫外线纤维、阻燃纤维、抗静电纤维、远红外纤维等特殊性能的改性纤维应运而生。其制备方法主要有两种：一种是改变纤维截面形状或纤维表面形态，另一种是在纺丝或后整理过程中向聚合物中加入功能性添加剂。但并不是所有的功能属性都可以通过上述两种方法轻松实现。此外，一些聚合物，如芳香族聚酰胺、芳香族聚酯、液晶聚合物、聚酰亚胺、聚四氟乙烯、聚磺酰胺、聚苯硫醚（PPS）、聚苯并噁唑、碳纤维（CF）和聚醚醚酮，具有高强度、高模量、高耐热性和优异的阻燃性能（表 2.2 和表 2.3）[3-4]。以合成聚合物为基础的纤维，如聚丙烯酸钠、聚醚砜、聚甲基丙烯酸甲酯、乙烯-丙二烯聚合物、改性聚烯烃、低熔点聚酯、聚酰胺等，是制造功能性非织造材料的良好原料，其低黏合温度、超低熔点、高吸水性，使其具有离子吸附、过滤等功能，其中大部分已投入商业化生产。表 2.4 列出了各种应用的性能要求[4]。

表 2.2　纤维的极限氧指数[3]

材料	极限氧指数/%
预氧化纤维（碳纤维，帝人）	50~60
聚苯并咪唑	40~41
诺梅克斯纤维（Nomax）	32
凯芙拉合成纤维（Kevlar）	28
克美尔（聚酰胺酰亚胺，Kemel）	32

续表

材料	极限氧指数/%
聚苯硫醚	34
P84	40
三聚氰胺纤维	32
聚对亚苯基苯并二噁唑	68
聚四氟乙烯	>95
耐火人造丝	28~30
变性聚丙烯腈纤维	27~30
聚酰胺纤维	20~22
聚丙烯腈纤维	18~20
人造纤维	18~20
棉纤维	17~19

表 2.3　高性能纤维的典型例子

纤维	商标名	断裂强度/ ($cN \cdot dtex^{-1}$)	模量/ ($cN \cdot dtex^{-1}$)
对位芳族酰胺	Kevlar 49（杜邦）	19.36	748
	Twaron（帝人）	19.36	748
	Technora（帝人）	24.64	492.8
全芳族聚酯	Bectran（聚酯纤维）	25.52	589.6
超高分子量聚乙烯纤维	Dyneema（东洋纺）SK60	26.4~35.2	880~1232
	高强度产品	35.2~39.6	1050~1408
聚丙烯腈基碳纤维（液晶）	TORAYCA（东丽）	17.6~39.6	1232~3080
	Besfight（东邦特耐克丝）		
	Pyrofil（三菱化工）		
沥青基碳纤维（液晶沥青）	Glanoc（NGF）	11.44~16.72	616~3960
	Dialead（三菱化工）		
聚对苯-2,6-苯并双唑纤维	ZYLON（东洋纺）	42	1760

表 2.4　不同应用的性能要求

	高强度	高模量	高韧性	高撕裂强度	耐冲击性	耐磨性	抗疲劳强度	尺寸稳定性	耐用性	色牢度级	轻量级	透明度	透气性	热稳定性	耐热性	绝缘性	阻燃性	防火性	耐火性	耐候性	吸湿性	含水量	吸水率	防水性	疏水性	电气控制	电气绝缘	抗菌	防霉	抗化学腐蚀	高黏接性	易于存储	安全
衣服	○							○	○	○			○	○			○	○			○	○	○	○	○								○
床上用品	○							○			○		○															○	○			○	
内饰								○					○					○										○	○				○
生活用品	○																	○		○										△		△	
农业	○	○	○							○	△	△	○																				
船用产品											△				○					○													
工业	○		○					○																			△			△			
交通/运输	○		○	○	○	○	○											○		○											○	○	
土木工程	○	○	○	○	○	○												○		○													
建筑																																	
海洋开发	○		○		○		○	○																									
航空航天	○		○			○												○	○	○													
能源开发																	○	○		○												○	○
医疗保健													○																				
信息	○	△								○	○		△																				
消防																	○	○		○													
国防/弹药	○		○		○			○			○		○		○		○	○			△	△				○	○	△	△			○	

　　注　○=非常重属性；△=不太重要的属性。

2.2　天然纤维

2.2.1　植物纤维

2.2.1.1　棉

　　棉是应用最广泛的天然纤维，是一年生植物。当成熟的果壳裂开时，含有短纤维的棉花就会结成厚厚的白色团。原棉由纤维素（80%~90%）、蜡质、脂肪（0.5%~1.0%）、蛋白质（0~1.5%）、半纤维素、果胶（4%~6%）、灰分（1%~

1.8%）和水（6%～8%）组成。棉按纤维长度（10～50mm）、线密度（1.0～
2.8dtex）、色素、杂质（垃圾和灰尘）、断裂强度（2.5～5.0cN/dtex）、断裂伸长
率（7%～10%）等基本性能分级。

棉纤维的横截面为腰圆形，呈空心螺旋扭曲结构（图2.3），尺寸从长度为
5cm、线密度为1dtex的超细海岛棉到长度为1.5cm、线密度为3dtex的亚洲粗棉不
等。不同品牌的棉花的力学性能对比见表2.5。

（a）横截面　　　　　　　　　　　　　　（b）纵截面

图2.3　棉纤维的扫描电镜照片

表2.5　棉花的力学性能[a]

品种	线密度/dtex	初始模量/(cN·dtex^{-1})	强度/(cN·dtex^{-1})	断裂功/[M·(N/tex)$^{-1}$]	伸长率/%
圣文森特棉	1.00	73	4.52	15.0	6.80
美国棉	1.84	90	3.32	10.7	7.10
印度棉	3.24	39	1.85	5.0	5.60

a. 测试条件：相对湿度为65%，温度为20℃，样品长度为1cm，拉伸速度为0.9（N/tex）/min。

湿棉纤维强度（3～5.6cN/dtex）大于干棉纤维强度（2.6～4.3cN/dtex），这是
天然纤维的一个特性。棉花成熟的标志是形成较厚的细胞壁，它具有更高的强度
和更好的化学稳定性。在相对湿度为65%时，干棉纤维的细胞壁密度为1.55和
1.52g/cm³（取决于试验方法），湿棉纤维的细胞壁密度为1.38g/cm[6]。干棉的吸
热范围在1.19～1.33kJ/g，干燥状态下相应的湿热范围为41～46.1kJ/g和47.3～
54kJ/g（取决于试验方法）[7]。干棉比热为1.21J/g[8]，堆积密度为0.5g/cm³（即
堆积系数为1/3）的棉垫的热导率为71mW/（m·K）[8]。

100℃条件下，棉花在 20 天后强度下降 8%，80 天后强度下降 32%；在 130℃条件下，20 天和 80 天后强度分别下降 62% 和 90%[8]。温度为 21℃，相对湿度为 65% 时，在 72m/min，初始张力为 0.245N（25gf）的标准条件下，在半径为 19mm 的不锈钢圈上的未漂白灰色棉纱的摩擦系数为 0.29（对于交叉纤维）和 0.22（对于平行纤维），通过导纱器的棉的摩擦系数分别为 0.29（对于硬钢滑轮）和 0.23（对于纤维滑轮）[6]。棉花的吸热量随环境相对湿度的变化而变化，见表 2.6。

表 2.6　海岛棉吸热量随湿度变化表

相对湿度/%	0	15	30	45	60
液态水吸热量/$(kJ \cdot g^{-1})$	1.24	0.50	0.39	0.32	0.29
水蒸气吸热量/$(kJ \cdot g^{-1})$	3.69	2.95	2.84	2.77	2.74

未经处理的原棉可以吸收油脂，这是因为纤维表面的蜡质和脂肪使其具有天然疏水性。大多数棉纤维在碱性溶液或 H_2O_2 中进行化学处理，以漂白纤维和脱除蜡质，从而获得不同等级质量和纯度的棉纤维。此外，处理后的棉纤维亲水性提高。

新品种的棉花可用于特殊用途，如有机棉、天然彩色棉、转基因棉等。有机棉是通过生物栽培获得的，不使用杀虫剂、植物生长调节剂和落叶剂。天然彩色棉有其固有的砖红色、鼠尾草绿色或棕色，其色彩是在栽培过程中通过精选种子而自然生长产生的。转基因棉是通过基因改造使其获得更广泛的颜色，同时改善其物理化学性能。

2.2.1.2　麻

最早的植物纤维来自麻类，包括黄麻、苎麻、剑麻、罗布麻、大麻、亚麻。粗韧皮纤维的质量取决于土壤的质量、气候以及收获后韧皮与皮层分离的方法。黄麻纤维是高度木质化的纤维，由纤维素（60%）、半纤维素（26%）、木质素（11%）、蛋白质（1%）、蜡质和脂肪（1%）、灰分（1%）组成。

韧皮纤维的横截面形状随纤维种类的不同而不同，可为非圆形，也可为不同形式的中空结构。黄麻、大麻的纵横截面形状分别如图 2.4 和图 2.5 所示。与棉纤维相比，麻纤维表面光滑，无螺旋扭曲，从而使麻纤维容易从纱线结构中剥离。

黄麻是一种价格不高，但具有高强度、低伸长率和低卷曲度的纤维。黄麻可用于地板覆盖物、簇状地板覆盖物基材或中间层、室内装潢填充物，也是隔音材料的主要成分。表 2.7 列出了部分常用韧皮纤维的性能。

（a）横截面　　　　　　　　　　　　　　（b）纵截面

图 2.4　黄麻纤维的扫描电镜照片

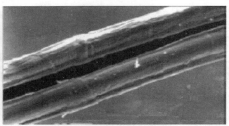

（a）横截面　　　　　　　　　　　　　　（b）纵截面

图 2.5　大麻纤维的扫描电镜照片

表 2.7　常用天然韧皮纤维的性能

特性	大麻	亚麻	剑麻	黄麻
密度/（g·cm⁻³）	1.48	1.4	1.33	1.46
模量/GPa	70	60~80	38	10~30
强度/MPa	550~900	800~1500	600~700	400~800
伸长率/%	1.6	1.2~1.6	2~3	1.8

2.2.1.3　椰壳纤维

椰壳纤维取自未成熟的椰子，是从椰子壳中提取的天然纤维。先将椰子浸泡在热海水中，然后通过梳理和粉碎将纤维从壳中剥离，这与黄麻纤维的生产过程相同。如图 2.6 所示，椰壳纤维单个细胞狭小而中空、壁厚，每个细胞长约 1mm，直径 10~20mm。未加工的椰壳纤维长度在 15~35cm，直径在 50~300μm。未成熟时，由于木质素沉积在细胞壁上，会使它们变硬变黄。椰壳纤维具有良好的硬度，可用于地板垫、门垫、刷子、床垫、粗填充材料和室内装饰等产品[9]。

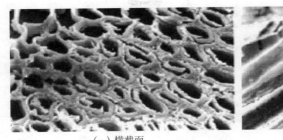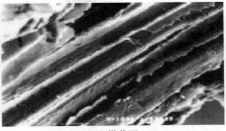

（a）横截面　　　　　　　　　　　　　（b）纵截面

图 2.6　椰壳纤维的扫描电镜照片

2.2.1.4　香蕉纤维

在日本，服装用和家居用的香蕉种植至少可以追溯到 13 世纪，到目前为止，香蕉纤维主要被用于制作高质量的纺织品。为了确保其柔软性和具有不同的品质，需定期从植株上切下香蕉树的叶子和嫩枝，以供特定用途。通常，嫩枝最外层的纤维最粗，用于制作布料；而最内层的纤维最柔软，是和服的优选材料。在尼泊尔，香蕉树干在收割后被切成小块进行软化处理，然后进行机械剥离、漂白和干燥，最后制成成品，用于制作丝质地毯。

2.2.1.5　菠萝叶纤维

菠萝叶纤维的化学成分与亚麻、黄麻纤维相似（表 2.8），但菠萝叶纤维中木质素含量高于亚麻（2%～7%）、低于黄麻（10%～18%）。菠萝叶单纤维和纤维束的性能见表 2.9 和表 2.10[11]。

表 2.8　菠萝纤维组成

构成	纤维素	半纤维素	果胶	木质素	水溶性物质	脂肪和蜡质	矿物质成分
含量/%	56～62	16～19	2.0～2.5	9.0～1.3	1～1.5	4～7	2～3

表 2.9　菠萝叶纤维的性能

单纤维				纤维束（未处理）	
直径/μm	线密度/tex	强度/（cN·dtex^{-1}）	伸长率/%	强度/（cN·dtex^{-1}）	初始模量/Pa
7～18	2.5～4.0	4.26	3.42	3.06	（×10）99.0

表 2.10　处理后的菠萝叶纤维束的性能

指标	线密度/ tex	强度/ (cN · dtex⁻¹)	强度 CV 值/ %	伸长率/ %	初始模量/ (cN · dtex⁻¹)
脱胶后的纤维	1.86	3.75	30.52	3.85	88.0
增量/%	−38	−1.19	−9.43	+12.57	−12.11

菠萝叶纤维外观呈白色，手感如丝，柔软光滑，强度比棉线高，可用于土工布三角形芯线、橡胶输送带中心增强材料、带芯材料和高强度帆布，也可用于造纸、增强塑料、屋顶材料、绳索、渔网和编织艺术品等。

2.2.1.6　莲花纤维

莲花纤维，又称荷花纤维或莲藕纤维，是从莲藕根中提取出来的。莲叶叶柄也可以用来制造纤维，因为当叶柄碎裂时，会含有薄纤维。莲花纤维重量轻，在炎热的天气里能给人清凉的感觉，在寒冷的天气里能给人温暖的感觉，还具有令人愉悦的莲花香味。莲花纤维的组成与其他天然植物纤维相同，其中纤维素、半纤维素和木质素的占比分别为 41.4%±0.29%、25.87%±0.64% 和 19.56%±0.32%[12-13]。较高的木质素含量赋予莲花纤维足够的机械强度。莲花纤维与棉、亚麻纤维的物理性能比较见表 2.11[13]。

表 2.11　莲花纤维与棉、亚麻纤维的物理性能比较

参数	莲花纤维			棉纤维	亚麻纤维
	平均值	最大值	最小值		
线密度/dtex	0.91	1.81	0.56	1.5~2.0	1.7~3.3
强度/(cN · dtex⁻¹)	2.23	5.25	1.07	2.4~3.1	4.1~5.3
初始模量/(cN · dtex⁻¹)	78.5	144.1	12.9	50~80	175~184
伸长率/%	2.60	4.07	1.88	6.0~9.0	1.6~3.3

莲花纤维呈浅棕色或淡黄色，表面粗糙，纤维长度在 30~50mm，纵向呈特殊的螺旋状结构（图 2.7），这种独特的微观结构使其成为仿生材料的理想模型[14]。据报道，莲藕中含有大量的有效成分，如多酚化合物、维生素和抗氧化剂[15]。

2.2.1.7　木棉纤维

木棉是一种从木棉树果实中提取的纤维，主要由纤维素、木质素和多糖组成。纤维平均长度在 8~32mm，直径在 20~45μm，是天然纤维中最细（只有棉的 50%）、最轻、中空结构百分比最高（超过 86%，是棉纤维的 2~3 倍）的纤维

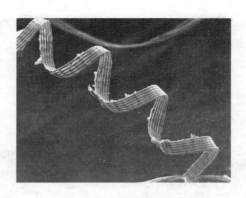

图 2.7　莲花纤维特殊的螺旋结构

（图 2.8），因此在东南亚国家被用作枕头和被子的包装材料。除棉纤维的成分外，木棉纤维表面少量的蜡质，使其具有很强的疏水性。中空结构改善了纤维的性能，使其成为理想的吸油材料。菲律宾的原始木棉纤维颜色为淡黄棕色，而越南木棉纤维则为淡黄色。木棉纤维的蓬松度为 0.3g/cm^3，仅为棉纤维的 20%（1.54g/cm^3），双折射率为 0.017，低于棉花（0.040~0.051），结晶度为 35.90%，细胞壁的结构比棉花的结构松散。木棉纤维具有良好的耐热性，在 296℃时开始分解，在 354℃时发生炭化[16-18]。

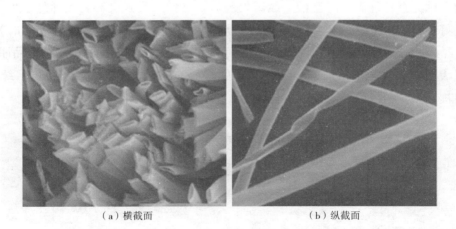

（a）横截面　　　　　　　　　　　　　（b）纵截面

图 2.8　木棉纤维的扫描电镜照片

2.2.2　动物纤维

2.2.2.1　毛

羊毛皮质细胞的独特性质，使羊毛成为一种具有适当硬度和永久卷曲的双组分纤维。图 2.9 所示为毛纤维卷曲的示意图。羊毛纤维表面的微小鳞片使纤维相互黏结，可用于制备毡或毡垫。通常，厚度上的差异有利于生产尺寸较稳定的非织造材料，且由于纤维之间的静止空气，使非织造材料具有良好的绝缘性能。羊毛是一种角蛋白纤维，是由氨基酸组成的混合物。羊毛本身具有阻燃性，通过阻燃处理可以进一步改善其阻燃性能[19]。羊毛的一些基本性能见表 2.1。

（a）羊毛　　　　　　　　（b）山羊绒　　　　　　　　（c）牦牛绒

图 2.9　纤维卷曲的纵向示意图

2.2.2.2　蚕丝

蚕丝是桑蚕或其他蛾类品种天然生产的一种蛋白质纤维，也是唯——种天然的、商业化生产的连续长丝。蚕丝纤维由丝素和丝胶组成，丝胶使丝相互黏附在一起，因此蚕丝纤维相对坚硬。经碱处理后，蚕丝具有强度高、光泽好、尺寸稳定性好等特点。蚕丝的典型结构是三角形截面，这使得蚕丝呈现出优良的光泽（图 2.10）。此外，蚕丝的生物相容性和可降解性使其成为优良的医用纺织品原料。蚕丝表面特殊的光泽和三角形截面也启发了一些高技术合成纤维（即仿生纤维）的发展。蚕丝的一些性能见表 2.1。

（a）横截面　　　　　　　　　　　　　（b）纵截面

图 2.10　蚕丝纤维的扫描电镜照片

2.2.2.3　羽绒和羽毛

羽绒和羽毛是由另一种角蛋白纤维组成，呈螺旋链结构而不是折叠链结构，具有很强的链间和链内氢键，这是其独特的性能。构成羽毛的基本单位是微管束细胞（图 2.11），细胞的外层覆盖着一层由含磷酸基团的大分子、含烯烃的磷酸酯和胆固醇组成的膜，这些特殊的化学成分使纤维具有明显的疏水性能。在微管束细胞的形成过程中，形成了大量的中空和空腔结构，其中的静止空气使羽毛具有良好的隔热性能。

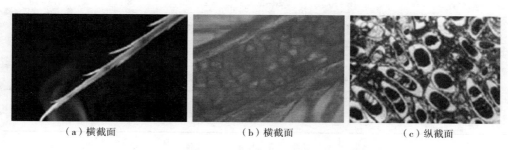

　　（a）横截面　　　　　　　　　　（b）横截面　　　　　　　　　（c）纵截面

图 2.11　羽毛的扫描电镜照片

2.3　化学纤维

2.3.1　再生纤维

2.3.1.1　再生纤维素纤维

许多化学纤维都是以纤维素为基础材料制备而成的。有两种制备纤维素纤维的工艺，一种是黏胶工艺，纤维由纤维素衍生物溶液再生而成，如黏胶纤维和莫代尔纤维；另一种是溶剂法，纤维由纤维素溶液中的纤维素再生而来，如铜氨连续纤维和莱赛尔纤维。再生纤维素纤维，有独特的性质和一些特殊的类型，如高度卷曲纤维和高湿强纤维（表 2.12）[20]。日本化成（Asahi Kasei）拥有将铜氨纤维黏合在再生纤维素中的专利技术，其品牌名为本伯格（Bemberg），是以棉絮为原料制成的铜纤维素纤维。奥地利的兰精公司（Lenzing）拥有采用非金属氧化物生产纤维素的专利技术，品牌为天丝（Tencel）；此外，该公司旗下还有其他著名的基于纤维素的公司，如兰精莫代尔纤维公司（Lenzing Modal）和兰精黏胶公司

（Lenzing Viscose Fibers）。几种典型的再生纤维素性能见表 2.13[21]。

表 2.12　市售黏胶短纤维及其性能

性质	黏胶短纤维基本型莫代尔纤维			莫代尔纤维	
	正常型	高度卷曲型	耐湿强型	富纤	高湿模量
线密度/dtex	1.3~100	2.4~25	1.4~7.8	1.7~4.2	1.7~3.0
抗拉强度/（cN·dtex^{-1}）	0.75~2.7	1.8~2.4	2.8~3	3.2~4.5	3.6~4.5
断裂伸长率/%	16~30	20~30	21~28	8~14	14~18
相对湿强/%	60~65	60~65	65~80	72~65	75~65
保水率/%	90~115	90~115	65~80	65~75.6	65~70
舒适性	否	否	否	是	—

表 2.13　几种典型纤维素基人造纤维的性能

纤维性能	莱赛尔纤维	普通黏胶纤维	高湿模量黏胶纤维	莫代尔纤维	铜氨纤维	棉纤维	涤纶
干强/（cN·dtex^{-1}）	4.2~4.8	2.0~2.5	3.6~4.2	3.4~3.8	1.5~2.0	2.5~3.0	4.8~6.0
干态伸长率/%	10~15	18~23	10~15	14~16	10~20	8~10	25~30
湿强/（cN·dtex^{-1}）	2.6~3.6	1.0~1.5	2.7~3.0	1.8~2.2	9.0~1.2	2.6~3.2	4.6~5.8
湿态伸长率/%	10~18	22~28	11~16	15~18	16~35	12~14	25~30
初始模量/（cN·dtex^{-1}）	250~270	400~500	200~350	180~250	300~500	100~150	210
结节强度/（cN·dtex^{-1}）	18~20	10~14	8~12	12~16	—	—	—

在黏胶工艺过程中，可以通过改变一些工艺参数（如黏胶的组成、沉淀量、凝固浴的条件、牵伸方法和使用的气隙等），来获得不同性能的黏胶纤维。对于天丝，在潮湿环境下研磨时会使其发生原纤化，这种"磨碎"原纤化处理可用于制作功能纸、"桃皮"效应的纺织品或其他多孔性材料。然而，天丝在使用时易起球，且在储存过程中会产生纤维的降解，其结晶度和力学性能都会发生变化，见表 2.14。

表 2.14　储存时间对天丝结晶度和力学性能的影响

储存时间/年	结晶度指数	吸湿性/%	初始模量/(cN·dtex⁻¹)	强度/(cN·dtex⁻¹)	伸长率/%	2%铜氨的相对黏度
4	0.53	8.7	128	4.32	13.2	0.0505
5	0.56	8.1	122	4.23	12.7	0.0481
8	0.78	6.3	89	3.78	9.8	0.0299

2.3.1.2　蛋白质纤维

明胶是变性的胶原蛋白，是蛋白质和动物毛皮、皮肤和骨骼中白色结缔组织的主要组成成分。胶原蛋白以细长的纤维形式存在，是动物各种结缔组织的主要结构蛋白。将原料经酸或碱处理后提取，分别得到 A 型（酸处理）明胶和 B 型（碱处理）明胶，所含氨基酸主要为甘氨酸、脯氨酸、丙氨酸和 4-羟脯氨酸。从化学上讲，大豆蛋白是一种氨基酸聚合物或多肽，用 PVA 湿法纺丝制备的纤维通常使用胶原蛋白和大豆蛋白，一些常见蛋白质纤维的性能见表 2.15[22]。

表 2.15　常见蛋白质纤维的特性

性质	胶原蛋白纤维	羊毛	大豆蛋白纤维
干强/(cN·dtex⁻¹)	1.60~2.20	0.88~1.50	0.62
干态伸长率/%	35.2~44.0	22.0~30.8	52.8
湿强/(cN·dtex⁻¹)	0.704~1.32	0.660~1.43	0.308
湿态伸长率/%	37.0~44.0	22.0~44.0	52.8
初始模量/(g·cm⁻³)	22.9~51.0	9.68~22.0	—
密度/(g·cm⁻³)	1.39	1.32	—
柔韧性	好	好	—

2.3.1.3　壳聚糖纤维

甲壳素是一种以 N-乙酰氨基葡萄糖为单体的聚合物，含氮量约为 6.9%，是一种有效的络合剂，可用于生物医学、制药、造纸、纺织、摄影等领域。甲壳素来自节肢动物的外骨骼（如甲壳类动物）、软体动物的齿舌、头足类动物（如乌贼和章鱼）的喙和内壳，同时也存在于细菌和真菌中。甲壳素在天然形态下不溶于普通溶剂，其平均分子量为 $1.036 \times 10^6 \sim 2.5 \times 10^6$ Da。壳聚糖是甲壳素脱乙酰化的衍生物，易溶于醋酸水溶液，甲壳素纤维和壳聚糖纤维的性能见表 2.16。壳聚糖纤维可以通过干法纺丝和湿法纺丝制备。将聚乙烯醇（含量在 10%~50%）与壳聚糖共混，可以改善纤维的湿稳定性。壳聚糖也可以与纤维素、聚羟基内酯（PCL）或其他纤维形成聚合物进行共混纺丝。壳聚糖纤维可用于含银粒子或其他药物的缓释，也可作为组织工程支架，以及基于低压执行器下 pH 变化的传感器和执行器[24]。

表 2.16　壳聚糖纤维和甲壳素纤维的性能

纤维	线密度/tex	强度/（cN · dtex⁻¹）		伸长率/%		结节强度/（cN · dtex⁻¹）
		干态	湿态	干态	湿态	
甲壳素纤维	0.17~0.44	0.97~2.20	0.35~0.97	4~8	3~8	0.44~1.44
壳聚糖纤维	0.17~0.11	0.97~2.73	0.35~1.23	8~14	6~12	0.44~1.32

2.3.1.4　海藻酸钠/海藻酸钙纤维

海藻酸盐是褐藻（褐藻亚科）中细胞壁的成分，在医疗领域被广泛使用，主要用作伤口敷料，因为它具有良好的吸湿和保持伤口干燥的能力。天然形成的海藻酸钠是水溶性的，但通过海藻酸钠的离子交换反应，可使其不溶于水。海藻酸盐可以通过湿法纺丝形成纤维。由于海藻酸盐通过吸收伤口渗出物进行胶化，避免了去除伤口敷料时的不适感，并保持伤口湿润，有助于更好地愈合伤口，因此该纤维被广泛用于伤口敷料和其他医疗用途。海藻酸钠纤维的力学性能取决于纤维的形成过程，其强度在 1.1~2.2cN/dtex，伸长率在 13%~21%。为了改善纤维的力学性能和生物相容性，也可采用壳聚糖混纺（表 2.17）[26-27]。

表 2.17　含壳聚糖和不含壳聚糖的海藻酸钠纤维性能比较

纤维类型	溶液浓度/%	牵伸比	强度/（cN · dtex⁻¹）	伸长率/%
海藻酸钠	6	1.18	2.2	20.4
海藻酸钠	4	1.09	1.232	13.1
海藻酸钠+未水解壳聚糖	6	1.18	2.024	23.4
海藻酸钠+水解壳聚糖	6	1.18	2.464	20.5

2.3.2　合成纤维

2.3.2.1　聚烯烃纤维

聚烯烃纤维包括聚乙烯（PE）纤维和聚丙烯（PP）纤维，后者更为常用。聚丙烯纤维具有良好的力学性能、亲水性，且密度小于水，可作为绳索、网、垫等的原材料。聚丙烯良好的加工性能、循环利用性能、低成本以及良好的耐酸碱环境性能，极大地促进了其使用增长率和在纺织上的应用。聚乙烯纤维具有温和的物理性能，低密度形态时，熔融温度约为 110℃；高密度形态时，熔融温度约为140℃。著名的聚乙烯非织造材料是杜邦公司生产的杜邦纸（Tyvek）。普通聚酯纤维（PET）、聚酰胺纤维和聚烯烃纤维的热性能和密度见表 2.18。

表 2.18　合成纤维的物理性能

性能	PTT	PBT	PET	PA6	PA66	PP	PE
熔点/℃	228	226	260	220	265	168	132
玻璃化温度/℃	45~65	20~40	69~81	40~87	50~90	−17	−60
密度/($g \cdot cm^{-3}$)	1.33	1.35	1.38	1.13	1.14	0.91	0.94~0.98/0.92~0.94
24h 吸水率/%	0.03	—	009	1.9	2.8	—	
336h 吸水率/%	0.15		0.49	9.5	8.9	<−0.03	

2.3.2.2　聚酰胺纤维

世界市场上出现的第一种合成纤维是 1939 年杜邦公司生产的聚酰胺纤维 66（尼龙 66）。从那时起，一系列的聚酰胺纤维（尼龙）被开发出来，其中尼龙 66和尼龙 6 是最受欢迎的两种纤维。与涤纶相比，聚酰胺纤维具有高伸长性、良好的回复率和耐磨性、低密度和较高的吸湿性。部分聚酰胺纤维的性能见表 2.19，部分典型合成纤维的性能比较见表 2.20，部分商业合成聚合物的性比较见表 2.21[29-30]。

表 2.19　部分聚酰胺纤维的性能

类型		强度		伸长率		沸水收缩率/%	卷曲率/%
		$cN \cdot dtex^{-1}$	CV 值/%	$cN \cdot dtex^{-1}$	CV 值/%		
全拉伸丝	78/24	4.5	3~6	46	3~6	10.2	—
	22/12	4.8	3~6	45	3~6	10.6	—
	44/12	4.5	3~6	48	3~6	10.7	
拉伸变形丝	78/24	4.1	3~6	28	3~6	—	52
	44/12	4.0	3~6	30	3~6	—	60
	78/24/2	3.7	3~6	27	3~6	—	53

表 2.20　典型合成纤维的性能比较

性质	尼龙 66	尼龙 6	PET	丙烯酸树脂
密度/(g·cm⁻³)	1.14	1.14	1.39	1.18
玻璃化温度/℃	40~50	40~60	70~80	—
熔点/℃	265	230	260	320
强度/(cN·dtex⁻¹)	5.28~8.8	4.84	5.28	3.52
回潮率/%	4.0	4.1	0.2~0.4	1.0~2.0
弹性回复率（5%应变）/%	89	89	65	50
折射率/%	1.54	1.52	1.54	1.5

表 2.21　部分商业合成聚合物的性能

性质	PET	PTT	PBT	尼龙 66
抗拉强度/MPa	72.5	67.6	56.5	82.8
初始模量/MPa	3.11	2.76	2.34	2.83
1.8MPa 时热变形温度/℃	65	59	54	90
V 型缺口冲击强度/(J·m⁻²)	37	48	53	53
密度/(g·m⁻³)	1.40	1.35	1.34	1.14
熔点/℃	265	225	227	265
玻璃化温度/℃	80	40~60	25	50~90
介电强度/(mV·m⁻¹)	21.7	20.9	15.8	23.6
介电常数	3.0	3.0	3.1	3.6
介质损耗系数	0.02	0.015	0.02	0.02
24h 吸水率/%	0.09	0.03	—	2.8
14 天吸水率/%	0.49	0.15	—	8.9

2.3.2.3　聚酯纤维

商业化的聚酯纤维是 1951 年杜邦公司生产的以涤纶品牌命名的聚对苯二甲酸乙二醇酯（PET），它是现在使用最广泛的纤维，在生产和消费上都远远领先于其他合成材料。根据最终用途，聚酯纤维既可制成连续的长丝，也可制成长短不一的短纤维。聚酯短纤维通常与天然纤维如棉花、羊毛甚至羽绒等一起使用。聚酯纤维具有较高的模量和强度，尺寸稳定性好，易保养，耐气候性好，易加工，可循环利用，但吸水率低，舒适性差。表 2.22 所示为基本类型的聚酯纤维的性能。

表 2.22　基本类型的聚酯纤维的性能

性质	不稳定细纤维型	稳定细纤维型	普通羊毛型	低起球羊毛型
线密度/直径/(dtex·mm⁻¹)	1.7/40	1.7/40	3.3/60	3.3/60
强度/(cN·dtex⁻¹)	5.5~6.0	5.5~6.0	4.5~5.5	3.6~4.2
伸长率/%	24~30	22~28	40~50	35~45
相对湿强度保持率/%	100	100	100	100
沸水收缩率/%	4~7	1~4	1~3	2~3
高温下的收缩率/%	6~9	2~5	2~5	3~5
热风收缩率/%	16~18	5~7	9~12	10~12
耐磨损转数/r	4000~6000	3000~4000	3500~4500	2000~2500

聚酯纤维的玻璃化转变温度约为 70℃，具有良好的耐热性和耐化学降解性，使其可用于大多数技术纺织中。聚酯纤维具有与蚕丝相似的力学性能，是仿天然蚕丝的良好材料。聚酯纤维的改性方法很多，如切片法、表面形貌法、化学处理法等。功能性聚酯纤维的产品已经应用于各个应用领域，最终应用领域不同则纤维的直径或线密度不同，见表 2.23。部分改性聚酯纤维的特性见表 2.24。

表 2.23　不同用途的聚酯纤维的线密度

纤维用途	线密度/dtex
普通纤维，超细	1.0~2.4
仿羊毛纤维	2.4~5.0
填充用	3.3~22
地毯用	6.7~17
低起球纤维	1.7~44
高收缩纤维（经典和线性）	1.7
双组分纤维	3.0~17
黏合纤维	>1.7
阻燃用	1.7~4.4

表 2.24　部分改性聚酯纤维的特性

纤维横截面	弧型	中空	抗起球	超级抗起球
纤维特性（初始状态）				
线密度/dtex	3.3	3.3	3.3	3.0
强度/（cN·dtex^{-1}）	5.0	4.5	4.0	3.0~3.3
伸长率/%	35	40	45	32~37
抗弯强度/圈	150000	150000	50000	900~1300
高温染色 4h 后				
线密度/dtex	3.6	3.6	3.6	3.0
强度/（cN·dtex^{-1}）	4.5	4.0	3.5	2.2
伸长率/%	35	40	40	25
抗弯强度/圈	70000	120000	20000	1000

由于环境保护和"再循环、再减少、再使用"的理念被提上日程，聚酯纤维不仅以石油为原料，还以植物、微生物等非石油为原料，用过的聚酯纤维也可被回收再利用。

弹性聚酯纤维（PTT）是聚酯家族的新成员，由于其单体不完全依赖石油，因此其商业价值有所提高。杜邦公司已经成功地创立了品牌为索罗纳（Sorona）的聚对苯二甲酸丙二醇酯（PTT）。索罗纳具有独特的、明显"扭结"特征的半结晶分子结构，这意味着其在外力（如拉力或压缩力）下会在分子水平上发生平移，导致键的弯曲和扭曲，而不只是简单的拉伸。弹性聚酯纤维比其他纤维更耐紫外线降解，吸水率低，且不易产生静电[29]。弹性聚酯纤维的弹性回复率优于尼龙 6，比普通聚酯纤维更易染色（表 2.25）。

聚对苯二甲酸丁二醇酯（PBT）是聚酯家族中的另一种纤维，尤其适用于熔喷非织造材料。三种典型的聚酯纤维的性能见表 2.26。

表 2.25　几种聚合物全拉伸丝的性能对比

性能	普通聚酯全拉伸丝	弹性聚酯全拉伸丝	尼龙全拉伸丝
强度/（cN·dtex^{-1}）	3.8	3.0	4.0
断裂伸长率/%	30	40	35
弹性	++	+++	+++
沸水收缩率/%	8	14	10
染色性		+++	++

性能	普通聚酯全拉伸丝	弹性聚酯全拉伸丝	尼龙全拉伸丝
染料	分散染料	分散染料	酸性染料
热定形	++	++	
热定形卷曲率/%	20	42	

注　++表示中强；+++表示很强。

表 2.26　典型聚酯纤维的性能对比

性能	PET	PBT	PTT
初始模量/（cN·dtex^{-1}）	9.15	2.40	2.58
伸长率/%	20~27	24~29	28~33
弹性回复率/%	4.0	10.6	22
结晶速率/min^{-1}	1.0	15	2~15
光稳定性	+++	+++	+++
尺寸稳定性	++	++	+++
染色性	+	++	+++

注　+表示强；++表示中强；+++表示很强。

2.3.2.4　聚丙烯腈纤维

聚丙烯腈（PAN）是由丙烯腈的加成聚合反应产生的。通常，第二和第三单体用于改变染色性和可纺性。可以通过干法或湿法纺丝制成纤维，如杜邦公司采用干法纺丝生产出具有独特哑铃截面的奥纶（Orlon），孟山都公司采用湿挤压纺丝技术生产出圆形截面的阿克利纶（Acrilan）。利用双组分纺丝工艺制备的聚丙烯腈纤维还可以具有羊毛般的卷曲结构。聚丙烯腈纤维的性能及其与羊毛的比较见表 2.27。

表 2.27　聚丙烯腈纤维的性能及其与羊毛的比较

性能	纤维类型			
	PAN 短纤维	PAN 长丝	改性 PAN 短纤维	羊毛
干强/（cN·dtex^{-1}）	2.2~4.8	2.8~5.3	1.7~3.5	0.8~1.5
湿强/（cN·dtex^{-1}）	1.7~3.9	2.5~5.3	1.7~3.5	0.7~1.4
干态伸长率/%	25~50	12~20	25~45	25~35
湿态伸长率/%	25~60	12~20	25~45	25~50
干湿比强度/%	80~100	90~100	90~100	76~96

性能		PAN 短纤维	PAN 长丝	改性 PAN 短纤维	羊毛
			纤维类型		
结节强度/(cN·dtex⁻¹)		1.4~3.1	2.6~7.1	1.3~2.5	0.7~1.2
钩接强度/(cN·dtex⁻¹)		1.6~3.4	1.7~3.5	1.4~2.5	0.7~1.3
初始模量/(cN·dtex⁻¹)		22~54	35~75	18~48	9.7~22
3%伸长率时的弹性回复率/%		90~95	70~95	85~95	98
20℃,65%相对湿度时的回潮率/%	商业化	2		2	15
	标准状态	1.2~2.0		0.6~1.0	16
耐热性/℃		—		150	100℃硬化
软化点/℃		190~240		不明显	300℃炭化
熔点/℃		不明显		—	130
分解温度/℃		327		—	—
玻璃化转变温度/℃		80, 140		—	—
耐光性（暴露12个月后的剩余强度）/%		60		60	20
极限氧指数/%		18.2		26.7	24~25
耐酸性		耐 5%盐酸、65%硫酸和45%硝酸		耐 35%盐酸和70%硫酸	耐除硫酸以外的其他酸
耐碱性		耐 50%氢氧化钠和28%氨水		耐 50%氢氧化钠和28%氨水	耐碱性差，稀碱中收缩
耐溶剂性		不溶于溶剂		可溶于丙酮	不溶于溶剂
耐漂白性		耐 NaClO₂ 和 H₂O₂		耐 NaClO₂ 和 H₂O₂	耐 SO₂ 和 H₂O₂
耐磨性		好		好	一般
抗真菌性		抗真菌，不易被蠕虫破坏		抗真菌，不易被蠕虫破坏	抗真菌，不易被蠕虫破坏
电绝缘性（20℃,65%相对湿度条件下）		介电常数：6.5；比电阻：2×10⁴Ωcm		介电常数：4.5	比电阻：5×10⁸Ωcm
染色性		分散染料、酸性染料		分散染料、阳离子染料	酸性染料、媒染剂染料、靛蓝染料

2.3.2.5　氨纶

氨纶是一种合成弹性聚合物，其主链中含有至少 85% 的分段聚氨酯（PU）。氨纶可以伸长到原来长度的六倍或更多，并能完全回复。氨纶是用天然纤维或合成纤维（如棉、涤纶和锦纶）织制而成的弹性材料，最初由杜邦公司于 1959 年生产，当时的商标是莱卡，其他产品还包括 Elaspan（Invista）、Acelan 和 Acepora（Taekwang）、Creora（Hyosung）、Inviya（Indorama）、ROICA（Asahi Kasei）、Linel（Fillattice）和 ESPA（Toyobo）等。几种商用氨纶的力学性能见表 2.28，氨纶与橡胶纱的性能对比见表 2.29。

表 2.28　氨纶的力学性能[a]

性能	莱卡（Lycra）[b]	Spandelle[c]	Vyrene[d]	Glospan[e]
线密度/tex	51	46	50	62
密度/(g·cm⁻³)	1.15	1.26	1.32	1.27
回潮率/%	0.8	1.2	1.0	1.1
强度/(cN·dtex⁻¹)	0.33	0.40	0.61	0.49
伸长率/%	580	640	660	620
50%伸长率时的应力/(cN·dtex⁻¹)	0.2816	0.2376	0.1584	02728
200%伸长率时的应力/(cN·dtex⁻¹)	0.9504	0.6336	0.3168	0.7568
50%伸长率时的弹性回复率/%	100	100	100	98
200%伸长率时的弹性回复率/%	95	98	99	96
400%伸长率时的弹性回复率/%	90	92	97	92

a. 试验条件：20℃，相对湿度 65%；

b. 杜邦公司；

c. 费尔斯通公司；

d. 邓尼特州橡胶公司；

e. 尤尼维尔美国公司。

表 2.29　氨纶与橡胶纱的性能比较

性质	纤维	
	氨纶	橡胶纱
强度/(cN·dtex⁻¹)	0.5~1.5	0.2~0.3
伸长率/%	400~800	600~700
初始模量/(cN·dtex⁻¹)	0.15~0.45	0.04~0.05
残余延伸率/%	20	3
抗老化性	好	差

续表

性质	纤维	
	氨纶	橡胶纱
染色性	好	差
耐磨性	非常好	差
耐臭氧性	好	差
耐油性	正常	差
热稳定性	好	差
最小线密度/旦[a]	11	100

a. 1 旦 = $\dfrac{1}{9}$ tex。

2.3.2.6 聚乙烯醇纤维

聚乙烯醇（PVOH 或 PVA）与丁醛和甲醛反应可以得到聚乙烯基乙酰，其产物被称为"人造棉"。可完全水解和可部分水解的聚乙烯醇纤维的熔点分别为230℃和180~190℃。聚乙烯醇纤维具有良好的耐油脂、耐溶剂、抗氧化和芳香屏障性能。其力学性能表现为强度高和高柔韧性，手感如棉纤维。由于亲水性高，水会降低其强度，但会使伸长率和撕裂强度增加。部分商用聚乙烯醇纤维的性能见表 2.30。

表 2.30 商用聚乙烯醇纤维的性能

性能	短纤维		长丝	
	一般	高强度	一般	高强度
干强/($cN \cdot dtex^{-1}$)	4.0~4.4	6.0~8.8	2.6~3.5	5.3~8.4
湿强/($cN \cdot dtex^{-1}$)	2.8~4.6	4.7~7.5	1.8~2.8	4.4~7.5
钩接强度/($cN \cdot dtex^{-1}$)	2.6~4.6	4.4~5.1	4.0~5.3	—
结节强度/($cN \cdot dtex^{-1}$)	2.1~3.5	4.0~4.6	1.9~2.6	—
干态伸长率/%	12~26	9~17	17~22	8~22
湿态伸长率/%	13~27	10~18	17~25	8~26
伸长率为3%时的弹性回复率/%	70~85	72~85	70~90	70~90
初始模量/($cN \cdot dtex^{-1}$)	22~62	62~114	53~79	62~220
回潮率/%	4.5~5.0	4.5~5.0	3.5~4.5	3.0~5.0
密度/($g \cdot cm^{-3}$)	1.28~1.30	1.28~1.30	1.28~1.30	1.28~1.30

续表

性能	短纤维		长丝	
	一般	高强度	一般	高强度
热性能	在干热条件下，软化点为 215～220℃，熔点不明显，易燃烧，灰呈褐色或黑色、不规则状			
耐光性	好			
耐酸性	耐 10% 盐酸或 30% 硫酸，在浓盐酸、硝酸或硫酸中膨胀分解			
耐碱性	耐 50% 氢氧化钠溶液或浓氨水			
耐其他化学品性	好			
耐溶剂性	不溶于常见有机溶剂（如醇、醚、苯、丙酮、汽油、四氯乙烯等），在热的吡啶、苯酚、甲酚或甲酸中膨胀或溶解			
耐磨性	好			
抗真菌和抗感染性	好			
染色性	直接染料、硫化染料、偶氮染料、还原染料、酸性染料；可染性比常见天然纤维和合成纤维差，色彩亮度不够			

2.4　差别化纤维和功能性纤维

2.4.1　差别化纤维

2.4.1.1　异形纤维

随着对纤维性能认识的进一步加深，人们需要一些新的纤维来满足高质量、高舒适度服装的要求，其中新合纤发挥了重要作用。

为了提高化学纤维的某些性能，或为其添加一些新的功能，人们制备了具有非圆形截面的化学纤维。通过改变截面可改变纤维之间的摩擦系数、外观、密度、比表面积、保水性能和染色性能。天然纤维通常具有粗糙不规则的表面和截面，如植物纤维具有中空多孔的截面和带状表面。随着仿生学的发展，从 1980 年开始人们设计了一系列功能纤维，并制备了三角形或三叶形截面的纤维。

最有效的制备异形纤维的方法是用异形喷丝头代替传统的喷丝头，如图 2.12 所示为一些典型的喷丝头截面形状。Hills（美国）和 Kasen（日本）是生产非圆截面喷丝头的著名企业。异形纤维可以使纤维具有特殊的性能，与中空纤维一样，它也使其最终产品具有显著的重量优势，如枕头等质量体积较大、弹性回复性强和触感柔软的产品，以及东丽生产的 Airclo[36]，具有高达 24% 的中空率。异形喷丝头可以生产不同特征的异形纤维，见表 2.31。

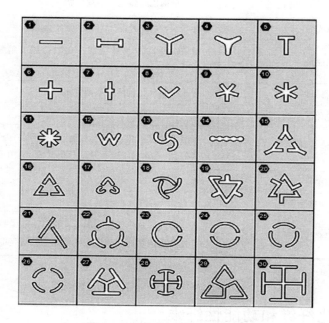

图 2.12　喷丝头的横截面形状

图片来自© Kasen，http：//www. kasen. co. jp/english/product/pizzle/nozze04. html.

表 2.31　异形喷丝头及其生产的纤维的特性

喷丝头形状	纤维特性
⬭	特殊光泽
✚	手感柔软光滑
○	中空、保湿、保暖、重量轻
Y ▼	丝绸般光泽
⬣ ✴	深颜色
◆◆◆◆◆	结构色彩

杜邦公司生产的安特纶（Antron），采用添加剂、异形喷丝头和表面改性等方法，增强了其在地毯上的美感和视觉吸引力，同时也提高了其弹性和抗静电性。东丽还将复合纺丝技术与非圆截面技术相结合，开发出一种非透明的长丝。该长丝含有二氧化钛的星形芯。二氧化钛是一种白色粉末，反光（不透光），对光稳定，不发黄，可加工成非常细的颗粒[38]。

维顺公司（Fiber Visions）为非织造行业创造了新的机遇，在不牺牲产品强度和阻隔性能的前提下，生产出多功能的卫生用纤维。维顺公司还推出了新型 HY-Light/T-194 三角形聚丙烯热黏合纤维，如图 2.13 所示[39]，主要优点是抗拉强度高、透明度高、舒适性和柔软性好、规格固定化。HY-Light/T-194 的密度为 0.91g/cm³，比聚酯纤维低 50%，比聚酰胺纤维低 25%。

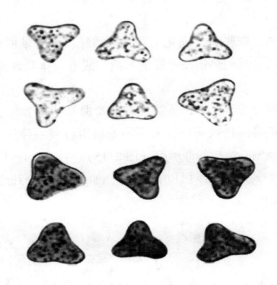

图 2.13　HY-Light/T-194 三角形聚丙烯热黏合纤维

在过滤领域，异形纤维 4DG 引起了业界的关注。4DG 纤维在纵轴方向有较深的沟槽，如图 2.14 所示，这些深沟槽可以提供更大的纤维表面积，从而提高水或空气沿纤维纵轴的过滤效果。此外，纤维可以作为管道自发地移动流体，储存或吸收物质，并为每根特定线密度的纤维提供较大的表面积。几乎所有的热塑性聚合物都可用于生产 4DG 纤维[40]。

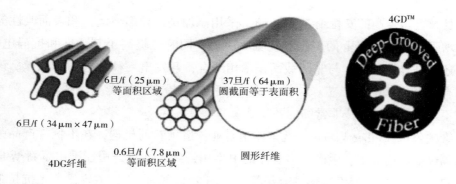

图2.14　4DG异形纤维

2.4.1.2　复合纤维

有以下两种方法可以用来生产具有特殊结构的纤维,如卷绕或螺旋结构的纤维。

一种方法是卷曲、膨胀或纹理化工艺,所纺纤维沿着轴向而非径向变化或螺旋。这种方法是利用纤维的热塑性将纤维弯曲,或重新排列纤维束中纤维的位置,从而使纤维不再平行。

另一种方法是复合纺丝技术,所纺纤维的卷曲是"内置"的,无须额外的操作。复合纺丝技术是将两种或两种以上不同原料组合成一种纤维的纺丝方法,形成具有并排、同心或偏心结构的纤维束(图2.15)。并排复合纤维可以有多种卷曲效果(如不同的频率、振幅、体积和永久性),如ES双组分纤维。

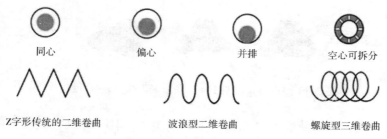

图2.15　复合纺丝制成的卷曲纤维[39]

另一种典型的双组分纤维是皮芯复合纤维,这种纤维主要是改变纤维表面的性质,或改变纤维的可染性、手感、回潮率和静电性能。纤维芯通常用于提供强度和刚度;对于非织造材料,皮层在热黏合过程中主要起黏合剂的作用。有时,并列双组分纤维可用于特定蓬松度的织物。例如,新型双组分PTC弹性纤维具有优异的弹性、蓬松性和柔软度，它是一种带有 PET 芯的聚丙烯（PP）纤维，PET 纤维使 PTC 弹性基非织造材料具有优异的蓬松性和回弹性，而 PP 纤维提供了优异的黏合能力。与 PP 纤维的熔点相比，由于 PET 纤维的高熔点，可以进一步提高黏合温度的范围，进而使 PTC 纤维具有高的热密封性能。

有时，可生物降解聚合物也可用于双组分纤维，如日本 Shinwa 公司生产的可生物降解的双组分纤维。该纤维使用聚乳酸（PLA）作为芯聚合物，聚乙烯（PE）作为外层聚合物（图 2.16），其中 PE 提供光滑柔软的手感，而 PLA 的生物降解性使最终产品具有环保优势[41]。

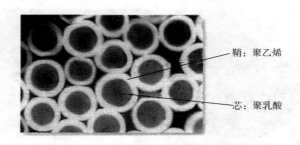

鞘：聚乙烯

芯：聚乳酸

图 2.16　PLA/PE 皮芯复合材料

Elk 是日本帝人公司生产的一种可替代 PU 的新型聚酯纤维垫。它由两种特殊纤维制成：聚酯弹性纤维体为外层，聚酯纤维为芯层，形成坚固而柔韧的黏合点，缠结成弹簧结构而形成最终产品。Elk 的密度较低，为 34kg/m^3（PU 为 40kg/m^3），透气性为 130cc/（$cm^2 \cdot s$）［PU 为 3cc/（$cm^2 \cdot s$）］[42]。

Grilon BA 140 是由 EMS 公司生产双组分纤维，它以 PA 为芯层，外层包覆聚酰胺。皮层在 135℃熔化，而芯层保持固态直至 220℃。通过使用双组分纤维，可熔黏合剂可以均匀地分布在整个支撑纤维上。固体芯层在黏合过程中和黏合后为非织造材料提供支撑[43]。

日本东丽公司也以 HC/HCS 为商标名生产了横截面中空的复合纤维。通过控制聚合物的"特性黏度"，HC/HCS 根据两种聚酯收缩差异形成三维螺旋卷曲结构[37]。

2.4.1.3　超细纤维

超细纤维是指线密度约为 1.0dtex 或更小的纤维或长丝[44]。通过复合纺丝工艺，可以获得不同种类的超细纤维，如海岛型、分离型和多层型纤维（图 2.17）。

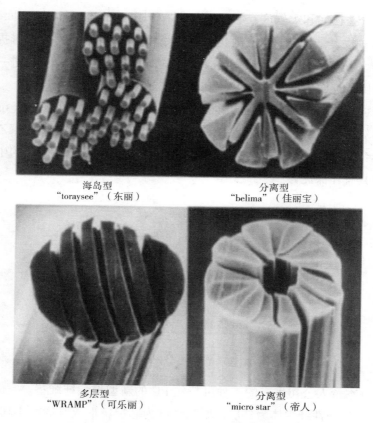

海岛型
"toraysee"（东丽）　　　　　　　　分离型
"belima"（佳丽宝）

多层型
"WRAMP"（可乐丽）　　　　　　　　分离型
"micro star"（帝人）

图 2.17　不同种类的超细纤维

第一批商用超细纤维是将聚酯或聚酰胺与另一种聚合物（主要是聚苯乙烯）复合纺丝获得的。由于缺乏相容性，不同组分通常在颈部拉伸期间或后整理期间因机械力或一些化学试剂而分离。聚合物溶解过程异常麻烦且昂贵，目前开始使用一些水溶性聚合物[45]。帝人公司采用海岛分离纤维技术获得超细聚酯纤维，纤维直径约 700nm[42]（图 2.18）。

纤维比表面积随着纤维直径的增大而减小，见表 2.32。高比表面积可以为纤维提供一些特殊性能，如毛细管吸附、柔软手感、悬垂性、颜色和光泽。超细纤维在形貌上类似于皮肤原纤维，因此可用于制造桃皮绒或人造绒面革。与天然绒面革相比，它具有更好的综合性能优势（表 2.33）。此外，由超细纤维制成的机织物可阻挡水滴的渗透，但同时允许空气和湿气循环。

直径为700nm
截面积是头发面积的1/7500

Nanofront
纤维直径：700nm

头发
直径：60μm

帝人独特的"新海/岛分离纤维技术"

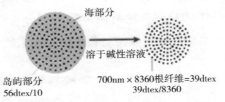

海部分

溶于碱性溶液

岛屿部分
56dtex/10

700nm × 8360根纤维=39dtex
39dtex/8360

图 2.18　帝人采用海岛分离纤维技术获得的超细纤维

表 2.32　聚酯（PET）的线密度与直径和比表面积的关系

单纤维线密度/dtex	0.06	0.11	0.56	1.11	5.56
纤维直径/mm	2.3	3.2	7.2	10.1	22.6
纤维比表面积/（m² · g⁻¹）	1.3	0.9	0.41	0.29	0.13

表 2.33　人造绒面革与天然绒面革的性能比较

性能	人造绒面革	天然羊皮	天然麂皮
厚度/mm	0.7	0.7	0.7
重量/（g · m⁻²）	270	380	380
强度/（kg · cm⁻¹）	124.5×42.1	141.1×55.9	141.1×55.9
伸长率/%	73×138	48×55	48×55
撕裂强度/kg	22.5×13.7	16.7×15.7	16.7×15.7
抗弯曲度/mm	58×48	50×45	50×45
摩擦过程中的重量损失/%	0.12	1.3	1.3
褶皱恢复（干燥）/%	87×92	68×66	68×66
色牢度（水平）照明	4	2	2
耐干摩擦色牢度/级	3	1	1
耐湿摩擦色牢度/级	4	2	2
耐水洗色牢度/级	4	1	1

在光学和精密微电子工业中，一些分裂纤维的表面具有锋利的边缘，被制成擦拭布，起到温和的打磨作用。在医疗行业，超细纤维也被用于制造细菌阻隔材料。结构色（也称为物理颜色）是分裂纤维的另一种应用，模仿了亚马孙地区的蝴蝶结构。

另一个著名的超细分段长丝产品是由科德宝（Freudenberg）生产的 Evolon PET 或 Evolon PA[47]，该产品采用专利工艺制造，适用于多种应用，如抗菌床上用品、标牌、广告印刷介质、清洁布、吸音材料、技术包装、防晒和窗户处理、涂料和合成皮革等。分段纤维的分裂方法有溶解第二组分、针刺法或水刺法等机械处理方法，其中水刺高压水射流法可以使材料表面更加柔软（图2.19）。

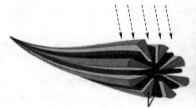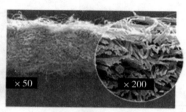

微丝：0.15dtex由于高压水射流，
细丝被分裂成微丝

水射流同时紧密地缠绕并巩固微丝，
形成一种织物：Evolon

图2.19　Evolon PET 分裂成微丝

2.4.2　功能性纤维

功能性纤维是直接来自市场的需求，许多功能已经实际应用，如抗菌、防紫外线、远红外线、抗静电、阻燃、芳香、凉爽感和导电等。大多数功能纤维的生产都使用有机或无机功能性添加剂。如果使用无机添加剂，必须评估粒径及其分布，粒径必须小于 $1\mu m$；如果在熔融纺丝过程中使用，则应同时考虑其热稳定性。

2.4.2.1　远红外纤维

远红外纤维可以发射低剂量的远红外线，具有保温和发热特性，可以作为保健纺织品，满足人们对远红外疗法的需求，改善人体微循环，促进新陈代谢。远红外纤维中通常使用陶瓷粉末，其化学成分和物理性质见表2.34。

例如，由日本 Descente 和 Unitika 开发的 Solar-Aloha 可以吸收波长小于 $2\mu m$ 的光，并且通过碳化锆将其转化为热量。在冬季，纤维可以利用阳光捕获 90% 以上的入射能量，为穿着者保暖。

表 2.34　纤维中使用的远红外陶瓷粉末的化学成分和物理性质

类型	化学式	颜色	粒径/μm	密度/(g·cm⁻³)
二氧化钛	TiO_2	白色	0.02~0.10	4
氧化锌	ZnO	白色	0.01~0.04	5.5~5.8
碳化锆	ZrC	灰黑色	1.2~2.0	3.2~3.3
氧化铝	Al_2O_3	白色	0.6~1.0	3.9~4.0
氧化锆	ZrO_2	白色	0.02~0.10	3.3~3.5
氧化锡	SnO_2	白色	0.01~0.06	6.9
氧化镁	MgO	白色	0.3~1.0	3

2.4.2.2　阻燃纤维

商用化学纤维具有易燃性，在实际应用中必须考虑改善其阻燃性能。大多数阻燃添加剂含有溴、氯、磷、锑或铝，其中，常用的添加剂有溴化烃和活性溴化烃、非卤化磷酸酯、卤代磷酸酯、三氧化二锑、五氧化二锑和钠衍生物、氯化石蜡等氯化烃和氯化环烷烃，此外还有氯化或溴化物、氟化物、碳酸镁、氢氧化镁、三聚氰胺、钼化合物、硅氧烷聚合物和硼酸锌。有时，聚合物通过化学改性，可以把氮、磷、氯、氟、硅和溴等元素引入聚合物主链[49]。

市场上有许多阻燃聚酯纤维产品可供选择，见表 2.35。

表 2.35　商业阻燃聚酯纤维产品

商品名	公司	改进方法	阻燃剂	抗拉强度/(cN·dtex⁻¹)	伸长率/%	熔点/℃	密度/(g·cm⁻³)	极限氧指数/%
Dacron900F	杜邦	共聚	溴	3.5	40	235	1.41	27~28
Trevira270	赫斯特	共聚	磷	3.5~4.0	20~35	252	1.38	26
Trevira CS	赫斯特	共聚	磷	3.9	49	252	—	29
Heim Unfla Exter	东洋纺	共聚/共混	磷	4.8	34	259	1.38	28
GH471	东洋纺	共聚	磷	4	31.5	256	1.4	30~32
GH478	东洋纺	共聚	磷	4.4	32	256	1.4	30~32
Unfla	东丽	共混	—	4.0~4.3	25~32	258		31~32
Exter	帝人	共混	卤素	3.0~3.3	30~35	246~252	1.37	28
Nines	可乐丽	共聚	—	—	—	—		26~29

德国 Trevira 股份有限公司销售的阻燃聚酯纤维 Trevira CS 和 Trevira 具有高抗拉强度和良好的阻燃性。化学改性的丙烯酸树脂,主要是改性丙烯酸类,在其分子结构中引入氯原子,使其燃性降低,且除去火源后具有自熄的能力。PyroTex 是由 PyroTex 纤维有限公司生产的一种固有的阻燃耐热 PAN 纤维,极限氧指数为 43%,具有良好的耐酸碱性、抗紫外线性、耐溶剂性、耐水解性和抗氧化性,耐 250℃ 的高温[51]。

2.4.2.3 导电纤维

导电或电活性纤维通常用于防护布、过滤器以及智能交互式纺织品,也可用于电气、医疗、运动、能源和军事领域。在皮芯双组分纤维中加入导电添加剂可制备出导电纤维,特别是常用的合成纤维。功能性添加剂包括炭黑、多壁碳纳米管、石墨烯、氧化锌、银和导电聚合物[52]。几种常见导电纤维的性能比较见表 2.36。

2.4.2.4 芳香纤维

微胶囊可用于生产功能性纤维,一种方法是与聚合物基质共混,然后纺成纤维;另一种方法是在后整理过程中植入微胶囊,从而获得芳香纤维。三菱人造丝公司生产的 Cripy 是一种芳香纤维,将芳香精华封入空心聚酯纤维的隔离空腔中。据称,由这些材料制成的枕头和床单可以改善睡眠,缓解睡眠障碍,因为芳香纤维会逐渐释放出香味。这种效果也可以通过将含有香料的微胶囊涂覆或填充到织物中来实现,这些微胶囊在使用过程中会破裂并释放香味。在加工过程中,香料的失效或挥发必须考虑其热性能,一些商用耐热香料及其沸点温度见表 2.37。

2.4.2.5 抗菌纤维

随着公共和个人卫生保健意识的不断增强,人们对抗菌纤维的需求日益增长。抗菌纤维可用于医疗器械、保健、卫生应用、水净化系统、医院牙科手术设备、纺织品和食品包装或储存。抗菌纤维可采用各种化学和物理方法。纤维中使用的抗菌剂包括季铵化合物、三氯生、银、铜、锌和钴等金属盐,以及无机纳米金属氧化物,如二氧化钛、氧化锌和氧化铜。其中,银因对多种致病菌的强杀菌作用而在许多领域得到广泛应用,但在欧洲和北美洲,纳米级银在某些应用中被禁止使用。此外,纳米无机颗粒具有高比表面积,具有独特的物理和化学性质,在抗菌纤维的制造中具有选择性作用。天然植物抗菌提取物因其低毒再次受到人们的关注,但热稳定性差。

表 2.36　常见导电纤维的性能比较

聚合物基质	PA12	PA6	PET	PA6	PET	PP
导电成分	炭黑	炭黑	炭黑	白色金属	白色金属	聚苯胺
颜色	灰/黑色	灰/黑色	灰/黑色	白色	白色	灰色
强度/(cN·dtex^{-1})	1.76~2.6	1.76~3.52	2.2~3.08	2.2~3.08	2.64~3.52	2.64~4.4
伸长率/%	50~70	40~60	25~45	50~70	30~50	100~150
熔点/℃	178	215	255	215	255	165
密度/(g·cm^{-3})	1.05	1.22	1.39	1.25	1.45	0.99
电阻率/(Ω·cm)	10^8~10^{10}	10^6~10^8	10^6~10^8	10^8~10^{10}	10^8~10^{10}	10^3~10^5

聚合物基质	PP	PA6	PBT	PP	PA6	
导电成分	聚苯胺	聚苯胺	聚苯胺	聚苯胺溶液	银	
颜色	绿色	绿色	绿色	黑色	棕色	
强度/(cN·dtex^{-1})	2.2~3.08	2.2~3.08	2.2~3.08	3.52~4.4	3.52~4.4	
伸长率/%	120~180	60~90	40~70	120~180	120~180	
熔点/℃	150	200	235	120	215	
密度/(g·cm^{-3})	0.96	1.16	1.36	0.92	1.32	
电阻率/(Ω·cm)	10^5~10^7	10^8~10^{10}	10^{11}	10^1~10^2	10^{-2}~10^{-3}	

表 2.37　商业耐热香料及其沸点温度

香料名	沸点/℃	香料名	沸点/℃
丙酸香叶	253	醋酸肉桂酯	262
肉桂酸	253	丁基异丁香酚	270
月桂醇	255~259	万山麝香	280
聚桂醇	256.6	罗松	280~282
茉莉	258	乙酸异丁酰基	282
对甲氧基苯乙酮	258	香草醛	285
对甲氧基苯甲醇	259	二苄氧化物	297
三醋酸甘油酯	259	香豆素	297~299
乙醚	259	肉桂酸	300
苯甲酸异戊酯	262	苯甲酸苄酯	324

2.4.2.6　蓄热调温纤维

蓄热调温纤维是新开发的功能纤维。美国国家航空航天局（NASA）在 20 世纪 60 年代进行了空间实验室潜热储存材料的应用研究。储热有三种类型：显性储热、潜性储热和化学反应储热。水、钢和石头是广泛使用的显性储热材料；潜性储热材料也称为相变材料（PCMs），其吸收或释放热量时自身温度变化不大，PCMs 包括水合无机盐、多元醇水溶液、聚乙二醇（PEG）、聚丁二醇、脂肪族聚酯、直链烃、烃醇、碳氢酸等（表 2.38~表 2.40）[55]。

表 2.38　用于相变材料的水合无机盐

水和无机盐	熔点/℃	熔化热/$(kJ \cdot kg^{-1})$	密度/$(kg \cdot m^{-3})$ 固体	液体	比热容/$[J \cdot (kg \cdot K)^{-1}]$ 固体	液体	储热密度/$(MJ \cdot m^{-3})$
$CaCl_2 \cdot 6H_2O$	29	190	1800	1560	1460	2130	283
$LiNO_3 \cdot 3H_2O$	30	296	—	—	—	—	—
$Na_2SO_4 \cdot 10H_2O$	32	225	1460	1330	1760	3300	300
$CaBr_2 \cdot 6H_2O$	34	138	—	—	—	—	—
$Na_2HPO_4 \cdot 12H_2O$	35	205	—	—	—	—	—
$Zn_2SO_4 \cdot 6H_2O$	36	147	—	—	1340	2260	—
$Na_2SO_4 \cdot 5H_2O$	43	209	1650	—	1460	2300	345

表 2.39　用 DSC 测量的不同分子量 PEG 的相变行为

样品	平均分子量/Da	熔点/℃	熔化热/(kJ·kg⁻¹)	结晶点/℃	结晶热/(kJ·kg⁻¹)
1	400	3.24	9.37	−24	85.4
2	600	17.92	121.14	−6.88	116.16
3	1000	35.1	137.31	12.74	134.64
4	2000	53.19	178.82	25.19	161.34
5	4000	59.67	189.69	21.97	166.45
6	6000	64.75	188.98	32.89	160.93
7	10000	66.28	191.9	34.89	167.87
8	20000	68.7	187.81	37.65	160.97

表 2.40　直链烃的相变特性

相变材料	碳原子数	熔点/℃	熔化热/(kJ·kg⁻¹)	结晶点/℃
正十六烷	16	16.7	236.58	16.2
正十七烷	17	21.7	171.38	21.5
正十八烷	18	28.2	242.44	25.4
正二十烷	20	36.6	246.62	30.6
正二十一烷	21	40.2	200.64	—

另一种有趣的材料是东丽公司生产的热致变色织物，这种织物具有均匀的微胶囊涂层，其中含有热敏染料，在−40℃到 80℃的温度范围内以 5℃的间隔改变颜色[55-56]。表 2.41 列出了几种典型的蓄热调温纤维。

表 2.41　典型的蓄热调温纤维

项目	Triangle（美国）	Triangle（美国）	USDA（南方实验室）	Japanese Ester（日本）
制造方法	微胶囊溶液纺丝	微胶囊溶液纺丝	PEG 填充中空纤维	脂肪族聚酯熔融复合纺丝
相变材料的质量分数/%	6	3	—	—
纤维热，热释放理论/(J·g⁻¹)	15*	7*	—	50*
吸热温度/℃	36	29	34	31
放热温度/℃	28	—	18	4

项目	Triangle（美国）	Triangle（美国）	USDA（南方实验室）	Japanese Ester（日本）
纤维线密度/dtex	2.2	—	2	2.1
使用稳定性	好	好	差	中等
生产规模	规模生产	实验室	实验室	专利应用

* 根据纤维成分显示估计值。

2.4.2.7 防紫外线纤维

紫外线是一种波长为 400~100nm 的磁辐射，比可见光的波长短，可以分为 UVA（320~400nm），UVB（290~320nm）和 UVC（100~290nm），只有 UVA 和 UVB 不能被臭氧层吸收。对人类来说，过度暴露于所有波段的紫外线辐射可能对皮肤、眼睛和免疫系统造成慢性损害。过度暴露于 UVB 辐射不仅会导致晒伤，还会导致某些形式的皮肤癌，因此具有防紫外线功能的纤维对于个人防护非常重要。防紫外线纤维是在纤维加工或后整理过程中添加一些无机添加剂或功能性添加剂（如 ZnO、TiO_2 等）制备得到的。纳米粒子的性能随着粒径的减小而提高，纳米粒子在制备低线密度纤维中备受关注。

2.4.3 新型纤维

聚萘二甲酸乙二醇酯（PEN）是一种在分子主链中有两个缩合芳环的聚酯，与 PET 相比，它在强度、模量、耐化学性、耐水解性、气体阻隔性、耐热性、耐热氧化性以及防紫外线等方面均有所提高（表 2.42）。

表 2.42　PEN 和 PET 的性能对比

性能	测试方法	PEN	PET
低聚物提取量/$[mg \cdot (m^2 \cdot h)^{-1}]$	—	2	1.5
O_2 渗透率/$[(mL \cdot cm) \cdot (cm^2 \cdot s \cdot Pa)^{-1}]$	—	6×10^{-15}	1.58×10^{-14}
CO_2 渗透率/$[(mL \cdot cm) \cdot (cm^2 \cdot s \cdot Pa)^{-1}]$	—	2.78×10^{-14}	9.8×10^{-14}
蒸汽渗透率/$[(mL \cdot cm) \cdot (cm^2 \cdot s \cdot Pa)^{-1}]$	—	2.55×10^{-14}	6.3×10^{-15}
防辐射性/mGy		11	2
耐水解性/h		200	50
耐气候性/h		1500	500
吸水率/%	ASTM D570	0.2	0.3

续表

性能	测试方法	PEN	PET
纤维的极限氧指数/%	—	31	26
T_g（非结晶/半结晶）/℃	DSC	118/124	70/78
T_m/℃	DSC	265	252
连续使用温度/℃	—	160	120
热变形温度（非结晶性）/℃	ASTM D648	100	70
热收缩率（150℃，30min）/%	—	0.4	1
密度/（g·m^{-3}）	ASTM D792	1.33	1.34
抗拉强度/（MPa）	ASTM D638	74	55
强度断裂伸长率/%	ASTM D638	2250	2250
弯曲强度/MPa	ASTM D790	93	88
弯曲弹性模量/MPa	ASTM D790	2300	2200
冲击强度/（J·m^{-2}）	ASTM D256	30/35	30/45
拉伸模量/MPa	—	588	44
杨氏模量/（kg·mm^{-2}）	—	1800	1200
拉伸弹性模量/GPa	—	17.6	11.8
表面硬度（M 级）	ASTM D585	90	80

2.4.3.1　水溶性纤维

水溶性聚乙烯醇（PVOH）纤维是纺织和造纸等行业常用的可溶性黏合纤维之一。它可用作花边布衬里、混凝土中的钢筋纤维或包装用水溶性薄膜的衬里。通过改变水解度，将 OH 基团修饰为 COOH，可以使 PVOH 在不同水温中溶解。日本可乐丽（Kuraray）公司生产的水溶性产品 KURALON 的溶解温度范围见表 2.43[58]。

表 2.43　KURALON 短切纤维的标准类型

型号	产品编号	抗拉强度/ （cN·dtex^{-1}）	直径/mm	水中溶解 温度/℃	切割长度/mm
主纤维	VPB033	0.3	6	超过 100	2
	VPB053	0.5	7	超过 100	2 或 3
	VPB102	1	11	99	5
	VPB103	1	11	超过 100	3 或 5
	VPB203	2	15	超过 100	6
	VPB303	3	18	超过 100	7 或 9

续表

型号	产品编号	抗拉强度/ （cN·dtex^{-1}）	直径/mm	水中溶解 温度/℃	切割长度/mm
黏合纤维	VPB041	0.4	6	80	3
	VPB071	0.7	9	80	3
	VPB101	2.6	17	80	4
	VPB105-1	1	11	70	4
	VPB105-2	1	11	60	4

2.4.3.2　低熔点纤维

针对某些特殊应用，开发了熔融温度较低的聚酯或聚酰胺纤维。Grilon KA 140（由 EMS 生产）是由熔点为135℃的聚酰胺制成的短纤维。纤维以5%~20%的量作为黏合剂加入非织造材料或细纱中。Grilon KA 115 是由聚酰胺制成，熔点为115℃，主要用于黏合羊毛和棉纤维。Grilon KE 150 和 Grilon KE 170 是由聚酯制成，熔点分别为150℃和170℃。它们在熔融态具有非常低的黏度，因此在润湿基体纤维方面非常有效。这些纤维主要用于非织造材料[59]。

2.4.3.3　弹性纤维

Vistamaxx 丙烯基弹性体（PBEs）是聚烯烃弹性体，含有大量（约80%）等规丙烯结晶[60]。这些新型热塑性弹性体（TPEs）具有高弹性，并且具有出色的变形回复性。由于 PBE 具有热塑性，它可以通过熔融纺丝制备，产品性能得到改善，且在使用期间比 PU 更安全[58]。由 Arkema 生产的 Pebax 是另一种嵌段共聚物（聚醚嵌段酰胺），在机械和化学加工性能方面优于其他热塑性弹性体[61]。

2.4.3.4　离子交换纤维

离子交换纤维是由含酸性和碱性官能团的定向大分子组成的纤维。离子交换纤维的主要特征是其官能团能够在液体介质中离解和交换离子，并表现出化学吸附特性。Kelheim 生产的 Poseidon 是一种黏胶离子交换纤维，可再生（图2.20）。根据离子交换原理，其他活性成分（如银或铜离子）也可以固定在纤维上[62]。

2.4.3.5　高吸水性纤维

高吸水性纤维能够吸收和保持比其自身质量更多的液体。吸水性聚合物是高吸水性纤维的原料，通过与水分子形成氢键结合来吸收水分，其总吸水率和溶胀量受制于凝胶的交联剂的类型和程度的控制。例如，在交联剂的作用下，氢氧化钠与丙烯酸混合以形成聚丙烯酸钠盐。Oasis 是一种高吸水性纤维，由 Acordis 和

图 2.20　Poseidon 黏胶纤维

Allied Colloids 联合制成，是基于丙烯酸的交联共聚物，可以吸收自身重量许多倍的水分，即使在压力下也能保持水分。再如，高度溶胀纤维素纤维，它是用碱化的纤维素醚化和交联制备的。醚化剂有环氧乙烷、氯乙酸和氯甲烷，交联剂有单官能和多官能化合物。在水和许多其他液体中，这些高度溶胀的纤维，可相对快速地吸收其自身重量几倍的水。纤维的高保水值在 1000%～3000%，其对周围水分的吸收比棉纤维快 2～3 倍。高度溶胀的纤维素纤维可以重复使用，并能从盐溶液中吸收水分[44]。

2.5　高性能纤维

2.5.1　碳纤维

碳纤维（CF）是一种常用的耐高温纤维，主要由 95% 的碳原子组成，直径在 5～10μm。碳纤维的优点是具有极高的比强度和比模量、耐化学性、耐高温性、低热膨胀性、高导电性和高导热性（甚至高于铜），以及极低的线性热膨胀系数（为空间天线等应用提供了尺寸稳定性），这使得它们在航空航天、土木、军事、赛车运动、竞技体育、医疗保健和污染控制等领域得到了广泛的应用。但碳纤维的缺点是低应变、低抗冲击性和成本高。

碳纤维最常用的原料是 PAN 和沥青[63]，有时也使用纤维素[64]，见表 2.44 和表 2.45。沥青是石油精炼或煤焦化的副产品，比 PAN 成本更低。PAN 基碳纤维的导热系数为 10～100W/（m·K），而沥青基碳纤维的导热系数为 20～1000W/（m·K）。

PAN 基碳纤维的电导率为 $10^4 \sim 10^5 \mathrm{S/m}$，而沥青基碳纤维的电导率则为 $10^5 \sim 10^6 \mathrm{S/m}$。对于两种碳纤维来说，初始模量越高，热导率和电导率越高。

表 2.44　三种典型碳纤维的拉伸性能

前体	抗拉强度/GPa	拉伸模量/GPa	断裂伸长率/%
PAN	2.5~7.0	250~400	0.6~2.5
中间相沥青	1.5~3.5	200~800	0.3~0.9
人造丝	≈1.0	≈50	≈2.5

表 2.45　煤焦油沥青基碳纤维（三菱化学公司，直径 10mm）的性能

性能	K1352U	K1392U	K13B2U	K13C2U	K13D2U	单晶石墨
抗拉强度/GPa	3.6	3.7	3.8	3.8	3.7	—
拉伸模量/GPa	620	760	830	900	935	1000
断裂伸长率/%	0.58	0.49	0.46	0.42	0.4	—
密度/$(\mathrm{g \cdot cm^{-3}})$	2.12	2.15	2.16	2.2	2.21	2.265
电阻率/$(\mu\Omega \cdot m)$	6.6	5	4.1	1.9	—	0.4
导热系数/$[\mathrm{W \cdot (m \cdot K)^{-1}}]$	140	210	260	620	800	2000

在碳化过程中，前体长丝在 1000~2000℃ 惰性气体中加热和拉伸 30min，然后获得相对低模量（200~300GPa）的高强度碳纤维。进一步的石墨化过程可以将碳原子排列在平行平面或层（2000℃以上）的晶体结构中，无论拉伸与否，均可制得模量在 500~600GPa（不拉伸）的较高模量的石墨纤维。在热拉伸过程中，由于结晶度的提高，形成了沿长丝方向排列的石墨晶面，纤维的抗拉强度和其他性能（如电导率、导热系数、纵向热膨胀系数、抗氧化性能等）都得到提高，并消除了碳原子缺失或含有催化剂杂质等缺陷。市场上，碳纤维有连续长丝束、长度为 6~50mm 的短切短纤维和 30~3000μm 的研磨短纤维。

碳基超细纤维，如超细碳纤维、碳纳米管纤维和石墨烯纤维，因其卓越的力学性能、良好的导电性、易于功能化或与其他材料混杂、可在轴向大规模实现功能匹配等优点而受到业界的关注，其潜在应用包括可穿戴、灵活或小型化的能量转换和存储、传感和驱动器件等[65]。

碳纳米管（CNT）是由单壁碳纳米管卷成纳米级管的石墨片，或者在单壁碳纳米管的核心周围附加石墨烯管（其为多壁 CNT）。CNT 的直径在几分之一纳米和几十纳米之间，并且长度可达几厘米，其两端通常为类富勒烯结构。CNT 的潜在

应用领域为电子设备、增强材料、储氢或场发射材料[66]。

著名的碳纤维生产商有日本的东丽（表 2.46）、帝人（表 2.47）、三菱丽阳株式会社（表 2.48），中国的台塑（表 2.49），美国的赫克塞尔（表 2.50），土耳其的 Akrilik Kimya Sanayii（表 2.51）和韩国的晓星（表 2.52）[67]。

表 2.46　东丽生产的碳纤维的性质

类型	抗拉强度/MPa	初始模量/GPa	伸长率/%	密度/（g·cm⁻³）
T300	3530	230	15	1.76
T300B	3530	230	15	1.76
T400HB	4410	250	18	1.8
T700SC	4900	230	21	1.8
T800SC	5880	294	2	1.8
T800HB	5490	294	1.9	1.81
T1000GB	6370	294	2.2	1.8
M35JB-6000	4510	343	1.3	1.75
M35JB-12000	4700	—	1.4	—
M40JB	4400	377	1.2	1.75
M46JB-6000	4200	436	1	1.84
M46JB-12000	4020	—	0.9	—
M50JB	4120	475	0.8	1.88
M55JB	4020	540	0.7	1.91
M60JB	3820	588	1.9	1.93
M30SC	5490	294	—	1.73

表 2.47　帝人生产的碳纤维的性质

等级		抗拉强度/MPa	初始模量/GPa	伸长率/%	密度/（g·cm⁻³）	电阻率/（Ω·cm）
HTA40	1K	3800	238	1.6	1.78	1.6×10^{-3}
	3K	4200	240	1.8	1.76	1.6×10^{-3}
HTS40	6K	4200	240	1.8	1.76	1.6×10^{-3}
	12K	4200	240	1.8	1.76	1.6×10^{-3}
STS40	24K	4000	240	1.7	1.76	1.7×10^{-3}
UTS50	12K	4900	240	2	1.8	1.6×10^{-3}
	24K	5000	240	2.1	1.79	1.8×10^{-3}

等级		抗拉强度/MPa	初始模量/GPa	伸长率/%	密度/(g·cm⁻³)	电阻率/(Ω·cm)
IMS40	6K	4700	295	1.6	1.76	$1.3×10^{-3}$
	12K	4700	295	1.6	1.76	$1.3×10^{-3}$
IMS60	6K	5800	290	2	1.8	$1.4×10^{-3}$
	12K	5800	290	2	1.8	$1.4×10^{-3}$
	24K	5800	290	2	1.8	$1.4×10^{-3}$
HMA35	12K	3200	360（345）	0.9	1.78	$1.0×10^{-3}$
UMS40	12K	4600	395（380）	1.2	1.79	$1.0×10$
	24K	4600	395（380）	1.2	1.79	$1.0×10^{-3}$
UMS45	12K	4600	480（415）	1.1	1.81	$1.0×10^{-4}$
UMS55	12K	4100	540	0.8	1.92	$7.8×10^{-4}$

表 2.48 三菱丽阳株式会社生产的 CF PYROFILTM 的性质

类型		抗拉强度/MPa	初始模量/GPa	伸长率/%	密度/(g·cm⁻³)
HT 系列	TR30S 3L	4120	234	1.8	1.79
	TR50S 6L	4900	240	2	1.82
	TR50S 12L	—	—	—	—
	TR50S 15L	—	—	—	—
	TR50D 12L	5000	240	2.1	1.82
	TRH50 18M	5300	250	2.1	1.82
	TRH50 60M	4830	250	1.9	1.81
	TRW40 50L	4120	240	1.7	1.8
IM 系列	MR60H 24P	5680	290	1.9	1.81
HM 系列	MS 40 12M	4410	345	1.3	1.77
	HS 40 12P	4610	455	1	1.85

表 2.49 台塑生产的碳纤维的性质

类型	抗拉强度/MPa	初始模量/MPa	伸长率/%	密度/(g·cm⁻³)
TC-33	3450	230	1.5	1.80
TC-35	4000	240	1.6	1.80
TC-36	4900	250	2.0	1.81
TC-42S	5690	290	2.0	1.81

表 2.50　赫克塞尔生产的碳纤维的性质

类型	抗拉强度/MPa	初始模量/MPa	伸长率/%	密度/(g·cm⁻³)
AS4	4619	231	1.8	1.79
	4413	231	1.7	1.79
	4413	231	1.7	1.79
AS4C	4654	231	1.8	1.78
	4447	231	1.7	1.78
	4482	231	1.8	1.78
AS4D	4826	241	1.8	1.79
AS7	4895	248	1.7	1.79
IM2A	5309	276	1.7	1.78
IM2C	5723	296	1.8	1.78
IM6	5723	279	1.9	1.76
IM7	5723	276	1.9	1.78
	5654	276	1.9	1.78
IM8	6067	310	1.8	1.78
IM9	6136	303	1.9	1.8
IM10	6964	310	2	1.79
HM63	4688	441	1	1.83

表 2.51　Akrilik Kimya Sanayii 生产的碳纤维的性质

类型		抗拉强度/MPa	初始模量/GPa	伸长率/%	密度/(g·cm⁻³)
A-38	3K	3800	240	1.6	1.78
	6K				
A-42	12K	4200	240	1.8	1.78
	24K				
A-49	12K	4900	240	2	1.78
	24K				
测试方法		ISO 10618	ISO 10618	ISO 10618	ISO 10119

表 2.52　晓星生产的碳纤维的性质

性能	H2550 6K	H2550 12K	H2550 24K	H3055 12K
细丝直径/μm	7.0	7.0	7.0	6.6
抗拉强度/GPa	4.4	4.9	4.5	5.5
初始模量/GPa	240	250	250	290
伸长率/%	2.0	2.0	2.0	1.9
纤维密度/(g·cm^{-3})	1.76	1.78	1.78	1.75
产量/(g·km^{-1})	400	800	1650	—
丝束质量分数/%	1.0	1.0	1.0	1.0

2.5.2　芳香族聚酰胺纤维

芳香族聚酰胺纤维是一种高度结晶的纤维，其中至少 85% 的酰胺键（—CO—NH—）直接连接到两个芳环上，是目前高性能纤维中密度最低和比强度最高的纤维。首先进入商业应用的芳香族聚酰胺是由杜邦公司生产的名为 HT-1 的间位芳香族聚酰胺纤维，在 20 世纪 60 年代初其产品的商标为 Nomex（图 2.21）。Nomex 具有优异的耐热性，在正常氧气水平下既不熔化也不燃烧。

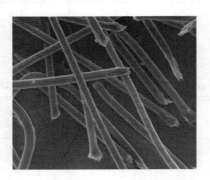

图 2.21　Nomex 纤维

对位芳纶是由杜邦公司和阿克苏诺贝尔公司于 20 世纪 60~70 年代开发的，具有更高的抗拉强度和初始模量。杜邦公司于 1973 年率先生产了名为 Kevlar 的对位芳香族聚酰胺纤维。芳香族聚酰胺纤维在纵向热膨胀系数为负值，可用于设计低热膨胀复合材料。芳香族聚酰胺纤维的主要缺点是耐气候性差，压缩强度低，在复合材料中难以切割或加工，其耐化学性能见表 2.53[68]。由此可见，通过聚对苯二甲基对苯二甲酰胺（PPTA）的共聚可以改善其耐化学性。对位芳纶和间位芳纶的典型特性见表 2.54 和表 2.55。

表 2.53　对位芳纶在不同条件下的耐化学性

时间/h	强度保留率/%		
	芳纶 29	芳纶 49	共聚对位芳纶
20	13	50	99
100	2	29	93
20	15	38	93
100	4	18	75
300	96	92	94
100	75	75	100
1000	—	—	75
400	20	—	100

表 2.54　对位芳纶的特性

性能	芳纶						
	29	49	69	100	119	129	149
	标准	高模量	高模量	彩色纱线	高伸长	高强度	超高模量
抗拉强度/(cN·dtex^{-1})	20.3	19.6	20.6	18.8	21.2	23.4	15.9
初始模量/(cN·dtex^{-1})	499	750	688	419	380	671	989
伸长率/%	3.6	2.4	2.9	3.9	4.4	3.3	1.5
回潮率/%	7.6	4.5	6.5	7	7	6.5	1.5
密度/(g·cm^{-3})	1.44	1.45	1.44	1.44	1.44	1.44	1.47

表 2.55　间位芳纶的特性

性能	典型值	性能		典型值
抗拉强度/(cN·dtex^{-1})	3.5~6.1	热收缩率/%	177℃	1.0
初始模量/(cN·dtex^{-1})	53.4~124.2		285℃	2.5
伸长率/%	22~45		300℃	3.5
密度/(g·cm^{-3})	1.38		火焰（815℃）	4.0
回潮率/%	5	强度保留率/%	200℃，1000h	88
T_g/℃	270		250℃，1000h	70~80
T_d/℃	400~430		260℃，1000h	65
极限氧指数/%	29~32			
耐化学性	良好（除浓硫酸、浓硝酸、浓盐酸、50%氢氧化钠）	最大工作温度/℃		200~230
电学性能	绝缘			

2.5.3 聚磺酰胺纤维

聚磺酰胺（PSA）纤维是中国开发的一种特种高性能纤维，PSA纤维的截面通常呈圆形（图2.22）。它具有优异的耐热性、热稳定性、热氧化性，高体积电阻率和初始模量，卷曲不稳定，摩擦系数低，是一种新型阻燃纤维。PSA的主要物理性质见表2.56。

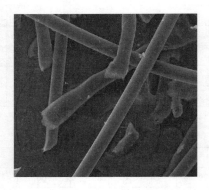

图 2.22　PSA 纤维

表 2.56　PSA 的主要物理性质

性能		典型值	性能		典型值
抗拉强度/(cN·dtex^{-1})		3.1~4.4	强度保留率/%	200℃	83
初始模量/(cN·dtex^{-1})		52.8		250℃	70
伸长率/%		15~25		300℃	50
密度/(g·cm^{-3})		1.42		350℃	38
T_g/℃		257	热空气中强度保留率/%	250℃，100h	90
软化温度/℃		367		300℃，100h	80
T_m/℃		无		350℃，50h	55
初始分解温度/℃		>400		400℃，50h	15
极限氧指数/%		>33	电气绝缘性能（40%切碎纤维，60%纤维纸）	检查电阻率/(Ω·cm)	2.6×10^{16}
燃烧性能		阻燃，自灭			
耐化学性		良好		表面电阻率/Ω	2.05×10^{13}
20~25℃，相对湿度65%时的回复率/%		6.3			
热收缩率/%	沸水	0.5~1.0		介电常数	1.79
	300℃空气中2h	<2.0			
抗辐射 5×10^6~5×10^7 红色（Co60伽马射线）		无大变化	电压击穿强度/(kV·mm^{-1})		22~25

2.5.4　芳香族聚酯纤维

与芳纶一样，芳香族聚酯纤维是高度结晶的纤维，大量酯键（—CO—O—R—）直接连接到芳环上[66]。Vectran 是由泰科纳（Ticona）生产的聚酯基高性能液态结晶聚合物（LCP），其性能见表 2.57。Vectran 纤维的模量与 Kevlar 29 相似，但强度损失较小；在最大载荷 30%下，10000h 后产生 0.02%的蠕变；具有高耐化学性、高耐磨性以及高拉伸强度；抗紫外线性能不如 PET 和 PEN 纤维，但比芳纶具有更好的曝光降解能力。

表 2.57　Vectran 的性能

性能		典型值
密度/（g·cm^{-3}）		1.41
分解温度/℃		>400
吸水率/%	20℃，65%相对湿度	0.05
	20℃，100%相对湿度	0.27
抗拉强度/（cN·dtex^{-1}）		23.2
初始模量/（cN·dtex^{-1}）		529
伸长率/%		3.9
结节强度/（cN·dtex^{-1}）		7.0
钩接强度/（cN·dtex^{-1}）		19.0
收缩率/%	干热 200℃，15min	0
	干热 300℃，15min	0.10
	干热 400℃，15min	3.18
	湿热 100℃，15min	0

2.5.5　杂环芳香族纤维

聚苯并咪唑（PBI，聚 2，2′-间苯基-5，5′-二苯并咪唑）是一种高熔点的杂环芳香族纤维[67]。PBI 颜色从黄色到棕色，具有优异的热稳定性和化学稳定性，且不易点燃。由于其高稳定性，PBI 可用于制造高性能防护服，如消防员装备、太空服、高温防护手套、燃料电池膜和飞机墙面料。PBI 纤维的一些性能见表 2.58，其耐化学性见表 2.59[68]。

表 2.58　PBI 纤维的性能

性能	典型值
20℃、65%相对湿度时的回潮率/%	15
沸水收缩率/%	<1.0
205℃时的干热收缩率/%	<1.0
热容/$[kJ \cdot (kg \cdot ℃)^{-1}]$	1.0
极限氧指数/%	>41
21℃、65%相对湿度时的表面电阻率/$(\Omega \cdot cm^{-1})$	1×10^{10}
纤维颜色	金黄色
标准纤维长度/mm	38，51，76，102
导热性/$[W \cdot (m \cdot ℃)^{-1}]$	0.038

表 2.59　不同化学条件下 PBI 纤维的强度保留率

条件	浓度/%	温度/℃	时间/h	强度保留率/%
H_2SO_4	50	30	144	90
H_2SO_4	50	70	24	90
HCl	35	30	144	95
H_2SO_4	10	70	24	90
HNO_3	70	30	144	100
H_2SO_4	10	70	48	90
NaOH	10	30	144	95
NaOH	10	93	2	65
NaOH	10	25	24	85

　　聚对亚苯基-2，6-苯并二噁唑（PBO）是由日本 Toyobo 公司开发的一种液晶聚合物，商品名为 Zylon。PBO 是一种金色纤维，其初始模量明显高于其他高模量纤维，包括芳纶（表 2.60）。PBO 纤维具有高热稳定性、低蠕变性、高耐化学性、高切割性和耐磨性。PBO 非常灵活，手感柔软，但对紫外线和可见光的抵抗力很差。

表 2.60　PBO 纤维与其他高性能纤维的比较

PBO		对位芳纶	钢纤维	CFRP T300	UHMWPE	PBI	芳香聚酯
AS	HM						
5.8/3.7	5.8/3.7	2.8/1.9	2.8/0.38	3.6/2.03	3.5/3.6	0.4/0.27	1.1/0.8
180/114.4	280/176.0	109/75.0	200/25.6	230/130.7	110/10.7	5.6/3.9	15/1.0
3.5	2.5	2.4	1.4	1.5	3.5	30	25
1.54	1.56	1.45	7.80	1.76	0.97	1.40	1.38
2.0	0.6	4.5	0		0	15	0.4
68	68	29			16.5	41	17
650	650	550	—		150	550	260
—	-6×10^{-6}	—	0.1×10^{-6}				

2.5.6　聚苯硫醚纤维

聚苯硫醚（PPS）是一种由硫化物连接芳环组成的有机聚合物，大部分截面为圆形，如图 2.23 所示。PPS 纤维具有优异的耐热性、耐化学性、耐水解性和阻燃性等，对酸、碱、有机溶剂的耐受能力优于其他高模量纤维。PPS 纤维可用于煤锅炉、造纸毡的过滤材料以及用作电绝缘材料、特种膜等，PPS 纤维的熔融温度高达285℃，因此可在 190℃左右连续使用。随加工条件的不同，PPS 纤维的结晶度在50%~60%不等。PPS 纤维的物理性能见表 2.61。

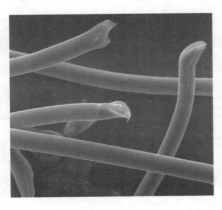

图 2.23　PPS 纤维

表 2.61 PPS 纤维的物理性能

性能	抗拉强度/ (cN·dtex⁻¹)	伸长率/%	初始模量/ (cN·dtex⁻¹)	密度/ (g·cm⁻³)	T_m/℃	回潮率/%	极限氧 指数/%
典型值	3.8~4.6	25~40	400~485	1.34	285	0.2~0.3	38

2.5.7 超高分子量聚乙烯纤维

超高分子量聚乙烯（UHMWPE）属于热塑性聚乙烯，其分子量一般在 200 万~600 万。作为一种扩链聚乙烯纤维，它可以采用凝胶纺丝生产，与传统熔融纺丝的 PE 纤维相比，具有更高的结晶度（95%~99%）和取向度。Spectra 是霍尼韦尔公司生产的商用 UHMWPE 纤维之一，具有优异的防紫外线性能、极高的初始模量、优异的断裂强度和弯曲强度。UHMWPE 纤维无臭、无味、无毒，具有很高的耐腐蚀性（除氧化酸外），吸湿性极低（1%，Kevlar 49 为 5%~6%）。UHMWPE 纤维的熔点为 147℃，使用温度可在 80~90℃。因其低摩擦系数和自润滑性，UHMWPE 纤维可用于制备人造关节。UHMWPE 纤维即使在低温下也能为复合材料层压板提供高抗冲击性，是一种良好的防弹衣原料。

Dyneema 是荷兰 DSM 公司生产的一种极其坚固的纤维。Dyneema DSK78 具有典型的高比强度，优异的低拉伸性、耐磨性和抗紫外线性；与 Dyneema SK75 相比，其蠕变性能提高三倍，比 Dyneema SK90 提高近两倍。Dyneema SK60 具有极高的比强度，直径为 10mm 的 Dyneema SK60 绳索可承受高达 20t（理论值）的负荷；其比重为 0.97，是超级纤维中最低的，可漂浮在水中[69]。UHMWPE 的性能见表 2.62[67]。

UHMWPE 纤维优异的力学性能是纤维加工过程中高拉伸比的结果，因此其纤维表面经常会出现明显的原纤维，如图 2.24 所示。

表 2.62 UHMWPE 纤维的性能

性能		典型值
防水性和耐化学性	回潮率	0
	耐水侵蚀	无
	耐酸性	好
	耐碱性	好
	耐紫外线	好

续表

性能			典型值
热性能		沸水收缩率/%	<1
		熔点/℃	144~155
		热导率（沿纤维轴）$[W \cdot (m \cdot K)]^{-1}$	20
		热膨胀系数/K^{-1}	-12×10^{-6}
电学性质		电阻/Ω	>14
		介电强度/$(kV \cdot cm^{-1})$	900
		介电常数（22℃，10GHz）	2.25
		切向损失角	2×10^{-4}
力学性能		初始模量/GPa	100
		抗拉强度/GPa	3
		蠕变（22℃，20%负荷）/%	1×10^{-2}
		压缩轴向强度/GPa	0.1
		压缩轴向模量/GPa	100
		剪切强度/GPa	0.03
		剪切模量/GPa	3

图 2.24　UHMWPE 纤维

2.5.8　高聚酮纤维

　　Asahi Kasei 生产的聚酮被视为一种类似于芳纶的新型高强度纤维，但价格低于芳纶。这种纤维有包括一氧化碳的分子结构，也是由乙烯组成的。因此，与其他高强度纤维相比，高聚酮纤维仅含有碳、氧和氢，制造成本低。聚酮纤维与其他纤维的性能比较见表 2.63[70]。

表 2.63　聚酮纤维与其他纤维性能比较

性能	聚酮纤维	聚酯纤维	人造丝	芳纶
抗拉强度/(cN·dtex^{-1})	18.2	2.7	5.5	20.9
断裂伸长率/%	5	13	11	4
初始模量/(cN·dtex^{-1})	363.6	100.1	118.2	445.5
150℃时的热收缩率/%	0.5	3.9	1.7	0.5
密度/(g·cm^{-3})	1.5	1.4	1.5	1.4

2.5.9　聚酰亚胺纤维

聚酰亚胺纤维由芳香族杂环聚合物制成，P84 纤维是由 Evonik Fibers 制造的具有三叶形纤维横截面的聚酰亚胺的商品名（图 2.25）。P84 纤维是由芳香族二酐和芳香族二异氰酸酯衍生而来的一种完全酰亚胺化的聚酰亚胺，玻璃化转变温度为 315℃，在超过 370℃时开始炭化。由于具有芳环结构，聚酰亚胺聚合物和纤维本质上是不可燃的。P84 纤维的极限氧指数为 38%，可用于高达 260℃ 的温度下，具体情况取决于环境[71]。由于其出色的化学性、热稳定性以及力学性能，P84 纤维可用于各种应用，从高温过滤的介质、防护服和航天器的密封材料到各种高温应用，如隔热材料。P84 纤维的典型特性见表 2.64。

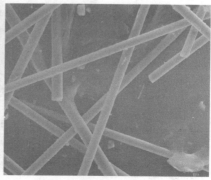

图 2.25　P84 纤维

表 2.64　P84 短纤维的性能

性能	典型值
线密度/dtex	2.2
抗拉强度/$(cN \cdot dtex^{-1})$	3.8
断裂伸长率/%	30
240℃，10min 时的收缩率/%	<3
极限氧指数/%	38
T_g/℃	315
密度/$(g \cdot cm^{-3})$	1.41

2.5.10　无机纤维

2.5.10.1　玻璃纤维

玻璃纤维通常用于高温过滤（图 2.26），其化学成分为 SiO_2、B_2O_3、CaO 和 Al_2O_3，见表 2.65[72]。有时，使用 Na_2O 和 K_2O 破坏玻璃基体中的网络骨架和平滑脱气过程来降低玻璃的熔融温度和熔体的黏度。在纤维制备过程中，用 CaO 代替 SiO_2 以降低纺丝温度，而 Al_2O_3 则可增强耐水性。E 玻璃纤维和 S 玻璃纤维是纤维增强塑料工业中常用的两种材料。C 玻璃纤维用于要求比 E 玻璃纤维提供更高耐酸性的化学应用。与钠钙玻璃纤维不同，E 玻璃纤维和 S 玻璃纤维中的 Na_2O 和 K_2O 含量非常低，这使它们具有更好的耐水腐蚀性以及更高的表面电阻率。E 玻璃纤维和 S 玻璃纤维的性能见表 2.66。

图 2.26　玻璃纤维

表 2.65 E 玻璃纤维和 S 玻璃纤维的化学成分   单位：%

成分	E 玻璃纤维	C 玻璃纤维	A 玻璃纤维	S 玻璃纤维	M 玻璃纤维
SiO_2	55.20	64.50	72	64.32	53.70
Al_2O_3	14.80	—	—	24.80	—
Fe_2O_3	0.30	4.10	0.60	0.21	0.50
MgO	3.30	3.30	2.50	10.27	9
CaO	18.70	13.40	10	<0.01	12.90
B_2O_3	7.30	4.70	—	<0.01	12.90
Na_2O	0.30	7.90	14.20	0.27	—
K_2O	—	1.70	—	—	—
TiO_2	—	—	—	—	8
BaO	—	0.90	—	—	—
F_2	0.30	—	—	—	—
CeO_2	—	—	—	—	3
Li_2O	—	—	—	—	3
ZrO_2	—	—	—	—	2
PbO	—	—	—	—	—
BeO	—	—	—	—	8

表 2.66 E 玻璃纤维和 S 玻璃纤维的性能

性能	E 玻璃纤维	S 玻璃纤维
密度/(g·cm^{-3})	2.56	2.45
抗拉强度/GPa	1.8~2.7	3.6~4.5
初始模量/GPa	70	85
伸长率/%	4.6	5.1
折射率	1.55	1.54
线性膨胀系数/℃$^{-1}$	—	7.2×10^{-6}
软点/℃	840	1000
电阻率/(Ω·cm)	10^{14}	—

　　玻璃纤维的缺点是初始模量相对较低，脆性相对较低，密度较高（在商业纤维中），在处理过程中对磨损敏感，这些缺点往往会降低其拉伸强度、抗疲劳性和硬度。

2.5.10.2　硼纤维

通常，硼纤维是通过硼蒸汽在钨丝、玻璃、石墨、铝和钼等载体材料上冷凝而成的，是制备某些复合材料的首选材料。以钨丝作为载体材料的典型纤维直径约为 12μm。硼产品的典型特性见表 2.67。

表 2.67　硼纤维与其他纤维性能比较

纤维	直径/μm	抗拉强度/GPa	初始模量/GPa	密度/(g·cm⁻³)
TEXTRON 钨芯硼	100 和 140	3600	400	2.57
TEXTRON SCS-6 SiC	140	3450	380	3.0
TEXTRON SCS-6 SiC	140	3450	307	2.8
日本 Caron HI-NILON SiC	15	2800	259	2.74
日本 UBE TYHANNO SiC	10	2800~3000	200	2.5
日本东丽 T300 碳纤维	7	3530	230	1.76
杜邦 FP Al₂O₃	20	1380	380	3.9
日本 Sumitomo Al₂O₃	17	1500	200	3.2

2.5.10.3　玄武岩纤维

玄武岩纤维由斜长石、辉石和橄榄石等矿物组成。它类似于碳纤维和玻璃纤维，但具有比玻璃纤维更好的力学性能，比碳纤维便宜很多，见表 2.68[74]。

表 2.68　玄武岩纤维的基本性能

性能	典型值
抗拉强度/GPa	4.84
初始模量/GPa	89
断裂伸长率/%	3.15
密度/(g·cm⁻³)	2.7

2.5.10.4　金属纤维

金属纤维（图 2.27）以长丝纱线、粗纱、垫子和机织物的形式在市场上出售，它们的共同优点是耐高温，大多数金属纤维表面粗糙（图 2.28）。除了钢，铝、镁、铜、钼和钨等金属纤维也可用于特殊用途。例如，Angelina 铝金属纤维（由 Meadowbrook 公司生产），使用预制的再生铝，具有良好的耐热性和耐染浴性，并具有热调节、紫外线和电磁防护、抗菌、抗应力以及抗静电等性能[75]。再如，该公司的 Angelina 铜金属纤维，可用于高温领域。此外，金属纤维还可用于床上用品和家居装饰，如抗菌纺织品、抗静电地毯、过滤和装饰品。

图 2.27　金属纤维

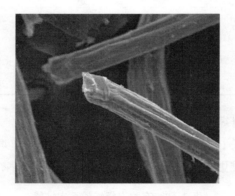

图 2.28　不锈钢纤维表面

参考文献

［1］Papermaking. In：Encyclopedias britannica，2007. Retrieved April 9，2007，from Encyclopedia Britannica Online.

［2］ACIMIT-Italy. Reference book of textile technologies-nonwovens：26. 2008.

［3］Teijin handout.

［4］HONGU T，PHILLIPS G O，TAKIGAMI M. New millennium fibers. Florida：CRC Press，2005：7-35.

［5］GORDON S，HSIEH Y L. Cotton science and technology. Florida：CRC Press，2007：46.

［6］ GORDON S, HSIEH Y L. Cotton science and technology. Florida: CRC Press, 2007: 40−42.

［7］ MORTON W E, HEARLE J W S. Physical properties of textile fibers. Manchester: The Textile Institute, 1993.

［8］ GORDON S, HSIEH Y L. Cotton science and technology. Florida: CRC Press, 2007: 60−61.

［9］ ALBRECHT W, FUCHS H, KITTELMANN W. Nonwoven: fabrics, raw materials, manufacture, applications, characteristics, test processing. Weinheim: Wiley−Vch Verlag GmbH & Co. KCaA, 2003: 19−20.

［10］ MALLICK P K. Fiber reinforced composites materials manufacturing and design. Florida: CRC Press, 2007: 56.

［11］ ZHANG Y, CHONGWEN Y. Properties and processing of the pineapple leaf fiber. J Dong Hua Univ 2001, 18: 4.

［12］ ZHE S, LI T, SHEN Q. Fiber properties of natural lotus root. J Cellul Sci Technol 2005, 3: 42−45.

［13］ YING P, GUANGTING H, ZHIPING M, et al. Structural characteristics and physical properties of lotus fibers obtained from Nelumbo nucifera petioles. Carbohydr Polym, 2011, 1: 188−195.

［14］ ZHANG Y, GUO Z. Micromechanics of lotus fibers. Chem Lett, 2014, 7: 1137−1139.

［15］ FU H J, LI F Y. Effect of alkaline degumming on structure and properties of lotus fibers at different growth period. J Eng Fibers Fabr, 2015, 10 (1): 135−139.

［16］ HORI K, FLAVIER M E, KUGA S, et al. Excellent oil absorbent kapok ［Ceiba pentandra (L.) Gaertn.］ fiber: fiber structure, chemical characteristics, and application. J Wood Sci, 2000, 46 (5): 401−404.

［17］ WANG J, ZHENG Y, WANG A. Superhydrophobic kapok fiber oil−absorbent: preparation and high oil absorbency. Chem Eng J, 2012, 213: 1−7.

［18］ HONG X, YU W, SHI M. Structures and performances of the kapok fiber. J Text Res, 2005, 26 (4): 4−6.

［19］ BENISEK L, PHILLIPS W A. Protective clothing fabrics: Part Ⅱ. Against convective heat (open−flame) Hazards1. Text Res J, 1981, 51 (3): 191−196.

［20］ DADASHIAN F, WILDING M A. An investigation into physical changes occurring in tencel fibers having different manufacturing dates. J Text Inst Part Fiber Sci Text Technol, 1999, 90 (3): 275-287.

[21] ZHAO J P. Lyocell textile dyeing and finishing technology. Beijing: China Textile Press, 2001: 28-29.

[22] HONGU T, PHILIPS G O, TAKIGAMI M. New millennium fibers. Cambridge, England: Woodhead Publishing Limited, 2005: 240.

[23] ZENG H. Functional fibers. Beijing: Chemical Industry Press, 2005: 418.

[24] REDDY N, YANG Y. Innovative biofibers from renewable resources. Berlin, Heidelberg: Springer-Verlag, 2015: 99-121.

[25] ZENG H. Functional fibers. Beijing: Chemical Industry Press, 2005: 409.

[26] KNILL C J, KENNEDY J F, MISTRY J, et al. Alginate fibres modified with unhydrolysed and hydrolysed chitosans for wound dressings. Carbohydr Polym 2004; 55 (1-55): 65-76.

[27] REDDY N, YANG Y. Innovative biofibers from renewable resources. Berlin Heidelberg: Springer-Verlag, 2005: 127-130.

[28] QIAN Y. PTT fiber and its development. Beijing: China Textile Press, 2006: 36.

[29] JOSEPH V, KURIAN A. New polymer platform for the future—Sorona® from corn derived 1, 3-propanediol. J Polym Environ, 2005, 13 (2): 159-167.

[30] SUN J, LV W. New fiber material. Shanghai: Shanghai University Press, 2007: 620.

[31] LI G. Polymer material processing technology. Beijing: China Textile Press, 2010: 167.

[32] QIAN Y. PTT fiber and its development beijing. China Textile Press, 2006: 19.

[33] LI G. Polymer material processing technology. Beijing: China Textile Press, 2010: 204.

[34] SUN J, LV W. New fiber material. Shanghai: Shanghai Univer press, 2007: 486.

[35] LI G. Polymer material processing technology. Beijing: China Textile & Apparel Press, 2010: 193.

[36] www. toray-tck. com.

[37] http: //www. kasen. co. jp/english/product/nozzle/nozzle04. html.

［38］ HONGU T，PHILIPS G O，TAKIGAMI M. New millennium fibers. Cambridge，England：Woodhead Publishing Limited，2005：23－24.

［39］ www. fibervisions. com.

［40］ http：//www. fitfibers. com/files/4DG% 20fibers. ppt # 1，Fiber innovation technology 4DG deep groove fibres，FIT website，（2007）.

［41］ www. shinwacorp. co. jp.

［42］ www. teijin. jp.

［43］ www. emsgriltech. com.

［44］ HONGU T，PHILLIPS G O，TAKIGAMI M. New millennium fibers. Florida：CRC Press，2005.

［45］ WALCZAK Z K. Processes of fiber formation. 2002.

［46］ SUN J，LV W. New fiber material. Shanghai：Shanghai University Press，2007：474－475.

［47］ http：//www. evolon. com/tissu－microfilaments，10434，en. html.

［48］ SUN J，LV W. New fiber material. Shanghai：Shanghai University Press，2007：361.

［49］ MURPHY J. Additives for plastics handbook. Elsevier，2001：117－118.

［50］ SUN J，LV W. New fiber material. Shanghai：Shanghai University Press，2007：368.

［51］ http：//pyro-tex. de/the-fiber/.

［52］ STRÅÅT M，RIGDAHL M，HAGSTRÖM B. J Appl Polym Sci，2012，123（2）：936－943.

［53］ SUN J，LV W. New fiber material. Shanghai：Shanghai University Press，2007：409.

［54］ SUN J，LV W. New fiber material. Shanghai：Shanghai University Press，2007：368.

［55］ TAO X. Smart fibers，fabrics and clothing. Fundamentals and applications. Woodhead Publishing Limited，2001：36－41［Shanghai University Press］.

［56］ SUN J，LV W. New fiber material. Shanghai：Shanghai University Press，2007：459.

［57］ SUN J，LV W. New fiber material. Shanghai：Shanghai University Press，2007：636.

［58］ http：//www. eftfibers. com/doc/d7. pdf.

［59］ http：//www. emsgriltech. com/en/products-applications/markets-applications/ technical-fibers/applications/.

［60］ www. exxonmobilchemical. com.

［61］ http：//www. pebax. com/en/properties/mechanical-properties/a-large-range-of-mechanical-properties/index. html.

［62］ http：//www. kelheim-fibers. com/pdf/Functional_Fibers. pdf.

［63］ MORGAN P. Carbon fibers and their composite. Taylor & Francis Group, LLC, 2005：205-295.

［64］ CHAND S. Review carbon fibers for composites. J Mater Sci, 2000, 35（6）：1303-1313.

［65］ SUN G, WANG X, PENG C. Microfiber devices based on carbon materials. Mater Today, 2015, 18（4）：215-226.

［66］ TROJANOWICZ M. Analytical applications of carbon nanotubes：a review. TrAC Trends Anal Chem, 2006, 25（5）：480-489.

［67］ Aibang wechat news.

［68］ SUN J, LV W. New fiber material. Shanghai：Shanghai University Press, 2007：79, 89, 93, 99, 153, 155, 163, 130.

［69］ http：//www. toyobo-global. com/seihin/dn/dyneema/seihin/tokutyou. htm.

［70］ HONGU T, PHILLIPS G O, TAKIGAMI M. New millennium fibers. Florida：CRC Press, 2005：92-94.

［71］ http：//www. p84. com/product/p84/en/products/polyimide-fibers/Pages/properties. aspx.

［72］ XI P, GAO J, LI W, et al. High-tech fibers. Beijing：Chemical Industry Press, 2004：426, 433, 449.

［73］ ZHAO J. Boron fiber and its composites. Fiber Compos, 2004, 4：3-5.

［74］ https：//en. wikipedia. org/wiki/Basalt_fiber.

［75］ http：//www. meadowbrookglitter. com.

第3章 可生物降解、回收再利用和 生物聚合物材料在非织造材料中的应用

P. Goswami, *T. O'Haire*
利兹大学,英国利兹

3.1 概述

全球非织造材料的消费量正在增加,包括家庭、技术型和一次性卫生非织造材料的消费量[1-2]。发展中经济体的崛起和人口老龄化将给材料来源带来额外的压力,因此需要开发对环境影响更小且可持续的材料。此外,消费者也越来越意识到家用品和工业用品对环境的影响。媒体的关注、非政府组织活动和产品营销导致消费者对非织造产品的材料采购、生产和使用的期望更高。除了上述市场压力,政府还对纺织品和非织造材料生产对环境的影响进行更严格的监管。

由于各种压力,商家和制造商在考虑产品性能和成本的同时,也将产品对环境的影响纳入考虑范围。在过去,产品可持续性的概念是单向的,只考虑产品生产、使用或报废等方面;现今需通过整个生命周期评估来衡量,这意味着生产者必须考虑原材料的使用、生产时的能耗以及产品使用过程中对环境的影响,并考虑产品报废时可能发生的情况。使用可再生或可回收的材料有多种好处,例如,使用再生聚丙烯(PP)非织造材料(土工布)可以减少建筑项目的碳足迹,而该项目的碳足迹将超过生产和运输非织造产品的碳足迹[3-4]。本章将详细介绍影响非织造材料可持续性发展的核心问题,并介绍代表最新技术的相关应用实例。

3.1.1 可持续非织造材料

据报道,非织造材料的制作、使用和报废回收对环境的影响比其所取代的材料要低[5]。例如,EDANA对婴儿非织造擦拭巾进行生命周期评估发现,与传统毛巾相比,用水量减少到原来的7.5[5]。除减少用水量的优势外,使用一次性擦拭巾还有助于健康,因为人类排泄物没有进入家庭洗衣周期,且擦拭物不需要进一步

处理。此外，还可以显著减少二氧化碳排放和降低能源需求。再如，非织造材料用作道路建设和斜坡保持的土工非织造材料时，由于其在生产、分配和最终处置方面的优势，与其他材料相比，非织造材料对环境的影响更小[6]。

3.1.2　材料的来源

随着材料消耗的增加，非织造材料从依赖于石化产品转向依赖于可再生资源[6]。已有研究表明，来自可再生资源的非织造材料以及生物聚合物的数量正在增加。然而，在石油化工衍生聚合物仍然必不可少的情况下，回收聚合物和纤维，可以使非织造产品的生产更具可持续性。

3.1.3　报废的影响

非织造材料在使用后的报废也令人担忧。研究表明，擦拭巾和卫生非织造材料会积聚在生活垃圾中，并可能导致水处理管道堵塞[7]。与许多非织造产品一样，擦拭巾可以提高生活质量，并且以最小的环境影响满足实际需求，但是，仍需要不会积聚的可分散的卫生非织造材料。INDA 给出了"可冲洗"产品的销售指南[8]。可冲洗的擦拭物在使用后被水浸透失去完整性，分散的纤维将进入废物处理系统，在废水处理系统中被过滤收集起来或生物降解。

3.1.4　生物降解性

生物降解性是指材料在与微生物相互作用后分解的性能。许多塑料非常稳定，生物降解速度较慢。这些不可降解的塑料以每年 2.5×10^7 t 的速度积累，其中包括塑料非织造材料[9]。设计垃圾填埋场、堆肥厂和厌氧处理厂以分解可生物降解聚合物是很有意义的，因为它们可以定制，从而在使用寿命结束时降解，不会在环境中长期存在。

3.1.5　回收

非织造材料回收是通过减少填埋或焚烧的非织造材料，来提高产品可持续性的重要手段。聚乙烯（PE）和聚对苯二甲酸乙二醇酯（PET）是非织造材料常用的材料，易于回收和分拣，分拣后的材料可以重新用于新产品的生产。

非织造产品的可持续性可以通过综合考虑各个方面以及生产和分销的影响来评估。真正可持续的产品将为消费者带来切实的利益，同时最大限度地减少对环境的负面影响。

3.2　可生物降解材料

对于不适合市政回收的废物，最常见的处理方式是垃圾填埋或焚烧。利用能在环境中分解的材料制造非织造材料，可以减少送往垃圾填埋场的废弃非织造材料对环境的长期影响。大多数天然和合成材料会在比较长的时间内被生物降解[10-11]，但随着产品消耗增加，人们希望材料在报废后能迅速降解。可生物降解的产品在自然生物环境中分解通常需要 3 年[11]，然而，在多种环境下都可能发生生物降解，如垃圾填埋场、厌氧消化、堆肥以及海洋和水生环境。现有各种测试机制和国际标准（如 EN 13432，ASTM D6400）中列出了可生物降解性和可堆肥性的标准要求和评估方法。对于大多数产品，垃圾填埋和堆肥是生物降解的主要措施。

在填埋场处理的聚合物可能会暴露在更高的湿度、热量、电磁能（可见光和紫外线辐射）、外力和化学物质中。物理和生物降解的结合可使材料完全分解为基础分子，如 CH_4、CO_2 和 SO_4[10]。由水分、热、光和侵蚀性环境引起的物理化学降解比生物降解更快，但通常需要生物降解来完成最后的矿化。

通常采用细菌或真菌对聚合物进行降解。生物降解过程分为有氧和厌氧，这取决于当地条件和氧气含量。根据环境，每种聚合物都具有典型的生物降解期。例如，棉花的生物降解期可能不到一年，而聚烯烃可能需要几百年[12]。

许多国家正在开发堆肥、回收和焚烧方法作为垃圾填埋处理的替代方案。在常规填埋和土壤环境中分解缓慢的聚合物，堆肥可加速其分解，如 Natureworks 生产的 Ingeo PLA（聚乳酸）以可堆肥分解[13]。堆肥可以加速可裂解聚合物链（如黏胶纤维和天丝）的自然分解，但对弹性聚合物（如 PE、PP 和 PET）的效果较差[14-16]。

工业规模的堆肥需要大量的基础设施，不太适合农用和土工用非织造材料。但当聚合物产品被标记为可堆肥时，它可以通过家庭有机废物收集服务进入市政加工流程，不仅可以分解物料，而且还可以增加堆肥产品的生产量。例如，西班牙 AITEX 在一项生物纤维项目中提议在汽车内饰和门衬里使用 PLA 和 PLA/大麻非织造材料，以便报废汽车的回收和堆肥[14]。

3.2.1　天然纤维的生物降解

常见的天然纺织材料（如棉花、羊毛和亚麻）在适当的填埋场和工业堆肥条件下可以生物降解[17]。纤维素纤维生物降解速度相对较快，轻质棉布可在 $1\sim6$ 个月内分解成有效的堆肥，这是由于糖苷键在酶作用下发生解聚[10]，然后生物体消耗产生葡萄糖。羊毛是一种富有弹性的蛋白质纤维，会被细菌、真菌以及昆虫幼虫消化，在地里掩埋 6 个月后可完全降解[18]。天然纤维的培养和加工对环境的影响比报废的影响更令人关注，例如，棉花是易缺水植物，羊毛在加工之前需要水密集的精练过程来去除天然的油脂和杂质。替代的天然材料，如韧皮纤维，将生物降解性与显著降低的碳和水足迹以及理想的物理性能结合在一起。这使得它们越来越多地被用于农业和绝缘应用的针刺非织造材料[19]。

与韧皮纤维类似，来自植物叶子的纤维也可以制成可生物降解的非织造材料。例如，Pinatex 非织造材料，由菠萝叶制成，可用作仿皮革的背衬[20]。然而，天然纤维制成的非织造材料仅占非织造材料市场的 3%。因此，它们对环境的综合影响不如合成材料[1]。

3.2.2　合成纤维的生物降解

总体来说，合成纤维具有较差的生物降解性，并且可能会在环境中长时间存在。合成纤维制作的非织造材料在垃圾填埋或土壤埋藏后，生物降解速率各不相同，从 8 天（如 Lyocell 降解 95%）到多年不等（如 PET 和 PE 纤维）[15]。在这两个极端的例子之间是聚己内酯（PCL）和 PLA 等材料，PCL 在垃圾填埋场的一般条件下需要 6 周才能降解 95%[21]。

对于多数产品，人们希望以比常规合成材料快得多的速率进行生物降解，最大限度地减少对环境的影响。采用黏胶人造丝和 Lyocell 纺丝方法生产的再生纤维素纤维被认为是可生物降解的合成纤维[11]，与天然纤维素纤维一样，酶会裂解再生纤维素纤维的主链。再生纤维素纤维目前用于制造可持续的一次性非织造材料，用于卫生用品[22]。

最近，生物友好型 PET 纤维和其他生物降解性材料的生产有了新的进展。脂肪族聚酯（如 PCL）易受细菌和真菌的侵袭，分解为水溶性产品[23]。研究也表明，聚酯—酰胺（PEA）同时具有良好的热性能、力学性能和生物降解性能[24]。PEA 已被制成非织造材料，用于高度专业化的组织工程领域，其生物相容性比可持续性更重要[25]。初步研究表明，PEA 可以在纺粘生产线上进行熔融加工，商业上可运行的挤出速度为 $2000\sim6000r/min$，这使其成为潜在的大批量、低成本的材料[26]。除了上述聚合物之外，还有许多可生物降解的新材料正应用于专业领域。例如，使用胶原蛋白和明胶制造的非织造材料，目前用于生物医学领域，但也可用于需要快速降解的家用产品和一次性产品中。

3.3　回收再利用材料

将回收材料加入非织造材料中常用方法是用部分或全部废纤维材料制造针刺非织造材料。来自床垫填充物和羊毛被的羊毛可被制成非织造材料，用于低成本产品，如绝缘和吸油材料[27]；也可以将服装中的纺织品切碎，将其分解成线和纤维来制成非织造材料。这些回收的劣质材料通常用于衬里和地毯等[28]。这些劣质材料是以纤维和纱线的形式存在，可以增加体积、弹性和机械完整性，改善产品的外观和手感。纤维回收的另一个例子是德国 Beyer-Fasern 生产的非织造材料，它由针刺黄麻和剑麻袋制成，用于可生物降解的农用和土工用非织造材料。

城市垃圾收集到的工业废品和消费后的塑料废弃物可以通过重熔和再加工形成可用的原材料。例如，回收 PET 瓶以形成新产品，包括纺织纤维。在大多数应用中，再生 PET（R-PET）纤维的性能反映了原始产品的性能。许多非织造材料产品也是如此，例如，再生擦拭巾具有与原始 PET 产品几乎相同的性能特征[29]。由 R-PET 纤维制成的非织造材料目前用于要求苛刻的汽车应用，特别是发动机罩衬里、靴底、机舱隔热和轮拱衬里。再生材料的性能通常劣于原始材料，再加工材料通常用于比原始材料使用要求更低的应用中。然而，由于对聚合物降解认识的提高，出现闭环操作，在这种情况下，产品被回收用于生产非常相似的新产品。

废弃物的熔融加工不限于 PET，也可用于 PP、PE 和 PVC（聚氯乙烯）产品，这些产品可以再加工成粒料和纤维。除了直接从聚合物到纤网的生产之外，也可利用回收的产品生产短纤维，并通常被制成非织造材料。

3.4　生物聚合物

生物聚合物是一种从自然生物中的可再生材料衍生出来的材料，可以按照其消耗速率不断补给。本节将讨论合成生物聚合物，而不是天然形成的生物纤维（如羊毛和亚麻）。合成生物聚合物通常在工业过程中聚合，其材料单体来源于生物，如木质纤维素材料、植物糖、淀粉、海洋生物以及微生物代谢的副产物。目前，生物聚合物占据塑料市场的一小部分，然而，生物聚合物的增长趋势强劲，这种情况预计还会继续，如图3.1所示。

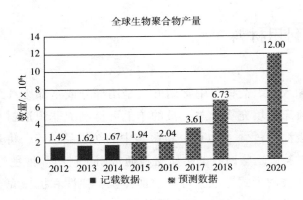

图 3.1　生物聚合物生产的预测增长

3.4.1　纤维素Ⅱ

纤维素可通过溶解再生成纺织纤维（纤维素Ⅱ），然后沉淀成长丝。黏胶纤维和 Lyocell 纺丝方法是再生纤维素纤维的两条主要路线，且这两条路线的原理基本相同：将木浆中的纤维素原料溶解在侵蚀性浴中，并进行化学改性以形成纺丝原液，再将溶液在凝固浴中纺丝，形成长丝或短纤维。再生纤维素纤维具有与棉相似的物理和化学性质，因此，多应用于要求具有吸水性和皮肤舒适性的领域，如卫生、擦拭和失禁领域。再生纤维素纤维产品在技术领域的应用包括流体过滤器、汽车内部组件、医用拭纸和伤口敷料。这些产品通常是由水刺方法制得，但也使用针刺和化学黏合方法[30]。

再生纤维素纤维的消费量持续增长，2013年的年消费量比2012年增加9.6%，达到 $5.8×10^6$t；此外，2013年 Modal 和 Tencel 纤维非织造材料的销售额也比2012年增长13%[31]。预计这些纤维在非织造材料中的使用将随着非织造工业的总体增长而增长。然而，再生纤维素纤维的价格与棉花价格有着内在的联系，棉花是一种价格高度不稳定的商品，给使用此类产品的制造商带来巨大风险[32]。

3.4.2　聚乳酸

聚乳酸（PLA）是淀粉基生物聚合物中最普遍的一种，它使用乳酸结构单元生产，乳酸结构单元又由一系列可再生农作物（如大米、玉米和甜菜）中的葡萄糖发酵而成。其化学结构如图3.2所示。

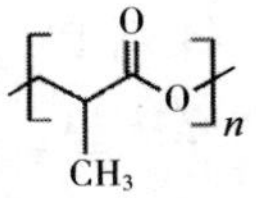

图 3.2　PLA 的化学结构

目前，可再生 PLA 所需的原料主要来自玉米淀粉。从资源利用的角度来看，与石油原料相比，由玉米淀粉制备的 PLA 被认为是可持续的[33-34]。玉米淀粉的替代品正在研究中，例如，PLA 主要生产商 Natureworks 从泰国的甘蔗中提取淀粉。将来有望使用低成本、高容量的木质纤维素（如木屑或木草）制备 PLA，这将显著降低对环境影响和 CO_2 的产生量，如图 3.3 所示。

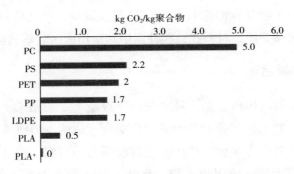

图 3.3　PLA 与其他合成聚合物 CO_2 排放量对比

"＋"表示第二代 PLA 的预测目标

Ingeo PLA 从生产到使用整个过程释放的温室气体浓度为 0.5～0.7kg CO_2/kg，而 PP 和 PET 分别为 1.6～1.7kg CO_2/kg 和 2～2.2kg CO_2/kg，具体取决于生产方法和计算方式[35-36]。与羊毛或棉纤维相比，PLA 需要更少的水和土地资源来生产相同重量的纤维[37]。此外，PLA 也可在现有的 PET 短纤维和长丝生产线上加工，通常无须整改，这使其更容易用于非织造材料生产，很可能成为非织造行业的主要材料。然而，目前 Ingeo PLA 的市场价格高于纤维级 PET 和精细棉；抗拉强度明显低于 PET 和尼龙[13]；低熔点（170℃）和低玻璃化转变范围（66～70℃）也限制了 PLA 在正常产品中的寿命或在高温中的应用[38]。但是，最近在茶叶和咖啡袋中使用 PLA 非织造材料的专利申请表明，对于大多数应用，PLA 将符合预期的性能标准[39]。

目前 PLA 非织造材料的应用范围很广。例如，目前由美国 Fitesa 生产纺粘材料，用于女性卫生产品和失禁产品；中国 CL 公司在纺粘非织造材料中使用 PLA，其产品用于农业、防尘和包装材料；针刺 PLA 短纤维用于床垫填料和汽车地毯；卷曲 PLA 短纤维也与羊毛混纺，生产厚床垫，其面层通过与 PLA 组分的热黏合而变得高度稳定。

3.4.3　壳聚糖

前面讨论了来自陆地植物衍生的生物聚合物，不仅如此，生物聚合物可以来自一系列生物物质，如壳聚糖来源于甲壳素（参见 2.3.1.3）。甲壳素作为虾罐头工业的副产品，约占虾加工废料的 40%，大部分处理废物都倾倒在海中。因此，减少释放到海中的甲壳素的量并对其进行再利用，将带来直接的生态效益[40]。壳聚糖非织造材料在大多数应用中具有可接受的力学和化学性能[41]，此外，壳聚糖非织造材料独特的生物学性能使其在伤口护理领域得到广泛应用。但随着其生产成本的降低，壳聚糖非织造材料在一次性湿巾和医用服装领域的应用增加。

3.4.4　其他生物聚合物

聚羟基链烷酸酯（PHA）是一种"绿色"聚酯[42]，是在食用可再生材料（如粮食）时，经微生物消化和排泄产生的产物聚合而成的。PHA 聚合物可生物降解和可热加工，这使其成为常规生产线上别具吸引力的材料。PHA 聚合物的高生物相容性，使其可作为特殊医用植入物。此外，PHA 聚合物的力学性能和时效性，使其可以针对不同类型的生物植入物而制备特定的材料[42]。

低密度聚乙烯也可以由生物资源制备，即从甘蔗中提取乙醇。巴西 Braskem 化学公司生产了一种品牌产品，即"I'm green polyethylene"（我是绿色聚乙烯）。该产品的生产被认为是从大气中净除二氧化碳的方法[43]。"I'm green polyethylene"正在被应用于各种非织造材料市场，包括一系列卫生产品，例如，生物聚乙烯充当 Ingeo PLA 芯的护套，两种生物聚合物结合在一起，可使 PE 的柔软性和 PLA 的强力相结合[44]。

来自生物材料的聚合物也逐渐被使用，如由杜邦公司生产的聚对苯二甲酸丙二醇酯（PTT），商标为 Sorona。Sorona PTT 由 1, 3-丙二醇和对苯二甲酸制成，前者由玉米制成，后者由石油产品制成[45]。Sorona PTT 适合通过一系列工艺形成非织造材料，并将尼龙 6 的机械柔软性和悬垂性与 PET 的化学弹性相结合[46]。虽然 Sorona PTT 不是 100% 的生物聚合物，但它代表着大型聚合物制造商将工业从纯石油基材料向生物材料迈出重要的一步，并被美国农业部授予生物优先地位。

3.5　非织造材料的再利用和再循环

非织造材料的再利用和再循环是降低许多聚合物报废对环境影响的关键。如前所述，塑料的可回性是其关键优势之一，有显著的环境效益，这尤其适用于石油纤维如 PP、PET 和 PE。塑料的回收是通过市政收集、分类和分流过程进行的，这使得生活垃圾和工业垃圾能够迅速流转到生产流程中。许多非织造材料是由单一聚合物材料制成的，较容易回收且不需要分离。再循环利用被认为是减少垃圾填埋量的有效方法，对于一次性非织造材料来说尤其如此，目前正在试用专用工艺，以使在失禁和卫生产品中的非织造材料能够再次回到生产流程中。

3.5.1　市政回收、分离和再利用

非织造材料废弃物大多是由家庭和个人消费产生的，因此，市政回收是回收大量非织造材料的主要途径。为了重新利用废弃的非织造材料，必须有一个适当的收集、分类和分流系统[47-48]，收集到的产品在分拣设施中被分离出来。与供应相反，循环再生废塑料及纤维的最终用户都希望产品具有均一性，但也可以进行二次分类工序，以消除所有污染物质。

回收过程的关键要求是能够快速、大批量地分离一系列废弃物。一般规定，任何用于回收的产品都应该使用现成的城市垃圾和分类流进行处理，因此，除非产品易于分离，否则不能作为可回收产品进行销售。此外，如果没有简易的分离方法，复合非织造材料很难作为可回收材料推向市场。然而，意大利 Fater SpA 公司研发出一项工艺，此工艺可以加工一次性尿布等复合材料。该新工艺能够回收和分离吸收性卫生产品，从多组分产品中分离出两种产品流。一种产品流是纤维流产生的纤维，可用于家庭宠物护理、溢油控制和黏胶原料；另一种产品流包含混合的 PE 和 PP 产品，可用作熔融加工原料。回收的材料完全灭菌，分离效率大于 95%[49]。

目前，在发达国家，只有 PET、高密度聚乙烯（HDPE）和 PP 在城市回收工艺过程中能够有效分离。但是，由于连续塑料检测和分离方面的创新，PLA 等材料在不久的将来会很容易从生活垃圾中重新分离和再处理。

3.5.2　热塑性材料的熔融加工

与塑料瓶和其他塑料一样，热塑性塑料制成的非织造材料可以熔化，可与未

加工的聚合物混合，形成颗粒状物质，在纺织行业中循环使用。在消费品中 PE、PP 和 PET 的使用量大，采用通用的熔体处理设备可以将其转化为颗粒。爱尔兰 Wellman International 从废弃的 PET 瓶中生产了一系列 R-PET 短纤维，该产品以闭环生产周期的形式销售[50]。

单一聚合物产品的使用，使得通过熔融法进行的材料回收变得更加容易且劳动强度较低。由热塑性塑料制成的均相非织造材料通过熔融处理法很容易回收成球团。

熔融工艺中的工艺步骤数量也正在减少，并且在某些情况下，无须进行制粒工艺。例如，Ahlstrom 使用一种可直接回收的挤出机直接从废料中生产非织造材料，而不需要中间的制粒步骤，这减少了运输和再次熔融产品的过程，因此，该工艺大大减少了运营和最终产品的环境影响[47]。然而，对于非热塑性纤维，上述工艺是不可行的，必须研发新的工艺。

3.6　未来趋势

随着亚洲中产阶级经济水平的持续增长，预计全球非织造材料的消费量在短期和中期都将显著增长。显然，非织造工业必须以不损害后代高质量生活前景的产品和工艺来满足日益增长的需求。与服装行业一样，现在消费者对非织造产品及其生产和处置的影响有了更深的认识。非织造行业已经在可持续性方面取得了重大进展，预计非织造材料公司将持续创新，使产品和工艺在整个产品生命周期中更具可持续性。

许多公司将可持续性实践纳入公司政策，这种文化变化被视为创新和环境友好型发展的重要驱动力[51]。随着新材料和新工艺的不断开发，生物聚合物和可降解聚合物的价格有望降低，从而拓宽其在非织造材料领域的应用范围。

参考文献

[1] WIERTZ P. Challenges and opportunities facing the global nonwovens industry, in: 53rd Man-made Fibers Congress, 10th-12th September 2014, Dornbirn, Austria, 2014.

[2] HOUNSLEA T. Sustainable nonwovens set to rise sharply. United Kingdom:

World Textile Information Network, 2011.

［3］ PANTHI L. Carbon footprint and environmental documentation for product—A case analysis on road construction (masters thesis) . Norwegian University of Science and Technology, Norway, 2011.

［4］ HEERTEN G. Reduction of climate damaging gases in geotechnical engineering by use of geotechnical engineering by use of geosynthetics. In: International Symposium on Geotechnical Engineering, 3rd-4th December 2009, Bangkok, Thailand, 2009.

［5］ EDANA. sustainability report. third ed. Belgium: EDANA; 2011. http: //www. sustainability. edana. org/Content/Default. asp/.

［6］ Wallbaum H. Environmental benefits by using construction methods with geosynthetics, in: 10th International Conference on Geosynthetics, 21st - 25th September 2014, Berlin, Germany, 2014.

［7］ Future Water Association. Southern Water: ￡7m Spend on 4 Schemes to Tackle WwTW Blockages. United Kingdom: Future Water Association, 2015.

［8］ INDA. Code of practice: comminicating appropriate disposal pathways for disposable nonwoven products to protect wastewater systems. United States: Association of the Nonwoven Fabrics Industry, 2013.

［9］ POMETTO A L, LEE B. Process of biodegradation of high molecular weight polyethylene by aerobic lignolytic microorganisms. 1992. United States Patent 5, 145, 779.

［10］ FEDORAK P M. Microbial processes in the degradation of fibers. In: BLACKBURN RS, editor. Biodegradable and Sustainable Fibers. United Kingdom: Woodhead Publishing, 2005.

［11］ KYRIKOU I, BRIASSOULIS D. Biodegradation of agricultural plastic films: a critical review. Journal of Polymers and the Environment, 2007, 15: 125-150.

［12］ ARUTCHELVI J, SUDHAKAR M, ARKATKAR A, et al. Biodegradation of polyethylene and polypropylene. Indian Journal of Biotechnology, 2008, 7: 9.

［13］ Natureworks, Inge™ fibre apparel product guidelines: fiber to fabric, natureworks. United States, 2006.

［14］ GULICH B, PASCAUL J, NAUMANN R. Melt spun fibers based on compostable biopolymers for application in automotive interiors. In: 53rd Man-Made Fibers Congress, 12 the 14th September 2014, Dornbirn, Austria, 2014.

［15］ Lenzing, Technical Bulletin 01: Biodegradability, Lenzing, Austria, 2010.

[16] MÜLLER R J, KLEEBERG I, DECKWER W D. Biodegradation of polyesters containing aromatic constituents. Journal of Biotechnology, 2001, 86: 87-95.

[17] MOCHIZUKI M. Poly (lactic acid): synthesis, structures, properties, processing, and applications. Textile Applications, 2011, 4: 469.

[18] IWTO, Wool and biodegradability: Fact sheet, International Wool Textile Organisation, Belgium, 2015.

[19] CHOUDHURY P K. Jute agrotextiles—Properties and applications. India: Indian Jute Industries' Research Assoication, 2010.

[20] Ananas-Anam. Pinatex™ is born to truly challenge the textile market. Philippines: Ananas-Anam; 2014. http://www. ananas-anam. com/.

[21] GOUDA M, SWELLAM A, OMAR S. Biodegradation of synthetic polyesters (BTA and PCL) with natural flora in soil burial and pure cultures under ambient temperature. Research Journal of Environmental and Earth Sciences, 2012, 4: 325-333.

[22] INDA. Tencel, the botanic fiber—Yejimiin Introduces Premium Sanitary Pad in Korea. United States: Association of the Nonwovens Fabrics Industry, 2012.

[23] NISHIDA H, TOKIWA Y. Distribution of poly (β-hydroxybutyrate) and poly (ε-caprolactone) aerobic degrading microorganisms in different environments. Journal of Environmental Polymer Degradation, 1993, 1, 227-233.

[24] FONSECA A C, GIL M H, SIMÕ P N. Biodegradable poly (ester amide) s—A remarkable opportunity for the biomedical area: review on the synthesis, characterization and applications. Progress in Polymer Science, 2014, 39: 1291-1311.

[25] HEMMRICH K, SALBER J, MEERSCH M, et al. Three-dimensional nonwoven scaffolds from a novel biodegradable poly (ester amide) for tissue engineering applications. Journal of Materials Science: Materials in Medicine, 2008, 19: 257-267.

[26] TÄNDLER B, SCHMACK G, VOGEL R, et al. Melt processing of a new biodegradable synthetic polymer in high-speed spinning and underpressure spunbonding process. Journal of Polymers and the Environment, 2001, 9: 149-156.

[27] RADETIĆ M M, JOCIĆ D M, JOVANCČIĆP M, et al. Recycled wool-based nonwoven material as an oil sorbent. Environmental Science & Technology, 2003, 37: 1008-1012.

[28] YAMASAKI Y. Overview of recycling technology in textile industry in Japan and the world. Japan Chemical Fibers Association, Japan, 2004.

［29］Nonwovens－Industry. Smartspin RPET for nonwovens. Issue March 2014. United States: Nonwoven－Industry, 2014.

［30］RODIE J B. Fibers for nonwovens. Textile World, United States, 2010.

［31］Lenzing, Annual results for 2013, Lenzing, Austria, 2014.

［32］MITAL R. India spun yarn export market prices, Monthly Report June 2012, Emerging Textiles, India, 2012. http: //www. emergingtextiles. com/.

［33］VINK E, RABAGO K, GLASSNER D, et al. Applications of life cycle assessment to NatureWorks polylactide (PLA) production. Polymer Degradation and Stability, 2003, 80: 403-419.

［34］SIEDE G. Biopolymers. Biopolymers? Biopolymers! in: 53rd Man－Made Fibers Congress, 10th-12th September 2014, Dornbirn, Austria, 2014.

［35］Corbion Purac. PLA bioplastics, Press Release. Netherlands: Corbion Purac, 2013.

［36］Natureworks, The Ingeo™ Journey, Natureworks, United States, 2009.

［37］HAGEN R. The potential of PLA for the fiber market. Bioplastics Magazine, 2013, 8: 12-15.

［38］SOLARSKI S, FERREIRA M, DEVAUX E. Characterization of the thermal properties of PLA fibers by modulated differential scanning calorimetry. Polymer, 2005, 46: 11187-11192.

［39］FOSS S W, TURRA J M. Teabags and coffee/beverage pouches made from mono－component and mono－constituent polylactic acid fibers. 2014. United States patent Application 14/146, 475.

［40］ARBIA W, ARBIA L, ADOUR L, et al. Chitin extraction from crustacean shells using biological methods: a review. Food Technology and Biotechnology, 2013, 51: 12-25.

［41］KUMAR R. Chitin and chitosan fibres: a review. Bulletin of Materials Science, 1999, 22: 905-915.

［42］CHEN G Q, WU Q. The application of polyhydroxyalkanoates as tissue engineering materials. Biomaterials, 2005, 26: 6565-6578.

［43］ZIEM S, MURPHY R. Environmental assessment of braskem's biobased PE resin. E4tech and LCAworks, United Kingdom, 2013.

［44］INDA. Newnonwoven material made entirely from plant－based materials wins 2015 INDA rise durable product award. United States: Association of the Nonwoven

Fabrics Industry, 2015.

[45] KURIAN J V. A new polymer platform for the future—Sorona ® from corn derived 1, 3-propanediol. Journal of Polymers and the Environment, 2005, 13: 159-167.

[46] KURIAN J V. Sorona polymer: present status and future perspectives, in: MOHANTY A K, MISRA M, DRZAL L T (Eds.), Natural Fibers, Biopolymers and Biocomposites, CRC Press, United States, 2005.

[47] Ahlstrom. Great advances in resource efficiency: Recycling nonwoven process waste, Press Release. Finland: Ahlstrom, 2011.

[48] Plasteurope. PET recycling Europe, Press Release. Germany: Plasteurope, 2013.

[49] Nonwoven. co. uk, Recycling used hygenic disposables, 2015. http://www. nonwoven. co. uk/2015/01/recycling-used-hygienic-disposables. html.

[50] Wellman International, Wellman sustainability: The wellman product cycle, 2015. http://www. wellman-intl. com/sustainability. aspx/.

[51] EDANA. Sustainability report. fourth ed. Belgium: EDANA; 2014 - 2015. http://www. edana. org/industry-initiatives/sustainability.

第4章 纳米纤维在非织造材料中的应用

M. Tipper, *E. Guillemois*

利兹大学非织造材料创新研究所有限公司，英国西约克郡

4.1 概述

纳米材料的定义是其尺寸范围在 1~100nm[1]。纳米纤维的特征是在纳米尺度上具有两个维度的纤维或长丝，一个维度明显更大[1]。实际上，许多纳米纤维材料的纤维直径在 100~500nm，甚至亚微米的纤维也被称为纳米纤维。

由于纳米纤维具有较大的表面积和独特的性能，人们对纳米纤维非织造材料的兴趣日益浓厚。尽管纳米纤维生产技术早在 20 世纪初就已经开发出[2]，但自 21 世纪纳米工艺才在商业上出现。纳米纤维在过滤工业中应用最为成功，纳米纤维非织造材料可用于提高细尘吸附效率、降低压降和吸附危险材料（如生物和化学试剂）。

本章旨在介绍制备纳米纤维的常用方法，并重点介绍纳米纤维非织造材料的应用。除了用于过滤领域，新的应用正在开发，如医疗、国防和安全、运动服、汽车、能源和电子等领域。

4.2 纳米纤维的生产方法

4.2.1 电纺丝

电纺丝是最早用于生产纳米纤维的技术之一，在商业市场的影响最大。Formhals 在 20 世纪 30 年代从喷丝孔中纺出纳米纤维，并申请了多项专利[3-5]。

电纺丝过程中，在含有聚合物溶液的注射器针头和电极之间施加高压，当聚合物溶液从针头被挤出时，就会形成一根细丝。高压电场作用于针头产生带电射流，随着溶剂的蒸发，射流凝固。高电荷的纳米纤维在电场的作用下被定向射向

电荷相反的电极上。纤维的纺丝主要是聚合物射流方向上产生轴向拉伸力的结果[6]。如果将非织造材料放置在收集器上，则将在其上沉积一层纳米纤维。熔体聚合物电纺丝技术目前仍处于实验室阶段[7-8]。电纺丝工艺流程示意如图4.1所示[9]。

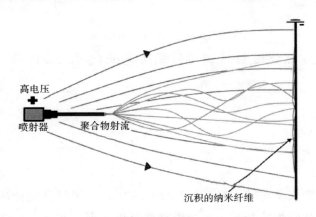

图 4.1　电纺丝工艺流程示意图

以喷射器为基础的电纺丝技术作为一种商业工艺存在一些缺点，如生产效率低和针管易堵塞。因此，无针电纺丝工艺越来越受欢迎，此工艺可在自由液体表面产生大量聚合物射流，从而大大提高生产效率。当外加电场强度超过某一临界值时，导电液体中的波在介观尺度上自组织，最终形成射流。有几个可用的系统，例如，可利用一个旋转的水平圆柱体，圆柱体被浸泡在聚合物溶液的浴缸中，聚合物溶液在圆筒表面形成一层薄膜，并暴露于高压电场中，其主要优点之一是射流的数量和位置得到最优的设置。该装置提高了电纺工艺的生产效率和可靠性。

最流行的无针系统是由 Elmarco 制造的纳米蜘蛛系统（图4.2）。该系统可生产平均直径低至 $50\mu m$、沉积宽度为 1.6m 的纤维，沉积速度可达 60m/min，沉积量仅为 $0.03g/m^2$。

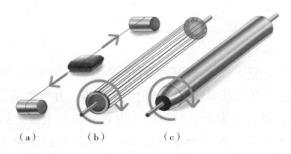

（a）　　　（b）　　　（c）

图 4.2　Elmarco 纳米蜘蛛电极设计

该系统的一种装置是用一根细的固定导线替代旋转圆柱体，如图 4.2（a）所示。聚合物溶液通过往复式喷头沉积在导线上。采用这种方式时，聚合物溶液只在纺丝前出现在电极上，减少了溶剂蒸发对纺丝浓度的影响（溶剂蒸发，则纺丝浓度增加）。

捷克共和国 Nanovia s.r.o. 公司生产了用于过滤、抗菌和防水的商用电纺纳米纤维。美国的 SNS 纳米纤维技术有限责任公司使用阿克伦大学研发的专利电纺丝技术，生产了含功能性颗粒的纳米纤维（直径最大 150μm）。麻省理工学院在 2015 年利用微机电技术生产出微型发射器阵列，降低了激活电压，提高了密度，使生产效率提高四倍[10]。

4.2.2　熔喷纺丝

熔喷是一种快速生产微/纳米纤维的工艺。颗粒状热塑性聚合物通过模具熔化和挤压，被加热的高速气流（通常与熔融聚合物的温度相同）拉伸，然后纺成纤维。最后，纤维以随机的方式沉积到收集器上，形成非织造纤网。纤维的潜热足以使自黏合成为可能。熔喷工艺流程示意图如图 4.3 所示。

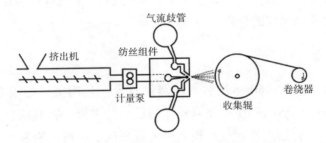

图 4.3　熔喷工艺流程示意图

一般来说，熔喷纤维的平均直径在 2~7μm，尽管纤维直径可能低至 500nm[11]。为了减小熔喷纤维的直径，研究者进行了各种各样的尝试。最直接的方法是降低聚合物熔体的进给速度，然而，这种方法只能在一定程度上以牺牲纤维的生产速度来减小纤维的直径。纤维的平均直径主要取决于进给速度、熔体黏度、熔体温度、空气温度和空气流速。减少喷丝孔的尺寸在生产亚/微米纤维方面卓有成效，采用专业模具设计的喷丝孔，熔喷纤维平均直径可达 250nm[12]。Hassan 等报道了使用特殊设计的模具（由美国 Hills 公司设计）调节流量时，具有较小的喷丝孔和较高的长径比，平均纤维直径在 200~500nm[13]。

另一种熔喷方法是使熔体原纤化[14]，即采用熔体纺丝法制备一种细长的聚合物空心筒体，在挤出模具时，将高速（接近音速）的空气引入。该模具的设计目的是在管中产生固有的薄弱区域，以帮助原纤化。据报道，此方法制备的纤维直径在 $300 \sim 500nm$[14]，其低能耗和高吞吐率可以使成本降低 40%。

4.2.3 湿法纺丝

适合用于湿法非织造工艺的纳米纤维由美国 Xanofi[15] 公司生产。这些纳米纤维是使用美国北卡罗来纳州立大学的 Orlin Velev 教授开发的 Xanoshang 工艺制造的。该工艺基于传统的湿法纺丝，但利用了聚合物溶液与混凝介质之间极低的界面张力，这使得纤维的伸长率非常高，并可以使纤维直径低至 10nm。据报道，与典型的纳米纤维加工相比，这种无喷嘴技术可以实现高吞吐率。这些纤维可以在湿法成网工艺的制备阶段与微米级或大尺度纤维结合。在黏结之前，将纤维制成的悬浮液沉积在开孔输送机上。

原纤化是将纤维分裂为原纤维或细丝的过程，通常使用湿式机械打浆将纤维部分地分离成原纤维[16]。纳米纤维的直径变化很大，已经从 Lyocell、棉花和木浆中生产出纳米纤维纤维素，纤维直径在 $0.05 \sim 0.5\mu m$，平均直径为 $0.3\mu m$，但不可避免地会有少量微米尺度的纤维（$2 \sim 5\mu m$）。

4.2.4 闪蒸纺丝

杜邦公司于 20 世纪 60 年代引入闪蒸纺技术，利用聚烯烃聚合物（如聚乙烯[21]，商业上称为 Tyvek）生产复合丝状薄膜原纤维束。在高压且高于溶剂正常沸点的温度下，聚合物溶液通过小模具进入低压区；一离开模具，溶剂就会急剧蒸发，留下一个由非常细的原纤丝组成的三维互联网络[22]。细丝的截面不规则，表面积大。纳米纤维是在此过程中产生的，但实际上，也会产生直径很大的纤维。

4.2.5 新型纳米纤维生产方法

4.2.5.1 离心纺丝

离心纺丝工艺已经存在了几十年，通常用于生产隔热和过滤的玻璃纤维或矿物纤维。美国得克萨斯州 FibeRio 技术公司开发了一项新兴的制造技术，即利用离心力从聚合物溶液或熔体中纺制纳米纤维。离心纺丝工艺流程示意如图 4.4 所示。

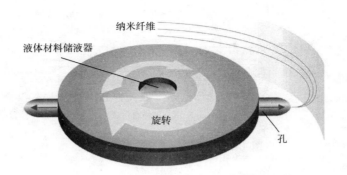

图 4.4　离心纺丝工艺流程示意图

纺丝头高速旋转所产生的离心力使熔融或溶解的聚合物流动，迫使其通过纺丝头末端的孔。当转速达到临界值时，聚合物所受的离心力大于纺丝流体表面的张力，聚合物从喷丝孔中喷射出。在空气摩擦和离心力的共同作用下，液体射流被拉伸和固化，形成纳米纤维。纳米纤维随后沉积在收集器上，形成非织造纤网。Raghavan 等[23] 用熔体流速为 1550g/10min 的聚丙烯纺制了平均直径小于 500nm 的连续纳米纤维。

与其他纳米纤维纺丝工艺相比，离心纺丝具有一些显著的优势。例如，由于导电材料和非导电材料都可以采用离心纺丝，因此可以纺成纳米纤维的聚合物溶液范围比电纺丝大。离心纺丝工艺的最大优点是用熔融纺丝代替溶液纺丝，提高了生产经济适用性。因为聚合物溶液相对较稀（<20%），这不仅影响生产量，而且纺纱后溶剂回收成本很高；而离心纺丝不需要溶剂，能实现更可持续的生产[24]。

4.2.5.2　吹喷纺丝

吹喷纺丝是一种结合电纺丝和熔喷技术生产纳米纤维的新工艺。聚合物溶液在泵的作用下通过同心喷嘴的内部孔，而高压气流通过同心喷嘴的外部孔。气体/溶液界面的压差和张力导致多股聚合物溶液沉积在收集器上。气体的种类多种多样，其中包括空气。吹喷纺丝工艺流程示意如图 4.5 所示。

在飞行过程中，线束的溶剂成分迅速蒸发，形成纳米纤维网[25]。纤维直径可达 80nm。

据 Venugopal 等报道，与生产直径在 60~300nm 的聚酰胺 6 纤维的静电纺丝方法相比，吹喷纺丝中每个喷嘴的生产效率要高得多[26]。吹喷纺丝工艺可以制备直径为 10~50nm 的聚四氟乙烯（PTFE）纤维[27]。

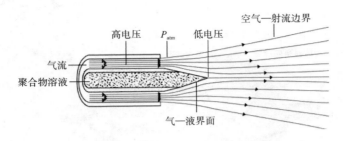

图 4.5　吹喷纺丝工艺流程示意图

4.2.5.3　磁力纺丝

　　磁力纺丝技术是由美国佐治亚大学研究基金会于 2015 年开发的，是一项利用旋转磁体制造磁性纳米纤维的技术[28]。磁悬浮纺丝工艺如图 4.6 所示[28]。结合氧化铁纳米颗粒或其他磁性材料的聚合物溶液或聚合物熔体，从紧靠放置在旋转压板上的磁体定位的注射器针头挤出；聚合物流体的液滴附着在磁铁上，磁铁的转动使聚合物拉细，形成纳米纤维。这项技术目前仍处于实验室阶段。

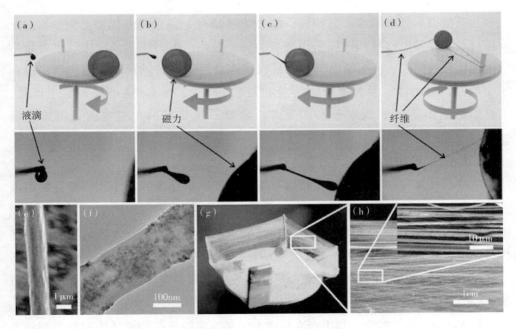

图 4.6　磁悬浮纺丝工艺示意图

4.3　常用纳米纤维生产方法的优缺点

表 4.1 列出了常用纳米纤维生产方法的优缺点[21,29]。

表 4.1　常用纳米纤维生产方法的优缺点

生产方法	优势	缺点
电纺丝（溶剂法）	可生产连续长丝；纤维直径相当均匀，纤维直径范围很广；无针系统具有高吞吐量	小孔隙，直径小于 50nm 的均匀纤维喷丝孔系统；产量低；射流不稳定；溶剂回收困难；力学性能低
静电纺丝（熔融法）	纺丝均匀、长且连续；无溶剂	聚合物的热降解；产生放电问题；难以获得小直径的纤维
熔喷纺丝	生产连续长丝；生产效率高；无须溶剂回收	聚合物种类有限；聚合物的热降解；细直径的纤维需要特殊的装置；纤维直径分布广
离心纺丝	无高压；适合多种聚合物；熔体或溶液纺丝；吞吐量高	温度要求高；熔体纺丝导致高的纤维直径分布；聚合物热降解
闪蒸纺丝	生产效率高；工艺过程经济	短纤维长度（3~10μm）；需要溶剂回收；专有技术；聚合物范围有限制；纤维直径分布广
纺粘法纺丝	使用化学惰性气体；不使用有害溶剂；优越的纤维特性；形成复合材料	目前没有商业化的技术；需要回收溶剂
湿法纺丝	纤维直径规整	较难控制成型非织造材料中的纤维分布

4.4　纳米纤维的性能

一般来说，纳米材料具有高比表面积。利用高比表面积的特性，纳米纤维具有很好的渗透性能。其中，最普遍的应用是过滤，纳米纤维材料对颗粒具有高抗渗透性、高透气性、低面积密度和低压降。压降 ΔP 为过滤介质上下游的压力差，计算式如下。

压降：
$$\Delta P = P_上 - P_下 \tag{4.1}$$

压降表征了非织造过滤器内的气流阻力，并影响流经过滤器的气流所需的能量消耗。

纳米纤维非织造材料的力学性能和摩擦性能较低。这可能会导致产品转换过程中出现问题，例如折叠式过滤器，因为非织造材料的完整性可能会在制造过程中被破坏。在设计产品时应仔细考虑机械应力和磨损情况。纳米纤维通常设计在相对便宜的非织造支撑层上，如纺粘非织造材料。

4.5　纳米纤维的应用领域

纳米材料的全球市场估值每年都在增长，纳米纤维非织造材料具有广泛的应用[30]。除了过滤应用之外，还有许多新兴的应用，如能源、电子、军事和生物工程。

4.5.1　空气过滤

纳米纤维过滤可用于提高过滤效率，防止病毒传播，中和细菌，控制空气污染。当流体（空气或液体）接触非织造材料时，分子就会受到各种力的作用，如布朗（扩散）运动、直接截留、部分冲击、静电力和沉降。对于纳米纤维，还必须考虑纤维表面滑移流对过滤的影响。对于大尺寸的纤维材料，过滤机制依赖于纤维周围的连续流动，纤维表面无滑移状态；当纤维的尺寸变得足够小，使得空气的分子运动与纤维的大小和流场有关时，这个理论就不适用了。在纤维表面采用滑移流模型可以扩展连续流动理论的适用范围。克努森数（Kn）用于描述空气分子在纤维表面的分子运动对整个流场的作用。克努森数的计算式如下。

$$\mathrm{Kn} = \lambda / R_f \tag{4.2}$$

式中：λ 为气体的平均自由程；R_f 是纤维的半径。Kn<10 时，纤维表面停止气体流动；当 10^{-2}<Kn<1 时，发生滑移流动；当 Kn>1 时，分子流动发生。空气分子的运动与纤维的尺寸和流场有关[31]。对于直径小于 500nm（Kn<0.132）的纤维，必须考虑滑移流动。空气分子在纤维附近移动加剧，与纤维相互作用的可能性更小，因此，纤维上的空气阻力较小。滑移流增强了单个纤维的颗粒捕获能力，降低了压降[32]。

4.5.2　医疗卫生

纳米纤维膜在生物医用领域的应用包括药物传递、组织工程和伤口敷料。组织生长支架是由纳米纤维构成的三维网络，旨在模拟天然细胞外基质[33]。电纺纳米纤维支架在组织工程中的应用是目前研究最多、前景最好的。

SNS 纳米纤维技术有限责任公司申请了纳米纤维在皮肤消毒方面的应用的专利[34]。其理念是通过吸收毛囊中存留的有害液体，以使皮肤免受有害物质的侵害[35]。毛囊位于重要的结构上（如毛细血管、干细胞和树突状细胞），因此应受到良好的保护。

纳米纤维固有的高比表面积使其可以用于药物的输送，通过纳米纤维技术提供的药物包括抗生素、蛋白质、活细胞和生长因子[36]。需要进一步的研究和发展来控制这些化合物的运送速度。

4.5.3　国防与安全

侧重于国防与安全的纳米纤维材料的应用包括化学和生物保护、复合增强材料和传感器（光学、化学、气体）等。士兵们在战场上可能会暴露在由炸料产生的有害化学物质和生物制剂中。化学和生物制剂（如芥子气）与 DNA 共价结合或与硫醇基团形成二硫键，导致细胞死亡或最终导致癌变[37]。纳米纤维的发展旨在通过将纳米颗粒（如 MgO、Al_2O_3、Fe_2O_3、ZnO 和 TiO_2）掺入纳米纤维中来代替活性炭或物理吸附剂，其颗粒物质和高比表面积使其吸附性能提高。

化学防护服的主要要求包括对液体和蒸汽污染物的防护、抗雨性、透气性、撕裂强度、重量和耐久性。纳米纤维非织造材料在提供高透气性的同时，可提供高水平的化学防护[38]。

4.5.4　水净化

提供高品质的饮用水是改善人民生活的关键。纳米纤维材料由于其开放的结构、表面积和高孔隙率[39]，在水过滤应用中具有优势，如脱盐、离子交换、消毒和去除有毒重金属等。

4.5.5　能源与电子

纳米纤维膜正被开发用于锂离子电池的分离装置。隔膜对电池的性能至关重要，它被用作正极和负极之间的电化学惰性物理屏障。在电池的充放电循环中，隔膜需要输送离子[40]。与目前使用的聚烯烃膜相比，纳米纤维膜具有高电解质吸收能力和高离子电导率等优点。

在过去的五年中，用于质子交换膜燃料电池的纳米纤维一直是研究的重点。这些燃料电池具有很高的热力学效率且几乎零排放，但由于铂基催化剂成本高和耐久性低而使其应用受到限制。纳米碳纤维网作为纳米铂颗粒的载体，已被广泛应用[41]。

含有纳米纤维的过滤介质可作为燃气轮机发电装置的前置过滤器，提高过滤性能。在燃气轮机上积聚的颗粒物其过滤效率会显著降低，增加能源消耗，并增加维修停机时间。研究已证明，纳米纤维薄膜可以在同等过滤效率的情况下降低压力，延长过滤寿命达 5 倍。纳米纤维网可阻挡 $1 \sim 10 \mu m$ 的粉尘颗粒，其持尘能力增加了 10 倍[42]。

4.5.6　建筑和交通行业

吸声非织造材料通过吸收一定的声波频率来减少噪声污染。随着人们对减少噪声以提高生活舒适度意识的提高，吸声材料在建筑和交通行业的应用越来越普遍。纳米纤维非织造材料重量轻、多孔、比表面积大，可最大限度地反射噪声波，并能吸收高、中、低频噪声[43]。

Khan 等的研究表明，直径在 $200 \sim 5mm$ 的纳米纤维会导致声音传输显著损失，质声损失率 TL 可由下式确定。

$$TL = 10 \lg [I_i] / [I_t] \tag{4.3}$$

式中：$[I_i]$ 为入射噪声强度 （W/m^2）；$[I_t]$ 为传输噪声强度 （W/m^2）。

4.5.7　汽车发动机

发动机过滤器的主要作用是去除进入发动机的空气中导致发动机磨损的污染物颗粒。汽车过滤器通常必须满足以下要求：流量限制小、持尘量大、空气净化器效率高、部件小而紧凑。在发动机过滤器中使用纳米纤维，有助于开发更小的部件，提高 $2 \sim 22 \mu m$ 直径范围内尘埃颗粒的过滤效率，延长发动机的使用寿命[44]。

4.5.8　技术纺织品

纳米纤维作为高档运动服装中透气膜的替代品，正逐渐进入市场。与 e-PTFE 膜相比，纳米纤维膜具有成为高透气性的防水材料的潜力。

位于得克萨斯州的离心纺丝机械制造商 FibeRio Technology Corporation 在 2015

年期间与美国最大的品牌所有者之一 VF Corporation 一起开发用于运动服的纳米纤维材料[45]。纳米纤维技术纺织品开发将集中在高性能服装、鞋类和牛仔裤方面。

4.6　未来趋势

纳米纤维非织造材料是一种相对较新的商业化技术，与大尺度非织造材料相比，其市场渗透率相对较低。纳米层的力学性能和磨损性能弱，需要材料基体来支持纳米纤维层，如图 4.7 所示。

图 4.7　沉积在聚酯基体上的电纺纳米纤维

在某些应用中，为了保护结构的完整性，还需在夹层结构的中心对纳米层进行层合，在转化为最终产品时也应考虑这一点。在折叠和打褶等操作中不应损坏纳米纤维层。

人们对用于生产纳米纤维的聚合物溶液体系（如电纺丝）感到担忧。溶剂处理过程对生产操作人员有安全隐患，且存在一定的困难，如挥发性液体的储存。此外，溶剂的回收费用昂贵，也会增加经济成本。

此外，纳米材料也存在一般的安全隐患。一是，对潜在的毒理学效应还没有完全了解；二是，游离的纳米材料不是固定在一个结构中，可能被吸入、摄入或通过皮肤进入人体，对细胞造成损害。

不可否认，纳米纤维在非织造材料中的应用是纤维材料一个令人兴奋和有发展前景的领域。纳米纤维已经在过滤应用中应用了数十年，并且许多应用正处于开发阶段，随着制造技术的改进，越来越多的产品正在商业化。随着制造技术的进一步提高，预计在未来十年，纳米纤维非织造材料的应用将显著增加，非织造工业的产量和重要性也将不断增加。

参考文献

［1］ British Standard. Nanotechnologies—terminology and definitions for nano-objects—nanoparticle, nanofibre and nanoplate. 2009. in PD CEN ISO/TS 27687, 2009.

［2］ COOLEY J F. Improved methods of and apparatus for electrically separating the relatively volatile liquid component from the component of relatively fixed substances of composite fluids. 1900 ［Great Britain］.

［3］ FORMHALS A. Process and apparatus for preparing artificial threads. 1934 ［United States］.

［4］ FORMHALS A. Method and apparatus for spinning. 1939 ［United States］.

［5］ FORMHALS A. Artificial thread and method of producing same. 1940 ［United States］.

［6］ SUBBIAH T, et al. Electrospinning of nanofibers. J Appl Polym Sci 2005, 96 (2): 557-569.

［7］ LYONS J M. Melt-electrospinning of thermoplastic polymers: an experimental and theoretical analysis. Drexel University, 2004.

［8］ LARRONDO L, MANLEY R S J. Electrostatic fiber spinning from polymer melts. I. Experimental observations on fiber formation and properties. J Polym Sci Polym Phys Ed, 1981, 19 (6): 909-920.

［9］ GHARAEI R. Production of nanostructured nonwovens containing self assembling peptides for hard tissue regeneration. United Kingdom: School of design, University of Leeds, 2016.

［10］ PHILIP JPdL, et al. Parallel nanomanufacturing via electrohydrodynamic jetting from microfabricated externally-fed emitter arrays. Nanotechnology, 2015, 26 (22): 225301.

［11］ RUSSELL S J. Handbook of nonwovens. Cambridge: CRC Press; Woodhead Publishing, 2007.

［12］ ZHOU F L, GONG R H. Review: manufacturing technologies of polymeric nanofibres and nanofibre yarns. Polym Int, 2008, 57: 837-845.

［13］ HASSAN M A, et al. Fabrication of nanofiber meltblown membranes and their filtration properties. J Membr Sci, 2013, 427: 336-344.

[14] MIRLE S K, et al. Melt fibrillation sub-micron fiber technology, in Filtrex Asia. New Dehli, India: EDANA, 2010.

[15] 2015; Available from: http://xanofi.com/.

[16] SOANES C, Stevenson A. The concise Oxford English dictionary. Oxford: Oxford University Press, 2004.

[17] HOMONOFF E C, Evans R E, Weaver C D. Nanofibrillated cellulose fibers: where size matters in opening new markets to nanofiber usage. In: TAPPI Nanotechnology Conference, 2008 [St Louis, MO].

[18] FRANK K, KO Y W. Introduction to nanofiber materials. Cambridge, 2014.

[19] HILLSINC. Polymeric nanofibers-fantasy or future? 2005 [cited 2015 03/08/ 2015]; Available from: http://www.hillsinc.net/assets/pdfs/polymeric-nanofibers. pdf.

[20] NDARO M S, et al. Splitting of islands-in-the-sea fibers (PA6/COPET) during hydro-entangling of nonwovens. J Eng Fibers Fabr, 2007, 2 (4): 9.

[21] NAYAK R, et al. Recent advances in nanofibre fabrication techniques. Text Res J, 2012, 82 (2): 129-147.

[22] BLADES H, WHITE J R. Fibrillated strand. 1963 [United States].

[23] RAGHAVAN B, SOTO H, LOZANO K. Fabrication of melt spun polypropylene nanofibers by Forcespinning™. J Eng Fibers Fabr, 2013, 8 (1): 53-60.

[24] HAMMAMI M A, KRIFAM, HARZALLAHO. Centrifugal force spinning of PA6 nanofibers—processability and morphology of solution-spun fibers. J Text Inst, 2014, 105 (6): 637-647.

[25] MEDEIROS E S, et al. Solution blow spinning: a new method to produce micro- and nano-fibers from polymer solutions. J Appl Polym Sci, 2009, 113 (4): 2322-2330.

[26] VENUGOPAL A, et al. An alternative method for the production of submicron fibers-properties and potential. In: Dornbirn man-made fibers congress, 2014 [Austria].

[27] SEN A, BEDDING J, GU B. Process for forming polymeric micro and nanofibers, 2005 [United States].

[28] TOKAREV A, et al. Magnetospinning of nano-and micro-fibers. Adv Mater, 2015, 27 (23): 3560-3565.

［29］ NGUYEN L T H，et al. Biological，chemical，and electronic applications of nanofibers. Macromol Mater Eng，2013，298（8）：822-867.

［30］ KHENOUSSI N. Contribution à l'étude et à la caractérisation de nanofibres obtenues par électro-filage：Application aux domaines médical et composite in Laboratoire de Physique et Mécanique Textiles. Université de Haute-Alsace，2012.

［31］ FEI Q. Functional nanofibers and their applications. Woodhead publishing，2012：121-49.

［32］ KRISTINE GRAHAM M O，RAETHER T，GRAFE T，et al. Polymeric nanofibers in air filtration applications. In：Fifteenth Annual Technical Conference & Expo of the American filtration & Separations Society，2002［Galveston，Texas，USA］.

［33］ LU P，DING B. Applications of electrospun fibers. Recent Pat Nanotechnol，2008，2：169-182.

［34］ VASITA R，KATTI D S. Nanofibers and their applications in tissue engineering. Int J Nanomed，2006，1（1）：15-30.

［35］ FRAZIER L，LADEMANN J. Investigating the use of nanofibers for skin decontamination. 2015. Available from：http：//www. snsnano. com/pdfs/GRCfinal. pdf.

［36］ HU X，et al. Electrospinning of polymeric nanofibers for drug delivery applications. J Control Release，2014，185：12-21.

［37］ YARIN A L，POURDEYHIMI B. Fundamentals and applications of micro and nanofibers. Cambridge University Press，2014.

［38］ NURFAIZEY A H，et al. Functional nanofibers in clothing for protection against chemical and biological hazards. In：WEI Q，editor. Functional nanofibers and their applications. Woodhead Publishing，2012.

［39］ HUANG L，MANICKAM S S，MCCUTCHEON J R. Increasing strength of electrospun nanofiber membranes for water filtration using solvent vapor. J Membr Sci，2013，436：213-220.

［40］ LEE H，et al. Electrospun nanofiber-coated separator membranes for lithium-ion rechargeable batteries. J Appl Polym Sci，2013，129（4）：1939-1951.

［41］ SAHA M S，et al. Nanomaterials-supported Pt catalysts for proton exchange membrane fuel cells. Wiley Interdiscip Rev Energy Environ，2013，2（1）：31-51.

［42］ Hollingvose. NANOWEB Advanced Nanofiber Technology，2008. Available from：https：//www. youtube. com/watch？ v1/4b31dbfs-SSE.

［43］ KHAN W, ASMATULU R, YILDIRIM M. Acoustical properties of electrospun fibers for Aircraft Interior noise reduction. J Aerosp Eng, 2012, 25 (3): 376−382.

［44］ JAROSZCZYK T, et al. Nanofiber Media performance in application to motor vehicle air filtration, in nano for the 3rd Millennium—nano for life Summit. In: Conference proceedings, 2009. Prague, Czech Republic.

［45］ SNW. FibeRio partners with VF. Sustain Nonwovens, 2015, 3: 57.

第5章 非织造材料生产技术

H. −G. Geus

非织造材料制造商 Reifenhäuser Reicofil 公司，德国特罗斯多夫

5.1 概述

用于技术型应用的非织造材料是由多种不同的纤维和长丝制成的，可用于各种应用领域。由于非织造材料的类型不同，因此有必要对非织造材料进行分类。其中，一种分类方法是根据基础树脂分类，如聚烯烃、缩聚物、耐高温聚合物和可再生资源中的聚合物；或者根据非织造材料的应用进行分类，如农业、交通工程、土木工程、医疗、汽车等应用。本章根据制造技术对非织造材料进行分类。

根据制造技术的定义，对基础材料的使用、可实现的性能、主要的使用领域和所涉及的技术都做了很好的界定。不同制造技术的主要区别在于纤维或长丝的使用。在短纤维制造技术中，混合纤维的应用非常普遍；而大多数长丝制造技术，则使用单基树脂，这些树脂种类范围从玻璃纤维到高分子聚合物，再到聚合物或天然基础树脂之外的溶液。此外，根据长丝的铺网方式、黏合类型和后处理（如染色、印花、整理、涂敷、成膜和切割）方式的不同，纤维制造技术也有所不同。

5.2 纺粘法

纺粘工艺是一种非织造材料生产工艺，包括将聚合物直接转化为连续的长丝，并将长丝转化为随机排列的非织造材料。该技术的第一次发展是在工业领域，于

20 世纪 50 年代，杜邦、Freudenberg 和 Corovin 等公司开始研究和开发纺粘网，1941 年美国申请纺粘法专利；在 20 世纪 70 年代初，Freudenberg、Terram 和 Corovin 开始生产聚丙烯（PP）纺粘网。在这些技术中，长丝是通过并行排列的小模头直接从聚合物熔体中纺出的，拉伸至直径为 $10 \sim 30\mu m$ 的细丝，然后铺在多孔的铺网和输送带上。这些网是用热轧法黏合而成的，典型的克重在 $20 \sim 100 g/m^2$，典型的纤维直径在 $10 \sim 25\mu m$（$1 \sim 10$ 旦）。为了增加通量，提高纤网的均匀性，可以生产平行排列的多层纤网。

常见纺粘系统如图 5.1~图 5.3 所示，纺粘工艺流程示意如图 5.4 所示。

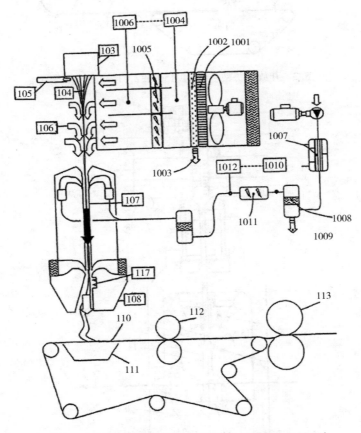

图 5.1　开放式纺粘系统 EP 2337882（Andritz Perfojet）

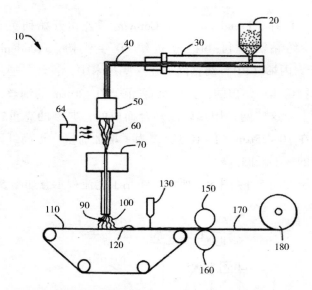

图 5.2 开放式纺粘系统 EP 1563132（Kimberly-Clark）

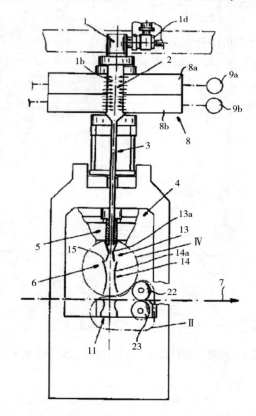

图 5.3 封闭式纺粘系统 US 6932590（Reifenhäuser Reicofil）

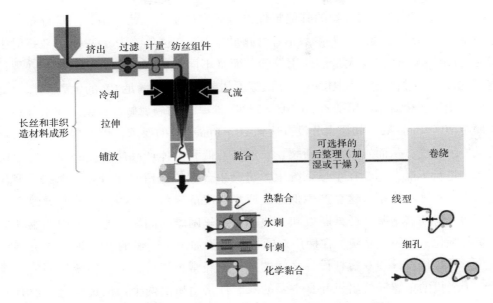

图 5.4　纺粘工艺流程示意图（Reifenhäuser Reicofil）

5.2.1　熔体的制备

聚合物从料仓或袋中送入位于挤出机顶部的计量和混合装置；树脂颗粒需送入干燥系统，排除水分。这两个过程都会干扰甚至停止纺丝，具体取决于颗粒量或湿度大小。在螺杆挤出机中，聚合物被熔化并适当混合。熔体制备是最重要的工艺步骤之一，后文将对此进行描述。通过熔体过滤系统和计量泵将其送入模具头，最后，熔体通过喷丝头形成纤维。每米宽生产线可生产 1000~7000 根纤维。

5.2.1.1　树脂的选择

通常，工业用非织造材料的聚合物的必要性能特征是：首先，聚合物能够从纺丝孔（毛细管）直径（250~1000μm）降到长丝尺寸（10~35μm），如果是涤纶，单丝的速度应超过 5000m/min，这种减小直径的作用是通过聚合物的弹性实现的；其次，聚合物性能必须非常均匀，以便找到合适的工艺。由于纺丝孔尺寸较小，需要控制模头内的压力积聚，因此采用低黏度聚合物进行纺丝。例如，通常 PP 的熔融指数（MFR）为 11~35，聚乙烯树脂的 MFR 为 20~40。聚合物在纺丝过程中的性能主要取决于两个方面：可达到的物理性能和纺丝过程的稳定性。

在纺粘工艺中最常用的聚合物是 PP。市场上有许多可用的 PPs 类型，普遍具有分子量分布均匀、工艺窗口宽、纺丝条件好等特点。为了获得所需的力学性能

（如长丝的韧性等），聚合物的其他特性也是研究的重点，尤其是分子量分布、分子量的 MFR 和结晶度。这些参数不容易测量，凝胶渗透色谱法（GPC）、双折射法等必要的检测方法需要大量的使用经验，而且不同实验室之间的数据并不总是具有可比性。通过设定熔体温度、冷却比等工艺参数，可以满足 PP 的生产要求。

对于生产聚对苯二甲酸乙二醇酯（PET）非织造材料，颗粒在挤压前水分必须干燥至 20～30mg/kg。如果水分没有达到 20～30mg/kg 的要求，熔融球团将被水解为低熔融黏度，从而导致纤维断裂、长丝韧性低和整体产品质量差。简单的干燥机无法进行干燥，颗粒在干燥系统中无法产生合理的停留时间分布，因此，聚合物的干燥程度不稳定。这会产生低黏度或高黏度的颗粒，即凝胶，从而导致更高的压力、过滤器堵塞、纤维断裂和其他加大纺丝困难的问题。通常采用双螺杆挤出机与强化真空脱气系统。在使用双螺杆挤出机加工未干燥的 PET 时，水分将被去除。单螺杆设计和双螺杆设计之间的选择也经常被讨论，不能笼统地回答。能耗在干燥机的单螺杆挤出机和真空泵的双螺杆挤出机的两个挤出过程之间没有显著区别。由于单螺杆挤出机的烘干机一般位于挤出机上方，所以将聚合物颗粒预先加热后送入挤出机螺杆内，烘干切片的大部分能量不会被浪费。一些非织造材料制造商已经开始或打算使用 PET 切片或其他回收 PET 产品。这种情况则需要双螺杆挤出机，因为单螺杆的设计不足以满足所有尺寸和尺寸分布的瓶片的需要。非织造工艺对长丝断裂的影响更为关键，因此质量的变化需要在一定的范围内。大范围的片状质量变化对真空系统和挤压系统的控制回路有一些挑战，可将预干燥的薄片与双螺杆挤出机混合，并与一定量的 PET 颗粒混合，以使过程稳定并具有所需质量水平的力学性能。由于此类解决方案的投资成本较高，而投资回报率（ROI）的计算是基于实际树脂成本，因此，解决方案会不时更改。

利用双螺杆挤出机和脱气系统生产可生物降解聚合物时，具有显著优势，因为多数可生物降解聚合物具有临界热稳定性，并含有许多挥发物。如前所述，挥发物很容易被去除。可生物降解聚合物的使用还处于起步阶段，未来可能会出现其他制备技术。

5.2.1.2　原料计量

由于工业用非织造材料的纺丝生产线的生产量通常超过 1000kg/h，因此，需要在料仓中储存一定数量的聚合物。如前所述，均匀性、黏稠度和纯度是聚合物树脂的研究热点，在这种情况下，树脂的储存和制备也是工艺的重要组成部分。挤出聚合物的空气必须是纯净的，因此，空气过滤器必须保持在一个良好的水平。管径和输送速度的设计是为了保持颗粒的原始形状，以免产生灰尘污染或损坏颗粒，即所谓的"毛疵"。如果在储存和进入工厂的过程中存在树脂受潮的风险，则需要额外增加一个料仓，以保证湿度为零。

如果需要熔体染色或额外的添加剂，则将容积给料系统连接到颗粒料斗。由于该容量法的精确性足以完成简单的染色任务，因此，大多数生产线都使用容积给料装置。为了获得更高的精度，并获得挤出机中添加剂进给的明确记录，需要使用重量计量装置。

5.2.1.3　聚合物挤出

挤出是非织造材料生产中最重要的工艺步骤，如果此流程没有以正确的方式执行，则后续流程均会由于熔体质量不理想而不能取得良好的整体工艺效果。大部分生产线都配有单螺杆挤出机，以将聚合物熔化，具有良好的均匀性。如果熔体均匀性不在合理的范围内，则会产生大量的断裂长丝，从而无法实现稳定的纺丝生产，并且会导致输网帘上出现许多斑点，最终可能导致生产中断。熔体温度和停留时间的不规则、添加剂的尺寸和分布的不规则性、聚合物批次本身的不均匀性，都会导致生产不稳定。

如果只生产 PP，大部分采用单螺杆挤出机作为挤出系统。对于大多数纺丝应用，使用挤出机的 l/d（长径比）为 30。螺杆的这一长度能使聚合树脂被顺利加热，并能够为树脂提供非常好的均匀性，具体取决于螺杆直径，通常在 50 ~ 220mm。螺杆的转速在 80 ~ 300r/min。使用 MFR 在 11 ~ 60 的低黏度 PPs，气缸和螺杆磨损较小。现有的一些生产线配备了含有标准氮化钢螺杆和汽缸的挤出机；其他生产线则配备了装甲汽缸和螺杆，因为挤出机大多位于第三层或更高层，使得维护变得很棘手，而且这种改进的投资费用不是很高。物料添加剂和高压在纺丝工艺中并不常见。由于单螺杆挤出机不需要太多的剪切力就可以很容易地增加压力，克服后续熔体管道的流动阻力，因此通常不需要增压泵。为了保证产量的一致性，还增加了熔体泵。压力水平通过一个简单的控制回路来控制，即通过改变挤出机的速度，在计量泵前保持恒定的压力。在任何情况下，此控制功能都可表明熔体质量的优劣；如果压力变化范围在 ±1bar❶ 以内，则可认为热均匀性在可接受范围。

平滑和带凹槽的进气区之间的挤出机不同。平滑进气区是纤维纺丝应用的标准技术，因为它的熔体质量与带凹槽的进气区的挤出机熔体质量相比具有更好的均匀性。螺杆设计的目的是在最小剪切力的情况下实现良好的熔体均匀性，因为

---

❶　$1bar = 10^5 Pa$。

太大的剪切力会导致熔体温度意外升高。带凹槽的进气区的主要优点是具有非常大的容量，材料不限于粉末、颗粒或薄片，但会造成较高的剪切速率，因此，这一挤出机主要用于生产重型塑料型材或回收材料。

螺杆计算工具的数据和螺杆本身的几何形状是挤出机供应商的专有技术。然而，不使用这些不同几何形状的螺杆、不使用额外的熔融混合器系统也可以实现熔融纺丝均匀性。此时，可以选择间隙型混合器（也被称为 Maddock 型或 Egan 型）、nap 型混合器，或者是两者的组合，甚至可以使用静态混合器。由于单螺杆挤出机不具备自清洗功能，根据颜色、深度和生产速度的不同，换色时间可达 1h 以上。这么长时间一方面是由聚合物停留时间导致的，另一方面是由于配料系统的时间偏差造成。

5.2.1.4 熔体过滤

熔体过滤器、管道、计量泵的安装，保证了聚合物的质量。计量泵为非常精密的齿轮泵，机械公差低至 0.5μm，并且能够以恒定的体积泵送熔体，而不会因泵前压力不一致或泵后压力变化（如由过滤器堵塞引起）而发生变化。熔融管道的设计应满足两个要求，一是将聚合物熔体引导到模头中，而不产生负面影响，例如，由于模头而导致熔体的剪切力过高或停留时间过长；二是为了使熔体压力在可控范围内，需要对熔体压力进行监控。由于熔体管的加热因此需要对熔体进行绝热处理，熔融加料期间必须没有热点或冷点。

熔体过滤器对所纺丝纱线的性能有很大的影响。通常，纺丝生产线的设计中会采用两个过滤器。第一个过滤器位于纺丝泵前面的挤出机之间，用于过滤能破坏计量泵的大颗粒和细颗粒。过滤介质主要由不同层的不锈钢滤网制成，滤网尺寸约等于挤出机尺寸，滤网由 4~5 层组成。细层需要为高压力降提供支撑，并保护其不受尖锐颗粒的影响。此外，设计应保证过滤器周围无泄漏。细层通常用平纹编织法制成，其网眼尺寸最小为 25μm（40000 目/cm²），也可采用荷兰编织法制成，其网眼尺寸不超过 5μm。第二个过滤器被放置在离喷丝板非常近的地方，以便将所有的东西排出，包括炭化的熔体颗粒、通过第一过滤器的颗粒或结块的添加剂。这些过滤器的设计与前面描述的过滤器类似。由于过滤掉的粒子的高负载，第一个过滤器是在生产过程中进行过滤。过滤是生产过程中一个非常关键的工艺步骤。

随着过滤器的改变，挤压系统的压力水平也将改变。用于保持计量泵前面的压力并保持恒定产量的控制系统，应能够解决该过程的中断问题；此外，不能将炭化聚合物和空气输送到喷丝头的熔体流中。为解决上述问题，某些生产线设置了具有大过滤区域的过滤器，这些过滤器最多在 $1m^3$ 中容纳 $300m^2$ 的过滤面积。整个过滤器必须不时地进行交换。由于该过滤器熔体体积大，不可能快速改变颜色或添加剂量。对于具有临界停留时间性能的聚合物，不可使用此过滤系统。

5.2.1.5　模具头和喷丝头

纺粘工艺的基本部分是熔体在模头中的分布和长丝的纺丝。一般来说，使用两种不同的设计。在第一种设计中，熔体由一个衣架型分配器分配到整个宽度，或采用多个模具或 T 型分配器。第二种设计是每个分配器使用一个计量泵，大多数的多分配器均采用。这两种系统都可以用液体或电加热器加热。在设计分配器时，需要相关的流变数据和计算程序。

喷丝头有多个毛细管，聚合物通过毛细管形成细丝。喷丝头的毛细管受纤维数、长丝密度、长丝间距、毛细管直径、毛细管长径比和毛细管形式（圆形/非圆形）的影响。可以从所需的长丝线密度中计算出所需的长丝数。长丝密度和长丝间距与工艺性能有明显的关系。冷却空气必须穿透长丝束，以冷却所有长丝，并为所有长丝提供同等的冷却条件。长丝密度和长丝间距取决于对空气和纺丝速度的控制。毛细管直径受到所选树脂、拉伸比和纤维线密度的影响，也受到毛细管的清洗、由此产生的负压和小颗粒堵塞的影响，而小颗粒通常会导致更大的毛细管直径。PP 是最常用的树脂之一，具有膨胀效应，从而导致毛细管出口处的长丝直径增大。为了降低这种效应的影响，毛细管的长度必须足够长，但毛细管的长度会影响喷丝头的成本，并且会影响负压。对于 PP，通常采用 4~6 的长径比；对于聚酯，采用 2~4 的长径比。大多数毛细管都是圆形的，但也有双叶和三叶形，形成的长丝表面也有不同的特性。

5.2.2　长丝的冷却和牵伸

当长丝通过激冷室时，长丝被冷却下来，并利用牵伸通道中产生的空气动力进行拉细。在下游的扩散器中，将长丝混合放置在输送带上，形成纤维网。将黏合的长丝导入轧花轧光机中，通过压力和温度来固定纤维网。轧光后，纤维网通过冷却辊再次冷却并卷绕在卷筒上。

5.2.2.1　激冷室

在各种纺丝工艺中，激冷室的功能是不同的。激冷工艺基本上分为开放式工艺和封闭式工艺。以激冷室为特征的开放过程对大气是开放的；在封闭式工艺中，激冷室是封闭的，因此需要在一定的超压下提供激冷空气。在开放式工艺中，激冷室在温度为10~30℃，在常压下输送冷却空气。大多数情况下，激冷室的设计是为了在空气出风口的整个高度上提供连续均匀的速度分布。典型的出风口高度在200~600mm，使用的空气速度在0.1~1m/s。在封闭式工艺中，空气量是不同的。对于上述两种不同的工艺类型，冷却空气的速度和出风口的尺寸是不同的。激冷室的出气面高度在500~900mm。尽管激冷室内空气量足以冷却细丝，但仍需要调整空气出气面以具有适度的冷却效果，空气出气面应无紊流并保持清洁。通常，出气面是固定在钢屏之间的蜂窝结构，具有很高的开口面积和精细的网目尺寸。

5.2.2.2　冷却室空调供气系统

在大多数情况下，空气供应系统是空调系统中相对简单的系统。在某些情况下，热交换器位于激冷室内；在其他情况下，空气是在外部热交换器中进行调节。用冷水来冷却空气；如果空气必须加热，则使用电加热装置。在所有情况下，都需要温度控制，因为产品优化在很大程度上依赖于恒定的空气供应以及恒定的空气温度。

5.2.2.3　牵伸段

在牵伸段，衰减空气用于加速细丝，衰减空气和长丝之间的剪切力决定了长丝速度。长丝在靠近模具表面的长丝出口处的牵伸区中拉细。在牵伸区的第一部分，长丝直径呈线性减小；在牵伸区尾端，达到牵伸点，长丝直径迅速拉至其最终直径。在激冷室中，长丝的移动速度比周围气流的速度快，因此，衰减空气产生的力对于克服快速长丝穿过慢速空气区所产生的剪切力和长丝外的流变力是必要的。

对于开放式工艺，衰减空气是一个独立的来源，而封闭式工艺中的衰减空气与经过激冷室的冷却空气相同。在开放式工艺中，长丝的冷却和牵伸可以独立调节，而在封闭式工艺中，这两个流程步骤是耦合的。但这并非完全正确。在开放式工艺中，冷却只能在给定的衰减空气下进行，否则长丝不能按计划变细，或导致长丝断裂。在封闭式工艺中，为了使冷却和牵伸相互配合，激冷室被分成两部分。这两个部分可以在不同的温度和表面速度下运行。为了防止长丝断裂，必须严格控制工艺步骤。

这两种不同类型的工艺过程会产生不同的速度增长、不同的冷却比，从而在压降点产生不同大小的内部张力，这些差异导致长丝的性能不同。

5.2.3　长丝的铺网

5.2.3.1　铺网区

铺网系统需将纤维束混合成具有良好覆盖性和重量均匀性的纤网。优选产生单丝平放、无纤维束、无平行长丝、无低定量斑点和无高定量斑点。除此之外，铺网系统的目标是控制长丝的铺设方向，以便控制纵横向拉伸强度比。大多数非织造产品，都需要具有各向同性的纵横向强力比。

如前所述，开放式工艺和封闭式工艺之间的排列单元也不同。在开放式工艺中，铺网方式可以是将长丝吹到传动带上，通过静电力将长丝展开，用静态或动态偏转板、移动的挡板或其组合来分布长丝。借助这种铺网系统，可以产生纵横向强力比为 1 的纤网。

在封闭式工艺中，长丝的分布仅靠空气动力来实现。为了控制空气，可以调整铺网系统的形状。用这种铺设系统制作的网确实具有纵横向强力比在 1.5：1。通过特殊的设置和通过运行 1~2 束光束而实现的较低线速度，可以通过使用封闭工艺来接近纵横比为 1：1。

5.2.3.2　传送带

传送带具有多种功能，如用于接收长丝、成型和运输纤网。传送带的速度和聚合物的输送量决定了其重量。传送带中包括用于引导和跟踪皮带的装置。在皮带下方，安装了吸风装置，可将空气抽走，可防止反吹风。铺放后的纤网长丝很松散，因此在铺放和运输过程中不受控制的气流会影响铺网效果。在一些技术中，使用加热轧辊或热空气对纤网进行预加固。

传送带对长丝的铺网有一定的影响，因此传送带的结构需要与工艺相辅相成。传送带的结构应能支撑长丝的铺放，以防止长丝穿过传送带，并且在转入黏合段的转换点处具有良好的铺网性能。用于拉伸和铺放长丝的空气必须毫无阻力地穿过长丝。由于传送带不是连续编织的皮带，而需要将它们连接到机器上，且在纤网上不应有接缝。此外，粘在皮带上的聚合物滴状物应易于清除。在此过程中使用的大部分皮带都以某种方式进行了折叠。

5.2.4　长丝的加固

由于长丝在传送带上仍然是松散状态，因此有必要对纤网结构进行加固。一般来说，机械的、热的或化学的方法都能用于加固纤网结构。具体使用何种技术方法取决于该技术能达到的最大线速度、所需纤网的结构和所需纤网的物理性能。

机械方法是指长丝通过摩擦啮合或通过模板锁定来固定。这是通过针刺入网来实现的，即所谓的针刺或通过水缠绕的水喷流。机械方法得到的纤网结构具有一定的厚度和通透性，因为水或针的穿透通道仍然可见。该技术主要用于克重大于 $20g/m^2$ 的面料，且更多地用于克重大于 $50g/m^2$ 的面料。

化学方法是指在纤网结构中加入黏合剂对纤维进行黏合，通过干燥、冷凝或聚合等方式进行加固。黏合剂呈液态，可喷涂、印刷或浸渍。黏合剂用量可低至5%，以降低表面的黏结效果，最高可增加纤网克重的150%。

热黏合是目前应用最广泛的一种加固技术，可以通过多种不同的方法来实现。一种方法是用一对加热轧辊压实。其中一个轧辊表面光滑，可补偿由于轧辊压力而引起的弯曲；另一轧辊具有压花表面，该压花表面的设计经过优化，可同时使纤网具有优良的拉伸强度和柔软度。在热轧过程中，可以方便地调节黏合温度和黏合压力。纤网通过在黏结点熔融纤维并同时加压来实现加固。这对于单丝有可能实现，整个长丝熔融，且在黏合点上几乎看不见长丝结构；对于双组分长丝，只有一种成分被熔融，而另一成分保持了长丝结构。热风加热黏合法也较为常用。在这里，熔融部分的长丝只是黏合在一起。与热轧法加固纤网相比，热风加热黏合纤网的力学性能较差，但在相同克重下纤网较厚。

5.2.5 不同纺粘法的能耗

不同类型的工艺过程具有不同的能耗。独立于所使用的技术，各种技术必须施加使聚合物溶化的能量。由于所施加的空气压力不同，开放式工艺的冷却、牵伸和铺网能耗都比封闭式工艺高。能耗的第三个组成部分与加固方式有关，针刺法机械加固能耗最低，其次是热黏合法。

5.2.6 未来趋势

纺粘非织造材料的性能如下。

（1）水和空气渗透性高，无化学黏合。

（2）如果采用黏合的纤网，则具有出色的双向强度和耐磨性。

（3）柔软、舒适，主要取决于克重和黏合方法。

（4）克重范围为 $10 \sim 500 g/m^2$，小于 $50 g/m^2$ 的大多数为热黏合纤网，大于 $100 g/m^2$ 的大部分为化学或机械黏合纤网。

（5）可以用不同的处理剂改变纤网表面性质，如静电性、润湿性、阻燃性、抗静电性、抗紫外线和伽马辐射稳定性。

（6）聚合物通常有不同的颜色，可以使用染料着色。

（7）可以层叠到其他材料层。在技术应用领域，纺粘纤网通常叠层到其他结构上，如薄膜上，以确保薄膜在应用过程中不被渗透。

非织造材料在许多技术领域都有应用。通过使用不同的聚合物、铺层结构、黏合和处理技术，可以获得广泛的性能。

目前，研究者正在试图扩大非织造材料的性能范围，并优化和修改现有工艺流程，然而寻找一种可以满足所有可能的生产组合要求的非织造材料特性仍然是一个挑战。纺粘机器的生产速度至少为 200kg/(h·m)，生产线宽为 1.6m，年最低生产能力为 2500t。由于某些应用要求非织造材料宽度大于 1.6m，因此使用单束线，年生产能力可以轻松达到 5000~8200t。此外，使用添加剂和生物技术将扩大应用范围。水刺黏合技术将为非织造材料的高韧性和大体积应用领域开辟广阔的市场。

5.3　熔喷法

熔喷法是一种将聚合物直接转化为连续长丝，并将长丝任意铺设成非织造材料的生产方法。熔喷法的常规工艺与纺粘法类似，但在细节上，这两种方法的过程不大相同。熔喷工艺中，纤维可以通过快速流动的热空气加速，这些空气直接吹到移动的底板上，从而形成自黏网。图 5.5~图 5.8 所示为不同熔喷技术的原理和示意图。

熔喷法制备的长丝直径比纺粘法的长丝直径（1~5μm）低一个数量级。熔喷纺丝生产速度高于声速，且使用的空气几何形状不适合产生超音速，因此空气速度不能成为拉伸长丝的唯一动力来源。在熔喷过程中，通常是增加空气速度以外的力来拉伸长丝并在自由空气射流中增加阻力。这种合力的作用导致了长丝直径沿长丝方向的变化，因此长丝直径分布较为广泛。熔喷纤网的主要性能优势是具有优异的阻隔性、过滤性和吸收性。

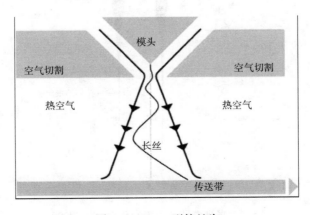

图 5.5　Exxon 型纺丝头

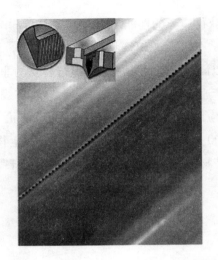

图 5.6　喷丝板上 Exxon 型纺丝头底视图

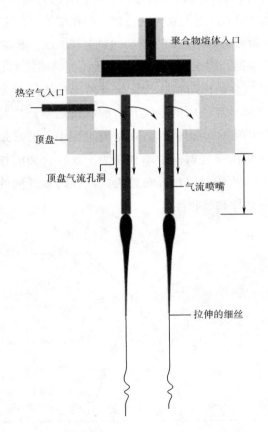

图 5.7　多排模具（美国专利 20090258099）

图 5.8　喷丝板上的多排式纺丝头底视图

5.3.1　熔体的制备

用于熔体制作的设备并不完全与挤出机械相连，因为该工艺所用的熔体黏度较其他纺丝工艺低，如 PP 的 MFR 范围为 125～3000（测试条件 230℃，2.16kg）。熔喷过程中使用的树脂除具有黏度低的特点外，还具有一些弹性，以便纺成细丝。聚烯烃、聚酯、聚酰胺、聚氨酯、沥青或纤维素溶液都可采用熔喷法加工成长丝，甚至是高熔点聚合物也可以进行熔喷法纺丝，如聚苯硫醚（PPS）、聚砜（PSU）和聚醚醚酮（PEEK）。熔喷设备应将无空气、恒温、性能稳定的树脂供给模头，使其具有恒定的流量。

5.3.2　纺丝

在模头中，树脂均匀分布在所有喷嘴中。可以通过使用著名的衣架熔体分配器以及 T 型溶体分配器来管理分配。喷嘴尺寸在 0.15～0.4mm。在喷嘴的出口处，空气使长丝加速。为了使树脂维持在可拉伸状态，空气温度需要接近熔融树脂的温度，通常选择该温度高于其他纺丝工艺中使用的熔融温度，以产生所需的低黏度。作为附加作用，模头的设计也可以选择空气加热。

熔喷工艺参数有熔体温度、熔体流量、空气几何形状（气隙几何形状）、风速、空气温度以及模头与接收板之间的距离。模头与接收板之间的距离影响长丝的直径和纤网的体积密度，从而影响透气性和孔径。

5.3.3 卷取

使用的输送带表面与所生产的纤网表面相连接。对于某些过滤器应用，必须具有由细网带形成的光滑表面。在传送带里安装一个真空抽吸箱，用于通过皮带输送空气。由于高速气流会高速撞击皮带，因此传送带需要通过吸入空气来调节。

5.3.4 纺丝后整理

为了优化过滤效率，熔喷纤网常经过静电场。通过这些电场，启动驻极体，有助于提高过滤器的初始沉积速率。

5.3.5 未来趋势

熔喷纤网的工艺分为两类：平均直径>1μm（标准熔喷）和平均直径<1μm（纳米范围熔喷）。用于标准长丝尺寸的单列或多行熔喷技术的新进展都是在提高生产率，使工艺适应新树脂，并根据过滤应用的要求调整长丝尺寸分布，这主要是通过改变空气几何形状和纺丝孔几何形状来实现的。

在纳米范围的熔喷纤网领域中，最近已经开发出新工艺或适应性工艺，以使长丝直径尺寸在200~500nm。

对于过滤应用，通常会开发出标准熔喷纤网和纳米熔喷纤网中的分层产品，以提高过滤效率。纳米层主要以低产量和低克重生产，因为过滤产品中所含的少部分纳米纤维已使过滤效率得到提高。

第6章 非织造材料的结构与性能

N. Mao

利兹大学，英国利兹

非织造材料在各工业应用中的物理、化学和力学性能取决于非织造材料的结构及其组成材料的性能。在保持组成材料不变的情况下，非织造材料性能的变化完全取决于非织造材料结构参数的变化。本章讨论了表征几种典型非织造产品的结构参数、性能及其测试方法[1]。

6.1 概述

为确定非织造材料结构参数和测量其产品性能而开发的测试方法和技术可分为以下三类[2-3]。

（1）由国际和国家标准权威机构发布的标准测试方法，如 ISO（国际标准化组织）、CEN（欧洲标准化委员会）、BSI（英国标准协会）、ASTM（美国测试方法协会）和 ANSI（美国国家标准协会）等。

（2）工业协会，如 INDA（非织造材料工业协会）、EDANA（欧洲一次性和非织造材料协会）、AATCC（美国纺织化学家和染色家协会）、IEC（国际电工委员会）、CENELEC（欧洲电工标准委员会）以及个别公司建立的试验方法。

（3）为研究目的而设计的非标准测试技术。标准测试方法旨在为非织造材料及其产品的贸易提供具有一定准确度的可靠测量。通常建立用于常规内部测量的工业测试方法，以进行半成品或最终产品的评估、基准测试和质量控制。除了这些标准测试外，还有许多技术可以用于非织造材料的特性研究或非织造生产过程的监控。

纺织品和非织造材料有各种国际和国家标准体系，如 NWSP、ISO、EN、BS、ASTM 和 ATTCC。

ASTM D1117[4]标准定义了一系列用于测试非织造材料的标准，包括：调节（见第 7 节）；透气性（D737、F778，见第 8 节）；断裂强力和伸长率（D5034、

D5035，见第 9 节）；爆破强度（D3786，见第 10 节）；干洗（D2724，见第 11 节）；弯曲刚度（D5732，见第 12 节）；断裂强度（D1683，见第 13 节）；梯形撕裂（D5733，见第 14 节）；舌形撕裂（单次撕裂）（D5733，见第 15 节）；埃尔门多夫撕裂（D5734，见第 16 节）；单位面积质量（D3776，见第 17 节）；耐磨性能（D3884、D3885、D3886、D4158，见第 18 节）；厚度（D5729、D5736，见第 19 节）；尺寸变化（D2724，见第 20 节）；吸收率（ISO 9073-12，见第 21 节）；树脂黏合剂分布（D5908，见第 22 节）。

ISO 9073 系列标准还定义了 18 种非织造材料测试方法。它们包括单位面积质量的评价（ISO 9073-1）；厚度（ISO 9073-2）；拉伸强度和延伸率（带材测试）（ISO 9073-3）；抗撕裂性（ISO 9073-4）；机械穿透阻力（爆破工艺）（ISO 9073-5）；吸收（ISO 9073-6）；弯曲长度（ISO 9073-7）；液体穿透时间（模拟尿液）（ISO 9073-8）；悬垂性（ISO 9073-9）；皮棉（ISO 9073-10）；径流（ISO 9073-11）；要求的吸收性（ISO 9073-12）；重复液体穿透时间（ISO 9073-13）；润湿包覆材料（ISO 9073-14）；空气渗透性（ISO 9073-15）；耐水渗透性（静水压力）（ISO 9073-16）；水渗透（喷雾冲击）（ISO 9073-17）；抗拉强度和伸长率（抓取试验）（ISO 9073-18）。

EDANA 和 INDA 共同制定了一套统一的非织造材料测试标准，即全球战略合作伙伴（WSP）标准。自 2005 年以来，最新版本的统一测试标准被重新命名为非织布标准程序（NWSP，2015 版），其中许多已成为 ISO（BS 和 EN）或 ASTM 标准的一部分。NWSP 标准包括厚度、重量、抗拉强度、撕裂强度、吸收量、耐磨性、爆破强度、抗静电性能、黏合剂/外观/干洗、光学性能、渗透性、排斥性、刚度、绒头、细菌、甲醛、超吸附剂材料、吸附剂、卫生用品等测试标准。值得注意的是，以往 WSP 标准中出现的纤维识别、摩擦、擦拭效率、衬里、土工非织造材料、可降解非织造材料等标准，并没有纳入最新版 NWSP 标准（2015）。

6.2 结构参数表征方法

非织造材料的结构和性能除了由组成纤维和黏合材料的性能决定外，还由纤维的结构、黏合段结构及其分布决定。本节讨论的非织造材料关键结构参数的测量方法，包括厚度、单位面积质量、体积密度、均匀性、孔隙率、孔径及孔径分布、纤维取向分布、黏合段结构及其分布。

6.2.1　厚度

在不同的标准中定义了普通非织造材料和高蓬松性非织造材料的厚度测量（在 ASTM 中定义为低密度纤维网结构，其特征是单位面积的厚度/质量比高；高蓬松性絮片的固体体积不超过 10%，厚度大于 3mm，当施加的压力变化在 0.1~0.5kPa 时，它们可以被压缩 20% 或更多）。在施加一定的压力后，通常以两个非织造材料表面之间的距离来衡量厚度，这取决于非织造材料是否具有高蓬松度。EDANA/INDA NWSP 标准针对不同类型的非织造材料有 6 种标准方法，具体如下。

（1）非织造材料厚度测试［NWSP 120.1.R0（15）和 ASTM D5729］。

（2）高蓬松非织造材料厚度测试［NWSP 120.2.R0（15）和 ASTM D5736-01］。

（3）高性能非织造材料的压缩率和回复率测试［NWSP 120.3.R0（15）］。

（4）室温下用砝码和纸板测定高挺度非织造材料的压缩率和回复率，方法一：室温［NWSP 120.4.R0（15）］。

（5）在室温下用砝码和纸板测定高挺度非织造材料的压缩率和回复率。方法二：高温［NWSP 120.5.R0（15）］。

其中三种测试方法，即 NWSP 120.1.R0（15）（ASTM D5729），NWSP 120.2.R0（15）（ASTM D5736-01）和 NWSP 120.3.R0（15）用于测量常规非织造材料和高蓬松非织造材料的厚度、压缩率和回复率；其他两种测试标准，即 NWSP 120.4.R0（15）和 NWSP 120.5.R0（15）用于快速测量高蓬松非织造材料的压缩率和回复率。五种测试方法的比较见表 6.1。

6.2.2　单位面积质量、体积密度和均匀性

在非织造工业中，非织造材料的单位面积质量（即面密度，克重）通常以 g/m^2 为单位。由于非织造材料的各向异性和不均匀性大于其他织物，非织造材料单位面积质量的测量不同于普通织物的测量，它要求采用特定的采样程序、特定的测试样品尺寸以及更高的天平精度。根据 ISO 标准（BS EN 29073-1、ISO 9073-1）和 NWSP 130.1.R0（15），非织造材料单位面积质量的测量要求每片样品至少应为 $50000mm^2$。每单位面积的非织造材料质量的平均值以 gsm 计算，变异系数（CV 值）以百分比计算。

表 6.1 五种测试方法对比

	性能	压脚板尺寸	压力	样本大小	样本数量	持续时间	结果
厚度	传统处理或未处理的非织造材料 [ASTM D5729, NWSP120.1.R0（15）]	φ（25.4±0.02）mm	（4.14±0.21）kPa	比压脚板大 20%	10	5s	厚度 标准差（SD） 变异系数（CV 值）
	高蓬松非织造材料[a] [ASTM D5736-01, NWSP 120.2.R0（15）]	300mm 长 300mm 宽	0.03kPa	130mm 长 80mm 宽	5	9~10s	
	高蓬松非织造材料[a] [ASTM D6571-01, NWSP 120.3.R0（15）]		0.03kPa/1.73kPa/0.03kPa	200mm 长 200mm 宽	5	10s 或 30min 或 5min	压缩率 回复率
高蓬松非织造材料的压缩率和回复率	反复压缩和回复（重板）[NWSP 120.4.R0（15）, NWSP 120.5.R0（15）]	230mm 长 230mm 宽 6.4mm 高	1.83 kPa	200mm 长 200mm 宽 100mm 高（最少）	在一系列时间间隔内应用和移除	10min~56h	抗压性 弹性损失 立即回复 长期回复

a. 高蓬松非织造材料是指孔隙率>90%和厚度≥3mm 的非织造材料。

与厚度一起，非织造材料的单位面积质量决定其填充密度，影响纤维的运动自由度，并决定非织造结构的孔隙率。非织造材料体积密度（填充密度或堆积密度）是其单位体积的质量（kg/m^3），等于单位面积质量（kg/m^2）除以其测量厚度（m）。体积密度是非织造材料的一个重要性能，因为它和纤维密度一起影响着纤维的流动、热和声音在纤维中传播的难易程度。然而，仅体积密度不能用于比较包含不同纤维的两种非织造材料的孔隙率。

单位面积的非织造材料质量和厚度在同一平面上的不同位置上往往存在差异，其变化决定了局部填充密度、局部孔隙率和孔径分布的变化，从而影响非织造产品的性能，如外观、拉伸性能、渗透性、隔热、隔音、过滤、液体屏障和渗透、能量吸收、光透过性和加工性。

非织造材料均匀性最初定义是指非织造材料结构中单位面积分布的质量（或密度）。非织造工业中质量均匀性的基本统计术语有标准偏差（SD）和测量参数（如重量、厚度、密度、光学水平、光线吸收量、图像的灰度等）的变异系数（CV值）。计算式如下[6]：

标准差：
$$\sigma = \sqrt{\frac{\sum_{i=1}^{n}(w_i - w)^2}{n}} \qquad (6.1)$$

变异系数：
$$CV = \frac{\sigma}{w} \qquad (6.2)$$

分散指数：
$$I_{\text{dispersion}} = \frac{\sigma^2}{w} \qquad (6.3)$$

式中：n 为测试样本的数量；w 为测量参数的平均值；w_i 为测量参数的局部值。通常，其均匀性参考 CV 值。

均匀性是各向异性的，即非织造材料结构中不同方向的均匀性不同，特别是在纵向（MD）和横向（CD）上。分散指数的比率可粗略地用于表示均匀性的各向异性[5]。Scharcanski 和 Dodson 还根据质量的局部主导方向定义了非织造材料质量均匀性的局部各向异性[6]。

非织造材料的均匀性可以通过主观和客观技术来评估和分级。在主观评估中，人的裸眼可以定性地从约 30cm 的距离中分辨出约 $10mm^2$ 的不均匀区域。使用一组基准标准对非织造材料样品进行评级来表征非织造材料的均匀性，协商一致的基准标准通常由观察小组使用一些成对的比较、刻度尺或其他投票方式建立，然后将这些标准样品用于当前生产的评级。客观评估包括对均匀性的直接和间接测量。直接测量是在非织造材料的某些较小区域内测量其重量的变化，而间接测量通常由标准偏差和变异系数表示。在工业实践中，通常使用间接测量法来评价非织造材料的均匀性，包括图像的光密度的变化[7]、图像的灰度强度[8]、吸收的射线量[9-10]，具体取决于所使用的测量技术。

使用光学测光法，可通过光学电子方法评估非织造材料的均匀性。该方法可筛选非织造材料以记录32种不同的灰色阴影[11]，不同灰色阴影点的强度可以衡量均匀性；然后对光学透明度和均匀性进行统计分析。该方法适用于质量范围在10~50g/m²的非织造材料。当光学测光方法与图像分析相结合时，通常采用图像分析技术，并使用非织造材料图像灰度强度的变异系数来衡量纤网某些区域的均匀性[5]。此外，还可使用β射线、γ射线（Co-60）、扫描激光以及光学和红外光[12]等方法在线测量纤网质量和均匀度。

客观评估方法比主观评估方法具有许多优势。例如，使用普通的图像分析方法进行客观测量时，可分辨的尺寸范围为2mm²到100mm²的非织造材料。

6.2.3 孔隙率、孔径和孔径分布

非织造材料中的孔结构包括孔隙率（或总孔体积）、孔径、孔径分布和孔连通性。

孔隙率提供有关多孔材料的总孔体积的信息。孔隙率定义为非固体体积（空隙）与非织造材料总体积的比率；固体材料的体积分数定义为固体纤维材料与非织造材料总体积的比率。纤维密度仅是给定体积的纤维（即不含其他材料）的质量，孔隙率可以通过使用堆积密度和纤维密度来计算：

$$\phi = \frac{\rho_{非织造材料}}{\rho_{纤维}} \times 100\% \tag{6.4}$$

$$P = (1-\phi) \times 100\% \tag{6.5}$$

式中：P 为孔隙率（%）；ϕ 为固体材料的体积分数（%）；$\rho_{非织造材料}$ 为堆积密度（kg/m³）；$\rho_{纤维}$ 为纤维密度（kg/m³）。

6.2.3.1 孔隙率

孔隙率的测量可以通过堆积密度和纤维密度的比率来获得，参见式（6.4）。在该直接方法中，先测量一块多孔非织造材料的体积和固体纤维材料的体积，然后根据其定义计算孔隙率。

对于树脂浸渍的致密非织造复合材料，可以用液体浮力或气体膨胀孔测量密度来确定孔隙率[13]。其他测量孔隙率的方法有小角度中子、小角度X射线散射和定量图像分析[14-16]。

6.2.3.2　孔径和孔径分布

纤维结构中孔的几何形状和尺寸的现有定义基于特定应用中非织造材料的各种物理模型。为了建立测量中使用的模型，非织造材料中的孔通常被假定为具有孔径分布的圆柱形孔、球形孔或凸形孔。定义了三组孔径：近最大孔径（即表观开孔尺寸或开孔尺寸）、收缩孔径（即孔喉尺寸）和孔体积大小。用光学法、密度法、气体膨胀吸附法、电阻法、图像分析法、孔径仪等方法，可以测量非织造材料的孔径和孔径分布，见表 6.2。

（1）表观开孔尺寸。在土工非织造材料中，表观开孔尺寸（或孔开口尺寸）对于预测其过滤、分离和排水性能至关重要。它被定义为非织造材料中孔径的量度，通过球形固体玻璃珠（50~500μm）在特定条件下通过非织造材料的最大孔径来确定。可使用筛分试验方法和图像分析方法测量孔径。筛分试验方法包括干筛（ASTM D4751 和 BS 6906 − 2）[17-18]、湿筛和流体动力筛[19-23]，其特征总结如下：①它们都是基于一定直径的球形粒子在设计的振动时间或浸没周期中通过开口的概率；②筛分测试方法提供任意的结果；它们不是通过非织造材料的孔隙的实际尺寸，而是保留固体颗粒的几乎最大的孔隙尺寸；③仅测量非织造材料的最大孔径。

图像分析方法也已用于确定非织造材料的表观开口尺寸（AOS）[24-27]。类似于纤维取向分布（FOD）测定中的图像分析（见 6.2.4 节），该方法是使用各种数学形态学算法开发的，包括三个步骤：样品制备、图像分析和孔径开口尺寸测定。然而，由图像分析确定的孔径分布与筛分试验方法的结果不同，因为在图像分析中孔尺寸是在二维（2D）平面中测量的，并且很大程度上取决于所拍摄图像的横截面。结果发现，非织造材料的基于图像分析的 O_{95} 孔径（按质量计，通过非织造材料的颗粒为 5% 或更小的百分比）与基于筛分试验的 AOS 相当，而基于图像分析的 O_{50} 孔径小于筛分试验的 AOS（O_{50}）（按质量计，50% 或以下的颗粒通过非织造材料）。

（2）收缩孔径。收缩孔径或孔径大小与物理意义上的表观开口尺寸不同。收缩孔尺寸是孔中流动通道的最小部分的尺寸（或瓶形孔中的瓶颈尺寸），这对于非织造材料中的流体流动传输很重要。孔喉的最大尺寸称为泡点孔径（ASTM F316 和 BS 3321）[29-30]，它是样品中最大孔喉的度量标准，与非织造材料的堵塞程度和滤布的性能有关[31-32]。孔喉尺寸分布和泡点孔径可通过排液孔隙测量法获得。润湿液、气压和设备类型对收缩孔径的测量结果起主要影响作用[33-34]。

表 6.2 测定孔径分布的试验方法概述

测试方法	孔隙类型	机制	孔隙大小分布	孔隙率	孔径范围/nm
吸附法	表面的毛孔	固体的多层分子吸附	孔隙大小分布	比表面积（0.1～1000m²/g），孔体积	0.3～200
比重法	表面的毛孔	氦气或一组其他已知气体分子大小样品上吸附的其他气体	孔隙大小及分布	固体样品的总孔体积，孔体积和密度	0.2～1
量热法	孔隙表面	润湿液体渗透到孔中的热效应	孔隙大小及分布	比表面积	0.5～1
孔隙率测量法	孔隙体积	填充毛孔，气/液的重量或容体积	孔隙大小及分布	孔隙率，孔隙体积和大小，比表面积	1～1000
气孔测量法	收缩毛孔的大小	排出液体时的气体在毛孔中的流速	滤流孔径分布		2～1000
小角度 X 射线或中子散射（0～2°）	最大的明显开口的大小	穿过开孔的颗粒	孔隙大小及分布		0.5～700
筛分试验	最大的明显开口的大小	穿过开孔的颗粒	最大的开口尺寸		≥90
泡点	毛孔最大的收缩	气体通过液体占据的孔隙	最大孔隙收缩尺寸		—
图像分析法	表观开口尺寸	2D 图像中的毛孔	孔隙大小分布		—

（3）孔隙体积尺寸分布。Haines 提出，不同于通过对非织造材料样品气流速率的测量来获得孔喉尺寸分布的方法，孔隙体积尺寸分布是通过使用液体孔隙率法（其基于液体吸收）来确定的[35]。将非织造材料样品（干燥或饱和）置于多孔板上并连接到液体储存器上，通过施加外部压力，使已知表面张力和接触角的液体逐渐进入或离开非织造材料的孔隙。孔隙直径与施加的压力相对应，孔隙外液体的体积（或重量）与其孔隙直径一起记录。孔隙率测定法系统中使用的液体分为两类：不润湿液体（如汞）系统或其他液体（如水）系统[36-40]。它们都可以采用侵入孔隙度测量和挤出孔隙度测量法，也可以两者兼有，但应注意，前进接触角和后退接触角应分别用于液体侵入和挤出过程中。

对所得数据的分析基于以下模型假设：非织造材料中的孔是一系列平行的、不相交的、具有随机直径的圆柱形毛细管（或毛细管模型)[41]。孔隙法测得的非织造材料孔隙结构的变量包括总孔隙体积（或孔隙度）、孔径大小、孔径分布和孔隙连通性。

然而，由于汞在孔隙率测定中的不润湿行为，需要高压来迫使汞侵入较小的孔隙中。因此，可压缩的非织造材料，特别是高蓬松的非织造材料，不适合采用汞孔隙率测定法测试。有研究报道，平行管模型忽略了非织造材料中孔网络的互连性，因此，使用毛细管模型获得的孔径分布可能不是非织造材料中孔结构的良好描述。而且，该方法中汞的毒性也非常令人担忧。为了避免上述汞孔隙率测定问题，可使用除了汞之外的液体，如水、有机液体或溶液，该方法已经被报道并商业化应用[42-44]。

6.2.3.3　气体吸附比表面积[45-47]

已知吸附在纤维表面的气体分子的量取决于气体的压力和温度，在等温条件下，根据吸附量与气体压力的关系，可以得到目标材料质量增量的实验吸附等温线图。在测量之前，样品需要在真空或流动气体中进行高温预处理，以去除任何污染物。

在物理气体吸附中，当使用惰性气体（如氮气或氩气）作为吸收气体时，吸附等温线通过将实验数据应用于理论吸附等温线以在聚合物表面进行气体吸附，以此来表示目标材料的表面积或孔径分布，例如，比表面积（BET）法[48]。

在化学气体吸附中，如果使用的吸收剂具有酸性或碱性，则可以反映出纤维聚合物材料的表面化学性质。在化学气体吸附试验中，使用诸如氢气或一氧化碳等反应性气体来获得关于多孔材料的活性信息。它常用于表征聚合物膜和金属材料中的纳米孔，而不常用于含有较大孔隙的非织造材料。在一些实验中，也是以同样的像水一样的液体吸收剂方式使用。

氦（或氮）比重瓶测压法是通过使用氦气进入最小的空隙或孔隙（最大 1Å）来测量单位质量的体积，从而获得有关固体真实密度（或骨架密度）的信息。

6.2.4　纤维取向分布

单根纤维在非织造结构中沿各个方向排列，这些纤维排列继承自纤维网形式的纤维排列和非织造黏合过程中的纤维再定位，可以用二维或三维的纤维取向角来描述（图 6.1）。

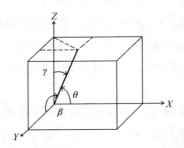

图 6.1　3D 非织造材料中的纤维取向角

非织造材料中的纤维排列可能朝向任意方向，但在三个维度上对纤维取向的描述却很复杂，而且测量费用昂贵[50]。很明显，非织造材料中的大部分纤维要么在材料平面上排列，要么几乎垂直于材料平面。因此，3D 非织造材料的结构经常被简化为多层 2D 结构和垂直于材料平面方向的纤维的组合，如图 6.2 所示。因此，3D 非织造材料中的纤维排列可以通过 2D 纤维取向来描述，如非织造材料平面中的纤维取向[51]。

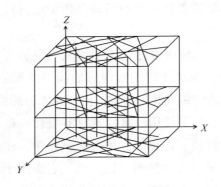

图 6.2　简化的 3D 非织造结构[52]

在 2D 平面中，纤维取向由纤维取向角定义，纤维取向角是指纤维网中单个纤维的相对方向，通常相对于纵向或横向，如图 6.3 所示。单根纤维的取向角可以通过显微照片或使用图像分析来确定。

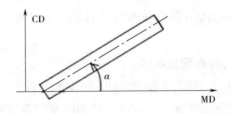

图 6.3　纤维取向和取向角[53]

非织造材料中纤维取向角的频率分布（或统计函数）称为 FOD。通过确定落入一系列预定的取向角范围内的纤维（纤维段）总数的比例来获得频率分布。离散频率分布可用于估计连续概率密度函数。在 2D 网络结构中 FOD 具有以下一般关系：

$$\int_0^\pi \Omega(\alpha)\,d\alpha = 1[\Omega(\alpha) \geqslant 0]$$

或者

$$\sum_{\alpha=0}^\pi \Omega(\alpha)\Delta\alpha = 1[\Omega(\alpha) \geqslant 0] \tag{6.6}$$

式中：α 为纤维取向角；$\Omega(\alpha)$ 为检查区域的 FOD 函数。纤维取向角的频率分布的数值表示落在方向 α 上的观察数，即相对于检查区域的角度。

非织造材料中的纤维排列通常是各向异性的，即非织造材料中每个方向上的纤维数量不相等。这些特性最显著的差异是非织造材料平面中的纤维取向和垂直于非织造材料平面的方向（即横向或厚度方向）之间的差异。在除气流成网非织造材料之外的大多数非织造材料中，纤维优先在非织造材料平面中而不是在厚度上对齐。

非织造结构的各向异性可以通过 FOD 函数的各向异性来表征。已有研究证明，非织造结构的各向异性会影响非织造材料的力学和物理性能的各向异性，而 FOD 在其中起着重要作用。这些力学和物理性能的各向异性包括拉伸性能、弯曲性能、隔热性能、吸声性能、介电性能以及定向渗透的各向异性。

在非织造材料中纵向和横向之间的力学性质（如拉伸强度、伸长率、液体芯吸距离、液体输送速率、介电常数、不透明度和渗透性）的比值，用于表征非织造材料平面中非织造结构的各向异性。但是，这些各向异性项是通过间接实验方法来表征非织造结构的，它们只是非织造材料平面中两个特定方向上的比率，在表征非织造结构的各向异性时可能存在误差。研究非织造结构各向异性的直接方法是研究其组成元素的结构和纹理，如纤维排列。非织造材料中的纤维排列（或纤维取向）影响非织造结构的各向异性及其性质（如力学、物理和化学性质）的各向异性。

6.2.4.1 纤维取向分布测量综述

在文献中已经记载了一些用于测量 FOD 的技术。首先 Petterson 描述了一种用于手动测量纤维取向的直接视觉实验方法。Hearle 和同事研究发现，视觉方法可以获得最准确的测量结果，是评估纤维取向最可靠的方法。他们手动测量相对于给定方向的纤维段角度，并确定给定范围内的纤维段曲线的长度[54-55]。Chuleigh 开发了一种光学处理方法，在光学显微镜中使用一个不透明的掩模来突出显示在一个已知方向上的纤维段，然而，这种方法的应用因视觉检查所需的烦琐和耗时的工作而受到限制[56]。

为了获得一种快速、准确的测量纤维取向分布的方法，人们对各种间接测量技术进行了研究。其中介绍了用于预测纤维网中纤维取向分布的零跨度和短跨度的拉伸分析[57-59]。Stenemur 设计了一种计算机系统，用于根据光分化现象监测纤网上的纤维取向[60]。还尝试了采用 X 射线衍射分析和纤维网 X 射线分化模式的方法[61-62]，在这种方法中，纤维对 X 射线衍射峰的分布与晶体纤维取向的分布直接相关。因此，该方法适用于直径小于 1μm 的晶体纤维，或结晶取向反映纤维本身取向的较大纤维的取向。然而，该方法成本高，需要大量的数据分析，并且取决于纤维的结晶度。其他测试方法包括微波法、超声波法、光衍射法、光反射和光折射、电测量和液体迁移模式分析[63-70]。

6.2.4.2 使用图像分析测量纤维取向分布

图像分析已被用于识别纤维及其取向，并且计算机模拟技术已经开始用于创建各种非织造材料的计算机模型[71-78]。Huang 和 Bressee 开发了随机抽样算法和软件分析薄网中的纤维取向，在该方法中，随机选择纤维并进行跟踪以估计取向角，测试结果与目测结果具有极好的一致性[71]。Xu 和 Ting 也使用图像技术来测量薄非织造材料中纤维或纤维束的结构特征，测量的结构特征包括长度、厚度、卷曲和纤维段的取向[78]。Pourdeyhimi 等通过使用图像分析仪分析纤维取向，完成了非织造材料中纤维取向的一系列研究[79-82]，其中采用了计算机模拟、光纤跟踪、傅立叶变换和流场技术等图像处理技术。与基于 Hilliarde Komorie Makishima 理论的纤维结构的取向分布函数用于薄型非织造材料的许多 2D 成像技术不同[83]，Gilmore 等通过 X 射线层析成像技术可视化和量化厚非织造材料的 3D 结构[50]。

图像分析是一种基于计算机技术的方法，用于将特定图像的视觉定性特征转换为定量数据。使用图像分析测量非织造材料中的 FOD 是基于这样的假设：在薄材料中，尽管已知非织造材料中的纤维通常以 3D 排列，但可以假设为 2D 结构，通过对非织造材料内纤维的平面投影进行评价，将非织造材料几何形状简化为 2D。2D 结构的假设足以描述薄非织造材料。

FOD 测量中的图像分析系统基于计算机图像捕获系统，该系统与集成的图像分析软件包一起运行，在该软件包中可以执行许多功能，如图像捕获和编辑、二进制图像阈值和检测、二进制图像编辑和转换以及功能测量等。在主成像系统中使用摄像机和照明系统，也可以与扫描电子显微镜和其他数字源实时连接。从相机拍摄的图像被存储、处理和测量。执行图像分析需要一系列连续操作，通常执行以下一般程序[84]。

（1）生成样品的灰度图像。

（2）处理灰度图像。

（3）检测灰度图像并转换成二进制形式。

（4）存储和处理二进制图像。

（5）测量纤维取向和输出结果。

6.2.5　黏合和黏合点

在 NWSP 150.1.R0（15）（相当于 ASTM D5908）中设计了一种测试方法，用于分析聚酯非织造材料的树脂黏合剂分布和黏合剂渗透性[85]。

将非织造材料样品（全宽和 0.6m 长）放入浓度为 0.2% 的 60L 的染料（碱性红 14）溶液中，在 48.9~60℃ 下染色 15min。树脂干燥后，检查染色的样品，并通过使用黏合剂分布等级量表（黏合剂渗透等级量表）与照片评级标准进行比较，评估黏合剂在非织造材料表面的分布以及黏合剂在厚度方向的渗透性（表 6.3、表 6.4）[86]，或使用图像分析方法来量化黏合剂分布。

表 6.3　黏合剂在非织造材料表面分布评级表

等级	评级描述
5	无未染色部分，覆盖均匀，无阴影
4	大多数网被染色，色差小

等级	评级描述
3	未染色区域少，表明缺乏黏合剂
2	大面积未染色，有明显的条纹
1	大部分区域未染色，有窄条痕

表 6.4 黏合剂非织造材料厚度方向的渗透评级表

等级	评级描述
5	在整个厚度均匀着色
4	染料穿透厚度，色度不同
3	中间有未染色的薄层
2	表面染色，且轻微渗透
1	仅表面染色

6.3　性能测试

不同的非织造材料根据其结构不同具有不同的性能，其性能依赖于组成材料、结构特征和表面性质。非织造材料结构外观性能的关系可以用分析和经验模型来表征，或者用数值方法模拟[87-88]。

6.3.1　力学性能

6.3.1.1　刚度和手感

Dutkiewicz 等描述了一种通过在两个板之间放置一条材料并从两侧施加力来测量吸收性片材的柔软度的方法[89]。半圆形夹子用于固定片材，其形状模仿了人体的解剖结构。柔软度定义为将纤网压缩到样品宽度一半所需能量的倒数。计算出在最大挠度下消耗的能量（以 J 表示）以表示柔软度。

有各种测试机制可用于测试非织造材料的刚度和柔软度。非织造材料的硬挺度采用悬臂试验，非织造材料的弯曲长度［即 NWSP 090.1.R0（15）、NWSP 090.5.R0（15）和 ISO 9073-7：1995］通过悬臂试验确定其的弯曲高度、弯曲刚度和弯曲模量，而非织造材料刚度是在由外力施加的强制弯曲变形过程中使用

Gurley 测试仪［NWSP 090.2. R0（15）］来测试的。在非织造材料的 Handle-O-Meter 刚度测试仪［NWSP 090.3. R0（15）］中，用塞子将非织造材料样品塞入使其通过狭窄的开口，测量所需的力，以此来表征刚度。研究发现，所需的力不仅取决于刚度，还取决于表面的摩擦力。在 PhabrOmeter 和 Wool HandleMeter 等方法中也会出现此问题[91-93]。此外，在这些测试中，通常需要使用标准织物来区分，并对刚度和柔软度进行主观评估。2012 年，提出了一种新的测试方法——利兹大学织物手感评估系统（LUFHES），此方法可以客观地区分刚度、柔软度、海绵感、松脆度和可成形性。通过测量在形成这些变形过程中所消耗的能量，在循环压缩和扭曲过程中，基于非织造材料变形的量化，客观地评估非织造材料的手感[94-96]。

非织造材料的悬垂性和悬垂系数可使用相似的方法进行表征，包括 NWSP 090.4. R0（15）、NWSP 090.6. R0（15）和 ISO 9073-9。

6.3.1.2　抗拉强度

在拉伸试验中，将特定宽度的非织造材料样品夹在一定距离的两个夹具之间，并在一个方向上拉伸，以确定负荷伸长、断裂负荷和断裂伸长率。在某些测试方法中，还可以获得其他信息，如初始模量、弹性和韧性[97]。非织造材料通常在横向和纵向上进行测试，也可以根据需要在其他方向上进行测试。

在测试装置方面，有三种类型的拉伸测试系统，即恒定延伸率（CRE）、恒定负载率（CRL）和恒定的横向速率（CRT）。在 CRE 和 CRL 测试中，非织造材料样品在 3s 后分别以恒定的拉伸速率和恒定的负荷增长速率拉伸。在 CRT 方法中，拉动夹具以恒定的速率移动，并且负载通过另一个夹具施加，负载的增长率或拉伸率取决于样品的拉伸特性。

在样品制备方面，可采用表征非织造材料拉伸性能的抓取和剥离测试方法。抓取试验是拉伸试验，其中样品宽度的中心部分夹在夹具中，可测量非织造材料破裂时的拉力。在抓取试验中，非织造材料条的宽度为 100mm，中心宽度的夹紧宽度为 25mm[98]。在 ISO 标准中，非织造材料的拉伸速度为 100mm/min（ASTM 标准为 300mm/min），而 ISO 标准中两个夹具间距离为 200mm（ASTM 标准为 75mm）。

剥离试验类似于抓取试验，不同之处在于，它是将非织造材料样品的整个宽度夹在两个夹具之间。在剥离试验中，非织造材料的宽度在 ISO 标准中为 50mm（ASTM 标准中可以为 25mm 或 50mm），并且非织造材料条带在 ISO 标准中以 100mm/min 的速度拉伸（ASTM 标准为 300mm/min）。两个夹具的间隔距离（或标距长度）在 ISO 标准中为 200mm（ASTM 标准为 75mm）。

此外，相关测试还包括：非织造材料的断裂强度和伸长率（抓取强度试验）

［NWSP 110.1.R0（15）和 ISO 9073-18］、非织造材料的内部黏合强度［NWSP 110.3.R0（15）］、非织造材料的断裂强度和伸长率（剥离法）［NWSP 110.4.R0（15）和 ISO 9073-3］。

6.3.2　耐久性

非织造材料对不同形式的磨损和机械损伤的耐久性的表征通常包括断裂强度、耐磨性、抗掉毛性和碎屑、撕裂强度（落锤法、梯形法和舌法）。

在 EDANA/INDA 和 ISO 标准中定义了两种类型的方法来测量施加到样品上的外力或压力，以使经受破裂应力的非织造材料破裂，即隔膜破裂强度试验方法［NWSP 030.1.R0（15）、NWSP 030.2.R0（15）、ISO 13938-1 和 ISO 13938-2］和非织造材料的抗机械渗透（球破裂程序）性能［NWSP 110.5.R0（15）和 ISO 9073-5］。

非织造材料的耐磨性是指非织造材料抵抗施加在织物上的各种研磨作用的性能。通常可采用客观方法（如质量损失）或主观方法（如纱线断裂和成孔）来评估非织造材料的耐磨性。测试标准包括纺织品耐磨性的标准试验方法（充气膜法）［NWSP 020.1.R0（15）和 ASTM D3886］、纺织品耐磨性的标准试验方法（曲磨法）［NWSP 020.2.R0（15）和 ASTM D3885］、纺织品耐磨性的标准试验方法（旋转平台，双头法）［NWSP 020.4.R0（15）和 ASTM D3884］、纺织品抗耐磨测试（马丁代尔法）（ISO12947 和 ASTM D4966）以及修订后的马丁代尔磨损测试方法［NWSP 020.5.R0（15）］。其他方法还包括在指定的张力、压力和研磨作用下，在单向方向上对非织造材料平面中的所有点在其平面上的所有方向均匀地进行研磨（ASTM D4158）。

抗起绒和抗掉毛是非织造材料的另一个重要特性。这对于由短纤维制成的非织造材料以及用于医疗、卫生和洁净室中的产品尤为重要。EDNANA/INDA 标准中定义了五种方法，用于表征不同情况下非织造材料的掉毛性能，具体如下。

（1）非织造材料（干燥）的抗粘连性测试［NWSP 160.1.R0（15）和 ISO 9073］。

（2）非织造材料的表面粘连性测试［NWSP 400.0.R1（15）］。

（3）用于测定颗粒释放的水性方法（湿法）［NWSP 160.2.R0（15）］。

（4）非织造材料中纤维碎屑的测试［NWSP 160.3.R0（15）］。

（5）疏水性非织造材料中纤维碎屑的测试［NWSP 160.4.R0（15）］。

使用以下标准测试方法测试非织造材料的撕裂强度或抗撕裂能力。

（1）通过落锤（埃尔门多夫）装置测量撕裂强度［NWSP 100.1.R0（15）和

ISO 13937-1]。

（2）通过梯形程序测量撕裂强度［NWSP 100.2.R1（15）、ISO 13937-3 和 ISO 9073-4]。

（3）使用恒定伸长率拉伸试验机通过舌（单裂口）程序测量撕裂强度［NWSP 100.3.R0（15）和 ISO 13937-4]。

（4）其他方法来评定撕裂性能，如裤形试样撕裂强度的测定（单撕法）（ISO 13937-2）。

6.3.3　透气性和透水性

非织造材料的固有渗透性（也称为比渗透性或绝对渗透性）仅取决于非织造材料的结构。非织造材料在大多数工程应用中的实际应用（如土工非织造材料），通常使用渗透系数 K（m/s）表示，其也称为渗透率或达西系数。k（m^2）和 K 之间的关系为：

$$k = K\eta/\rho g$$

式中：ρ 为液体密度（kg/m^3）；g 为重力加速度（m/s^2）。当液体为 20℃的水时，则 k（m^2）= $1.042 \times 10^{-7} K$（m/s）。

在渗透性测试中，使用的流体是空气或水。测量并记录单位横截面上的体积流速与压差比，以获得透气性或透水性。

ASTM、ISO 和 NWSP 标准中都有关于非织造材料透气性的测试[99-101]。透气性测试设备包括弗雷泽透气性测试仪、液体排出孔隙度计和土工非织造材料的透水性测试仪。透气性试验中，在层流条件、一定压差（如 100Pa）下，测定通过非织造材料的单位横截面积的气流体积率，即为透气性。在某些透气性测试中，可能需要更高压差（如 5200Pa）的气流。

透水性试验中，在层流条件、单位压差下，通过非织造材料的单位横截面的体积流量被定义为在标准条件下的导水系数（通常也称为渗透系数）。测试包括两个程序：恒压水头法和降压水头法。在降压水头法测试中，控制一列水柱流过非织造材料样品，同时测量水的流量和压力随时间的变化。当非织造材料的多孔性非常高以至于水的流动速率很大，在水压下降测试期间难以获得压力变化与时间的关系时，就使用恒压试验。

将流体流量除以材料厚度和空气（或水）的黏度，可以获得固有渗透性。然而，在渗透性测试期间，非织造材料的厚度通常会在压力下压缩。这意味着非织造材料的名义厚度不能用于获得精确的比渗透率。

在透水性测试中，非织造材料平面内渗透性也被定义并且已经在许多领域应用，如用于复合材料、土工非织造材料和医用纺织品的树脂传递模塑（RTM）[102-104]。在 ASTM 中定义了土工非织造材料平面内渗透性的测试标准。Adams 和 Rebenfeld 开发了一种方法，使用图像分析设备量化各向异性非织造材料的方向比渗透率，该设备允许面内径向流动的可视化[104]。Montgomery 研究了土工非织造材料的定向平面内渗透率，并给出了求取最大和最小比渗透率以及土工非织造材料中各向异性程度的方法[105]。

6.3.4 流体浸润性能

6.3.4.1 润湿性和接触角

非织造材料的润湿性是指其被液体润湿的能力[106]，它是由空气、液体和固体材料界面中的表面能平衡决定。润湿是非织造材料与液体接触时的初始行为[107]，它涉及固—气（蒸汽）界面与固—液界面的置换。因此，非织造材料的润湿性取决于纤维表面的化学性质、纤维几何形状（尤其是表面粗糙度）和非织造材料结构[108-110]。纤维的润湿性由纤维—液体接触角决定[111]。据报道，任何包含单纤维类型的非织造材料的润湿性都与其单纤维的润湿性相同。因此，非织造材料的润湿性可以通过其与液体的接触角来确定。

然而，非织造材料的润湿过程比纤维润湿更为复杂。它同时涉及各种润湿机理，如铺展、浸渍、黏合和毛细管渗透[112]。由于非织造材料通常具有多孔、非均质和各向异性的结构，因此，非织造材料接触角测量的可靠性一直是一个值得关注的问题，特别是当非织造材料具有亲水性时。尽管非织造材料的接触角可以通过测角仪或其他间接方法测量，但是没有标准方法来测量非织造材料的接触角，因此难以始终获得可靠的测量结果[113]。接触角通常采用以下两组方法评估。

（1）通过观察或一些光学技术直接测量接触角，如测角仪和直接成像静滴法。

（2）润湿性测量，包括 Wilhelmy 技术[114-115]和其他方法[116-118]。这组测量方法不直接给出接触角 θ，但通常涉及张力测量或毛细管力的补偿，以显示 $\gamma\cos\theta$（其中 γ 是需要知道或独立确定的液体表面张力）。其他多孔材料润湿性的测试方法也可作为参考[119-120]。

6.3.4.2 润湿性和液体打击时间（区域吸湿点测试）

通过对以下两种标准试验方法的改进，对非织造材料的润湿性进行评价。

（1）BS 3554：纺织品润湿性的测定。

（2）AATCC 39：润湿性的评估，"点"测试试图测量平面内的可吸收性或液滴在试样上扩散的能力。

在试验中，将一滴液体（蒸馏水，或者对于高度润湿性织物用50%糖溶液等）从约6mm的高度输送到预处理的非织造材料平面上。当液滴到达试样表面时，一束光照射试样，以便从液滴表面产生明亮的反射，并且衡量液滴到达试样表面经过的时间和液体表面反射的消失时间。如果反射消失表明液体已经扩散并润湿试样表面，该过程的时间被视为润湿性的直接量度，时间越短，润湿性越好。在这种情况下，还记录了反射停止时试样湿润区域的面积[121]。另一种方法是用连续的液体（通过与试样接触的毛细管或饱和非织造材料的"芯"输送）代替液滴，并测量润湿区域直径的增加率[122]。

对于单滴测试，结果取决于局部非织造材料的结构，因此，即使在同一非织造材料内部，测量值也会有明显的变化。

非织造材料从根本上说是一种很薄的多孔材料，含有微米到毫米尺度的孔隙。无论非织造材料的润湿性如何，在毛细作用（如果有）和外部压力（如液滴的质量重力）的共同作用下，水（或其他液体）可能会在织物厚度方向上渗透到非织造材料中。液体（如水、尿液、血液和其他体液）通过非织造材料所用的时间对于卫生用品（如尿布的顶片或覆盖物、失禁和女性护理产品）尤为重要。

卫生用非织造材料的相关 NWSP 标准如下。

（1）非织造材料试验方法：液体渗透时间［NWSP 070.3.R0（15）和 ISO 9073-8］。

（2）非织造材料试验方法：重复的液体渗透时间［NWSP 070.7.R0（15）和 ISO 9073-13］。

（3）非织造材料试验方法：面层材料防湿性［NWSP 070.8.R0（15）和 ISO 9073-14］。

（4）成人失禁用非织造产品：采集率和再湿试验［NWSP 070.9.R1（15）］。

6.3.4.3　吸液排汗

非织造材料中有两种主要的液体输送方式。一种是液体吸收，即由多孔非织造材料中的毛细管压力驱动，其中液体通过负毛细管压力梯度被非织造材料吸收；另一种是液体在外部压力梯度驱动下而通过非织造材料。

当吸收性非织造材料的一个边缘浸入液体时，液体通过毛细作用被吸收，主要是在其平面内自发吸湿。当液体前沿通过芯吸作用垂直于非织造材料平面进入时，称为需求吸收性或自发吸收性。

（1）一维液体芯吸率（芯条测试）。

液体芯吸率可以根据非织造材料条带中的液体的线性前进速率来测量。在垂直条带试验中，首先将非织造材料在20℃和65%相对湿度的条件下调节24h；再将一条试样垂直悬挂，使其下端浸入蒸馏水（或其他液体）的储存器中；经过一段固定时间后，测量试样中的水达到的高度。吸水率和水达到的最终高度都是试样吸湿性的直接表征方式。测试非织造材料的横向和纵向的液体芯吸，以评定其液体芯吸特性的各向异性。

有以下两种标准方法可表征液体吸收特性。

①非织造材料试验方法：吸湿性［NWSP 010.1.R0（15）和 ISO 9073-6］。

②涂覆试验：抗芯吸和侧向泄漏测定方法［BS 3424-18（方法21）］。

上述测试程序有一些差异。BS 3424-18（方法21）规定了非常长的测试时间（24h），并且用于具有非常慢的芯吸速率的涂层材料；相比之下，ISO 9073-6 和NWSP 010.1.R0（15）规定了较短的测试时间（最长5min），并适用于表现出快速芯吸的材料。

采用水平芯条试验和向下芯吸垂直条试验以获得芯吸速率和毛细管压力[123]。这些方法可以与计算机图像分析仪连接以获得动态芯吸特性，或者可采用电子天平监测试样吸收的液体质量。

当使用条带测试方法来确定芯吸速率时，由于非织造材料的所谓手指效应（其通常具有高孔隙率）[124]，以及密度局部变化，液体芯吸位置变化可能不明显。因此，条带测试可能无法获得准确的结果。此外，在长时间进行的条带测试中，液体蒸发的影响是不容忽视的，并且需要考虑非织造材料结构对重力效应的影响。

（2）二维液体芯吸率。

当液体从点源引入非织造材料时，可采用二维径向动态芯吸测量方法（也称点源需求润湿性测试)[125]。

改进的激光多普勒测速仪是基于多普勒原理监测二维平面中液体芯吸的方法。当激光束通过流动的液体时，光被悬浮在液体中的颗粒散射，散射光会发生频移，并包含关于粒子速度的信息，然后可以通过光电技术对其进行检查。因此，这种测量要求流动介质是部分透明的，并且含有使光发生散射的颗粒，以获得非织造材料中液体流动的局部速度。

电容技术也用于监测非织造材料平面中各方向的液体吸收[53,126]。该方法的原理基于以下事实：水的介电常数是普通纤维和织物介电常数的 15～40 倍，因此，测量系统中传感器的电容对试样吸收的液体量非常敏感。计算机集成的电容系统能够提供动态（实时）和多方向的芯吸率测量值，这些值取决于吸收的液体量。

然而，由于在饱和试样中，显著的几何形变会影响电容值、液体蒸发以及电容传感器尺寸的极限值，因此测试非织造材料时可能会出现问题。另外，不同类型的纤维材料可能具有不同的介电常数，很难对不同材料进行比较。

类似于测量非织造材料平面中液体输送的渗透性和各向异性，图像分析方法用于跟踪液体上升高度，以确定二维非织造材料平面中毛细管扩散的速率。Kawase 等[127-128]使用简单的摄像机来确定非织造材料平面中液体的毛细管扩散，并同时记录扩散液的面积和秒表上的读数；将扩散区域复制到胶片上，切割并称重；借助先进的图像分析软件、图像分析仪可以将非织造材料平面中的各方向毛细管扩散量转化为亮度等级的分布。通过在非织造材料中校准液体浓度水平的亮度或强度值，可以获得非织造材料中液体浓度分布的结果；并且可以实时提取液体上升的动态线，表征非织造材料中的液体扩散[129-130]。

与测定非织造材料吸液量的方法相反，虹吸试验测定了外部压力作用下的排水速率[122,131]。在该测试中，将饱和试样的矩形条带用作虹吸管，使其一端浸入水或盐水溶液的储存器中，并使液体从另一端排出到烧杯中，记录一段连续时间的液体传输量。因为饱和试样比干试样具有更低的流动阻力，所以排水速率通常大于芯吸速率。

6.3.4.4　液体吸收性

对于非织造应用（如卫生、擦拭和其他吸湿性非织造材料），不仅只有液滴撞击非织造材料的时间和芯吸率很重要，吸液率（或非织造材料达到饱和状态所需的时间）、保持其水分的能力、液体吸收能力也至关重要。可用于评估液体吸收速率和液体吸收能力的方法如下。

（1）非织造材料试验方法：吸收性 ［NWSP 010.1.R0（15）］。

（2）测量擦拭材料的吸附速率 ［NWSP 010.2.R1（15）］。

（3）评估油脂和脂肪液的吸收 ［NWSP 010.4.R0（15）］。

（4）成人失禁用非织造产品：离心液体保留能力测试 ［NWSP 070.10.R1（15）］。

与测量进入非织造材料平面内的吸液量的条带试验相反，液体吸收性测试（也称为需求润湿性测试或横向芯吸"板"测试）可测量毛细压力驱动下非织造材料中的液体芯吸作用，其作用可使其变薄[132-134]。

常用的液体吸收性测试仪如图 6.4 所示。该装置包括一个配有多孔玻璃板的过滤漏斗，该玻璃板连接到柔性管和水平长度的毛细玻璃管。水平多孔板从下向上输送来自水平毛细管的水，水平毛细管的高度可以设置为使板的上表面充满不间断的测试液并保持潮湿。这通常用于模拟出汗的皮肤表面。将测试用非织造材料放置在板上，并在其上放置重物施加一定的压力，使之相接触。

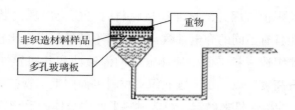

图 6.4　测量需求润湿性的仪器

当水被吸入非织造材料时，以不同的时间间隔记录液面沿毛细管的位置变化。在毛细管直径一定的情况下，可获得吸水率。可以改进该方法让其与电子天平和计算机集成，以提高测量精度并表征液体吸收过程随时间的动态变化。

当与电子天平结合时，横向多孔板方法称为 GATS 法[135]。GATS 系统基于标准 ASTM D5802，其中吸收的液体量通过重量分析确定。在 GATS 系统中对液体导入法进行了改进：液体源通过螺旋弹簧置于电子天平的顶部，而不是水平管或有空气排放的滴管，该螺旋弹簧的胡克常数已知，并且能够补偿液体的重量损失或重量增加，可使液位保持恒定。吸收的液体量由电子天平连续测量，并通过计算机记录。该设备可以使用多个允许不同方式接触吸收性样品和液体的测试盒（包括多孔板和点源）。另外，该系统可以包括样品厚度测量装置，该装置允许在恒定载荷下连续监测体积的变化，也可以对负载进行编程以进行周期性的负载测试。

装置存在的问题如下：一是，芯吸速率强烈依赖于测试试样顶部施加的重量，特别是对于蓬松的非织造材料。在较大的压缩下，非织造材料的结构可能会发生很大的变化，而较低的压缩可能不会产生均匀的多孔板面接触。二是，毛细管施加的流动阻力在测试过程中随着水从毛细管中抽出而减少，尽管这可以通过放气来替换毛细管来改善。三是，系统中的静水压头在实验开始时被设置为较低的水平，在测试过程中随着水通过试样而下降。

超吸水材料（颗粒、纸浆和纤维）经常掺入非织造结构中，以获得更好的液体吸收和保留性能。以含聚丙烯酸酯超吸水性粉末的非织造材料为例，除了评估聚丙烯酸酯超吸水性粉末的质量和结构参数，如 pH、残留单体的量、粒度分布和水分含量、聚合物含量和堆积密度、可萃取聚合物含量，ISO 和 EDANA/INDA 标准中还定义了可吸入颗粒的含量、聚丙烯酸酯超吸水粉末的各种液体浸润性能的测试方法，包括盐水中的自由溶胀能力、盐水溶液中的流体保留能力和压力下的渗透性[136-146]。

然而，当超吸水性粉末与其他非织造材料结合时，该共混材料在压力下具有特殊的湿润和膨胀性能。超吸水性材料在某些外部应力下，将吸收的水保持在纤网内的能力被定义为负载下的吸水性，它可以模拟超吸水材料在各种应用中的性能，如婴儿尿布和卫生巾[147-148]。

Dutkiewicz 建立了一个模型来表征超吸水非织造材料的吸收结构中空隙体积的变化，并提出了一种新的测试方法来测量流体采集和存储效率，即当一定重量的凝胶均匀地放置一段时间后的吸水性[89]。Witonoa 还设计了使用 Büchner 漏斗在近真空（相当于 22.1kPa 的压力）吸力下测量吸水能力的方法[149]。

6.3.4.5　拒水性

NWSP 中定义了一些用于测量拒水性的标准测试方法，具体如下。

（1）表面润湿喷涂试验 ［NWSP 080.1.R0（15）］。

（2）非织造材料的水渗透（雨水试验）试验 ［NWSP 080.2.R0（15）］。

（3）非织造材料的水渗透（喷雾冲击试验）试验 ［NWSP 080.3.R0（15）和 ISO 9073-17］。

（4）使用自动梅森瓶终点检测器的拒盐水性试验 ［NWSP 080.5.R0（15）］。

（5）耐水性（静水压力）试验 ［NWSP 080.6.R0（15）和 ISO 9073-16］。

（6）油渗透（碳氢化合物阻力）试验 ［NWSP 080.7.R0（15）］。

（7）非织造材料的抗酒精性试验 ［NWSP 080.8.R0（15）］。

（8）非织造材料流出率试验 ［NWSP 080.9.R0（15）和 ISO 9073-11］。

（9）非织造材料覆盖层湿润性试验 ［NWSP 080.10.R0（15）］。

（10）非织造材料湿阻梅森瓶法试验 ［NWSP 080.11.R0（15）］。

6.3.5　水蒸气透过率（WVTR）

非织造材料的 WVTR 是指在特定的温度和相对湿度下，透过非织造材料厚度的水蒸气（或湿气）的质量，每秒单位面积水蒸气压差与非织造材料厚度之比。杯法、相对湿度（RH）测量法以及防汗电热板法等方法可用于表征非织造材料的 WVTR。

标准杯法有两种类型：干燥剂法（干杯）和水溶液法（湿杯）。在干燥剂法中（如 ASTM E96，ISO 15496 中的方法 A、C 和 E），将样品密封到含有干燥剂的测试皿中，并将组件置于受控大气中。定期称重测试皿以确定水蒸气通过样品转移到干燥剂中的速率。在水溶液法中（如 ASTM E96，BS 7209 中的方法 B、D 和 BW），该测试皿包含蒸馏水，且在一定的时间间隔内称量测试皿的重量，以确定水蒸气通过样品传递到受控大气中的速率。

在水溶液法中，靠近水源的试样侧面的 RH 通常假定为 100%。这种假设适用于倒置杯法，但并不适用于直立杯法。在直立杯法中，由于水源表面和试样之间的间隙距离，测得的试样上水蒸气的实际 RH 远低于 100%。由于在测试过程中水分蒸发，RH 也随着水源与试样的距离而变化。此外，水源表面与试样之间的间隙中存在空气层，对高 WVTR 的测试影响更为显著。研究发现，倒置杯法（ASTM E96 BW）测得的结果与其他杯法测得的结果几乎没有相关性[150]。因此，对于具有高 WVTR 的非织造材料，各种直立杯法的测试结果可能是错误的。

各种标准杯方法包括 ASTM E96（用于透水织物的直立杯方法、用于不透水试样的倒置干燥剂和水杯方法）、BS 7208（在转台中的直立杯方法）、JIS L 1099（用于透水织物的直立杯方法、用于不透水织物的倒置干燥剂方法、用于透水或不透水织物的倒置干燥剂杯方法）、ISO 15496（用于透水或不透水织物的倒置干燥剂方法）和 ISO 2528（干燥剂法）。

使用湿度检测传感器测量通过非织造材料的水蒸气传输的方法如下。

（1）水蒸气透过率为 500 ~ 100000g/（m² · 天）［NWSP 070.4. R0（15）和 ASTM D6701-01］。

（2）干电池相对湿度测量原理的水蒸气透过率：第 1 部分［NWSP 070.5. R0（15）和 ISO 15106-1］。

（3）根据增湿时间测量原理的水蒸气透过率：第 2 部分［NWSP 070.6. R0（15）］。

（4）用动态相对湿度测量法测定片材水蒸气透过率的标准试验方法（ASTM E398-03）。

（5）利用调制红外线传感器的水蒸气透过塑料薄膜和薄板的穿透率的标准试验方法（ASTM F1249-06）。

与水杯法相比，使用湿度传感器测量非织造材料的水蒸气透过率具有两个优点：一是，可以在很短的时间内（不到 30min）测得 WVTR；二是，测得的 WVTR 的精度更高[151]。例如，ASTM E96 中定义的标准水杯法适用于测量 WVTR 小于 2627g/m² 的试样。相反，使用湿度传感器法可以测量具有宽范围 WVTR 的材料。

使用标准的热阻湿阻（SGHP）方法（ISO 11092 和 ASTM F1868）测量材料的固有水蒸气阻力，以模拟皮肤潮湿和出汗时水分通过非织造材料的转移（皮肤模型）。

6.3.6 热性能

测定纺织品的热性能有多种方法，如稳态传热法和非稳态传热法（或瞬态）。

典型的稳态传热法包括防护热板法、厚度计和 SGHP 法；典型的非稳态传热法包括瞬态线源法（热线法）、瞬态平面源法和改进的瞬态平面源法（如 TCi 热导率分析仪）、Lees 圆盘法以及激光闪光扩散率测量法[152-156]。

可以根据 BS 4745、ISO 5085-1 和 ISO 5085-2 用带防护的热板设备测量非织造材料、平板和垫子的热阻和导热系数。为了测试被子和建筑材料的热阻，分别在 BS 5335-1 和 BSEN 12667 中对测试标准进行了规定。

该装置的核心部件包括一个冷板和一个带防护的热板。将待测试的材料或绝缘填料材料置于加热的金属板上，用热板加热样品，用热电偶记录样品两侧的温度。该装置封装在风扇辅助的机柜中，风扇确保足够的空气流动以防止样品周围的热量积累，并将表征非织造材料结构、性能和性能的测试方法与外部影响隔离开来。测试大约需要 8h，包括预热时间。用金属板的表面积和内表面与外表面之间的温度差来计算热阻。

当设备的热板和冷板接触并处于稳定状态时，接触电阻 R_c（$m^2 \cdot K/W$）由下式给出：

$$\frac{R_c}{R_s} = \frac{\theta_2 - \theta_3}{\theta_1 - \theta_2}$$

式中：R_s 为标准热阻；θ_1 为 T_1 时记录的温度；θ_2 为 T_2 时记录的温度；θ_3 为 T_3 时记录的温度。

因此，试样的热阻 R_f（$m^2 \cdot K/W$）可由下式给出：

$$\frac{R_f}{R_s} = \frac{\theta_2' - \theta_3'}{\theta_1' - \theta_2'} \frac{\theta_2 - \theta_3}{\theta_1 - \theta_2}$$

式中：θ_1' 为 T_1 时记录的温度；θ_2' 为 T_2 时记录的温度；θ_3' 为 T_3 时记录的温度。

由于在该特定装置中 R_s 为常数（$m^2 \cdot K/W$），因此可以计算 R_f（$m^2 \cdot K/W$）。然后，可以计算出样品的热导率 k [$W/(m \cdot K)$]：

$$k = \frac{d \ (mm) \times 10^{-3}}{R_f \ (m^2 \cdot K/W)} \tag{6.7}$$

调节和测试用大气应为 ISO 139 中规定的纺织品测试用标准大气之一，即 RH 为（65±2）%，温度为（20±2）℃。织物的固有热阻也可通过 SGHP 方法（ISO 11092 和 ASTM F1868）测量，以模拟在温和风的标准环境条件下穿在人体上的织物的耐热性。

6.3.7　其他性能

其他物理性质，包括非织造材料的光学、电阻和静电性能，相关测试标准具体如下。

（1）非织造材料的静电衰减测试［NWSP 040.2. R0（15）］。

（2）非织造材料的光学性质（不透明度）测试（INDA）［NWSP 060.1. R0（15）］。

（3）非织造材料的光学性质（亮度）测试（INDA）［NWSP 060.2. R0（15）］。

（4）非织造材料的亮度测试（EDANA）［NWSP 060.3. R1（15）］。

（5）非织造材料的不透明度测试（EDANA）［NWSP 060.4. R0（15）］。

6.4　特定用途非织造材料的性能测试标准

非织造材料具有灵活多样的成型工艺，与其他片材产品相比具有独特的结构特征，因此具有独特的性能，从而广泛用于各种消费品和工业产品中[157-159]。

6.4.1　服装和防护装置

防护服用非织造材料所需的性能包括均匀性、透气性、拒液性和阻隔性能、阻挡有害颗粒（液体/固体气溶胶、干式或湿式接触等）、阻燃性及其耐久性（抗拉强度、抗穿刺性、耐磨性、梯形撕裂强度、抗挠曲龟裂性等)[160]。上述性能通常是由服装的性能要求决定的，即防护性、舒适性和机动性。此外，服装还需具有一定程度的耐久性以经受苛刻的清洁、洗涤、老化和危险攻击的能力。在某些特殊情况下，如食品、饮料、制药、化妆品、医疗、电子制造和医疗保健行业，工作服需要具有其他性能，不仅保护穿着者免受环境危害，而且还保护产品免受污染或者穿着者和工作服之间的交叉感染。

个人防护设备必须证明设备符合欧洲理事会个人防护设备指令（89/686/EEC）中定义的基本健康和安全要求（BHSR）的各种统一的欧洲标准（其中越来越多的EN 标准成为 ISO 标准），该指令于 2018 年 4 月 21 日被新的（EU）2016/425 法规替代。只有符合 BHSR 的设备才有权印刷 CE 标志并出售给欧盟使用。CE 标志服装的所有标准均基于其他 EN 标准和 ISO 标准，用于检测织物的性能。这些特性对于服装功能起决定作用，包括防护性（如热、冷、电、切割和刺伤等）、舒适性（热和触觉舒适性，如防潮性、光滑性和柔软性）、机动性（重量、柔韧性和顺应性）、耐久性（洗涤后的强度性能、挠曲开裂和老化）和其他（环境影响和毒性等）。

6.4.2　土工材料

土工材料可渗透[161]，可与土、岩石或其他材料一起使用，作为土木工程项目、结构或系统的组成部分。土工材料的主要功能包括过滤（防止土壤迁移到相邻材料中，同时允许水流通过）、排水（允许水从低渗透性土壤中排出或通过低渗透性土壤）、分离（分离两种不同的材料并防止其混合）、加固（以增加土壤的剪切强度）和侵蚀控制（最小化由于水的流动导致的土壤颗粒的移动）[162-172]。因此，在国际和国家标准中定义了一系列标准测试方法，以表征土工材料上述五个性能。

有些土工材料特性（H 特性）与功能直接相关，独立于应用，由欧洲委员会的 M/107 和 M/386 号强制规定的，用于管理目的；有些是自愿性质的，可在所有使用条件下使用（A 特性）；其余特性是在某些使用条件下使用（S 特性）。H 特性包括拉伸强度和断裂伸长率、静态穿刺阻力、动态穿刺阻力、透水性（垂直于平面）、特征开口尺寸、水流量（在平面内）和不同的耐久性[173-189]。A 特性和 S 特性（如接缝和接合处的拉伸强度、拉伸和压缩蠕变磨损、在安装过程中的损坏和摩擦）可能随应用而变化[190-197]。

一些研究机构和行业协会也发布了专门为土工材料设计的其他测试方法[198]。EDANA 和 INDA 发布了一套统一的测试标准，用于表征土工材料的结构和性能[199]。然而，这些非强制性测试方法已从其最新的 NWSP 测试方法中删除[200]。

表征方法的选择取决于土工材料应用的要求。对特定土工材料性能及其结果含义的解释取决于所用的测试方法及测试条件。例如，土工材料中的孔径可以通过使用气泡点测试方法和使用毛细管流动方法得到的孔径分布、干法和湿法筛分方法（AOS）以及孔径的含义来表征[179-180,201]，测试结果所表示的含义明显不同。

对于商业土工材料，不仅选择的表征方法对其应用性能至关重要，而且所测量性质的可靠性和再现性对其质量保证也很重要。因此，对于一批土工材料的某些关键性能，通常需要对大批量土工材料的性能进行测量并获得统计值，如最小平均轧辊值（MARV）和典型值[202]，这两个术语都是基于所获得的数据在统计上呈正态分布的假设。

6.4.3　空气过滤

非织造过滤器旨在去除超细粉尘、气溶胶和活菌，以满足各种应用对空气清洁度的最高要求，如洁净室、医院手术室、微电子、光学和精密工业以及制药和食品工业。根据其过滤性能，有三类空气过滤产品，即高效空气过滤器（EPA）、超高效空气过滤器（HEPA）和超低渗透空气过滤器（ULPA）。

相关的国际和行业标准有 ISO、IEC、CEN（欧洲标准化委员会）、CENELEC、BS、ANSI 和 ASTM。

呼吸装置中使用的过滤器标准属于特殊类别，受卫生和安全法规及当局的管制。在欧洲，医疗保健和呼吸产品中使用的过滤器必须符合 EC 个人防护设备指令（89/686/EEC）的 BHSR 和大量相关的 EN 标准[203]。

在美国，职业安全与健康管理局（OSHA）发布了几项标准，包括通用呼吸防护标准（29 CFR 1910.134），以规范工作场所呼吸防护用品的使用。同时国家职业安全与健康研究所（NIOSH）负责对呼吸器进行测试和认证。一次性呼吸器的批准标准在 30 CFR 11.8 中定义。根据 42 CFR 84 中定义的颗粒过滤测试，N95、N99、N100（或 R95、R99、R100，或 P95、P99、P100）微粒过滤器的效率分别为 95%、99% 和 99.97%。过滤器被评为 N 系统、R 系列和 P 系列，分别表示过滤器不耐油、耐油和防油。使用氯化钠气溶胶对其进行中等工作流速到高工作流速的测试，氯化钠气溶胶的粒度中值直径在（0.075 ± 0.02）μm 范围内（质心中位数空气动力学直径为 0.3μm），在流量为 85L/min 时，几何标准偏差不超过 1.86（$\pm5\%$）。氯化钠气溶胶用于测试 N 系列呼吸器，油性气溶胶和邻苯二甲酸二辛酯（DOP）用于测试 R 系列和 P 系列呼吸器。

在没有具体的国际标准的情况下，也有关于特定工业过滤产品的标准。此外，相关标准还有 ASHRAE（美国加热冷冻及空调工程师协会）、SAE（汽车工程师协会）、ISIAQ（国际室内空气质量和气候协会）、UL（保险商实验室）、AHAM（家用电器制造商协会）、IES（环境科学研究所）。

6.4.3.1 加热、通风、空调用过滤器

空气过滤器按最低效率报告值（MERV）标准和欧洲标准对过滤器的效率等级进行 1~20 的评级[204-205]。MERV 为 17~20 等级的 HEPA 过滤器通常用于需要绝对清洁的情况下，如制造医院手术室中的微芯片、液晶显示屏、药品生产和显微外科手术。HEPA 过滤器主要由湿法成网玻璃非织造过滤介质构成，市场上较小部分采用将聚四氟乙烯膜层压到聚酯基底上的方法。MERV 评级在 1~16 的过滤器被认为是加热、通风、空调（HVAC）级过滤器，主要由熔喷、纺粘或玻璃纤维非织造材料构成。

一系列标准（如 BS EN 1822）描述了空气过滤器过滤性能的工厂测试，而另

一系列标准（如 BS EN ISO 14644）则描述了与洁净室和相关的控制环境有关的要求。相关标准如下：

BS EN ISO 14644-3 洁净室和相关控制环境试验方法；

BS EN 13142 建筑物通风：住宅通风用部件/产品（必需与可选性能特征）；

BS EN 13053 建筑物通风：空气处理装置（装置、组件和零件的额定值和性能）；

BS EN 779 一般通风用空气颗粒过滤器过滤性能的测定；

BS EN 1822-1 高效空气过滤器（EPA 、HEPA 和 ULPA）：分类、性能试验和标记；

BS EN 1822-2 高效空气过滤器（EPA、HEPA 和 ULPA）：气溶胶生产、测量设备、颗粒计数统计；

BS EN 1822-3 高效空气过滤器（EPA、HEPA 和 ULPA）：平板过滤介质的试验方法；

BS EN 1822-4 高效空气过滤器（EPA、HEPA 和 ULPA）：过滤元件泄漏性测定（扫描方法）；

BS EN 1822-5 高效空气过滤器（EPA、HEPA 和 ULPA）：过滤元件效率测定；

ASHRAE 52.2 通用通风空气净化装置去除颗粒物效率的测定方法；

Mil F-51，068F 过滤器、颗粒物（高效、耐火）；

IES RP-CC021.1 HEPA 和 ULPA 过滤介质；

IES RP-CC001.3 HEPA 和 ULPA 过滤器。

6.4.3.2　健康、安全和医疗用过滤器

在欧盟，对于呼吸防护设备中使用的过滤器的要求和分类有如下相关标准：

EN 143 呼吸防护器　微粒过滤器的要求、测试和标记；

EN 14387 呼吸防护器　气体过滤器和组合过滤器的要求、测试和标记；

EN 12083 呼吸防护器　带呼吸软管的过滤器（无面具装配）的要求、测试、标记。

医用呼吸器中使用的过滤器的标准有：BS EN 13328-1 用于麻醉和呼吸的呼吸系统过滤器。盐测试方法用于评估过滤性能。

在美国，联邦法规中对 PPE、呼吸装置以及口罩中使用的过滤器进行了定义，以认证空气净化的颗粒呼吸器（42 CFR 第 84 部分）。通用呼吸防护标准（即 29 CFR 1910.134）和 30 CFR 第 11.8 部分中的一次性呼吸器的标准也对它们进行了规定。

6.4.3.3 汽车用过滤器

ISO/TS 11155-1 道路车辆 乘客舱空气过滤器 第 1 部分：颗粒过滤试验（DIN 71460-1）；

ISO/TS 11155-2 道路车辆 乘客空气过滤器隔室 第 2 部分：气体过滤测试（DIN 71460-2）；

ISO 5011 内燃机和压缩机的进气空气净化设备性能测试；

SAE J726 空气滤清器测试规程；

JIS D 1612 汽车用空气滤清器试验方法。

6.4.3.4 过滤设备

I-C 60312 家用吸尘器的性能测量方法；

ASTM F1977 测定真空吸尘器系统初始部分过滤效率的标准试验方法；

ANSI AHAM AC-1 便携式家用电动室内空气净化器性能测试方法（RAC）；

ASTM D6830-02 表征可清洁过滤介质的压降和过滤性能的标准测试方法；

ASHRAE 52.1 空气过滤器性能测试标准；

ANSI/ASHRAE 52.2 通过粒度测试通用通风空气净化设备排除效率的测试方法。

6.4.3.5 液体过滤

工业中使用的液体过滤器种类繁多，尤其是燃料、润滑剂和水的过滤。油过滤器必须符合国际流体污染等级（ISO 4406）和相应的过滤标准（如 ASTM D3948）。从油燃料或润滑剂中去除固体颗粒、水滴和水分的过滤效率和污物吸收能力取决于所使用的过滤系统、所需的油清洁度以及油的特性（如黏度和表面张力），这会影响液体过滤中的纤维润湿过程[206]。油燃料和润滑剂过滤性能测试的相关标准如下：

SAE HS806 油过滤器测试程序；

FAE J905 燃油过滤器测试程序；

SAE J1488 乳化水/燃料分离测试程序；

SAE J1839 粗液水/燃料分离测试程序；

SAE J1985 燃油过滤器 初始单通道效率试验方法；

ASTM D3948 用便携式 Separometer 测定航空涡轮燃料水分离特性的标准试验方法；

BS EN 24003 不密封烧结金属材料 气泡试验孔隙尺寸的测定；

ISO 2942 液压传动 过滤元件 制造完整性的验证和第一气泡点的测定；

ISO 4020 道路车辆 柴油发动机的燃油滤清器试验方法；

ISO 4406 液压油清洁度标准；

ISO 4548-1~ISO 4548-15 内燃机全流式机油滤清器试验方法；

ISO 11943 液压油动力 液体在线自动粒子计数系统校准和验证方法；

ISO/TS 16332 柴油机 柴油滤清器 燃料/水分离效果评定方法；

ISO 16889 液压传动过滤器 滤波器元件过滤性能的评估用多次通过法；

ISO/NP 23369 液压流体动力过滤器 在循环流动条件下评估过滤器元件过滤性能的多通道方法；

ISO 19438 内燃机用柴油和汽油滤清器用粒子计数和污物吸收；

与水过滤有关的标准包括 EN 13443-1~EN 13443-3：建筑物内的水处理设备 机械过滤器的性能、安全和测试要求。

6.4.4 伤口敷料

医疗器械有一些标准的测试方法，可能与 ASTM 中的伤口敷料有关；这些方法包括医疗器械的一般操作规范、医用材料的分析、医疗包装的方法、液体渗透、杀菌和消毒[207-219]。

近年来，ASTM 和 BS 引入了许多伤口敷料的标准。针对非织造伤口敷料的标准很少，非织造伤口敷料可能需要符合这些标准，并符合非织造材料的标准。

英国药典（BP）定义了外科敷料的一系列试验方法[220]，这些方法包括：纤维识别、纱线数量、每指定长度（未拉伸或完全拉伸）的线、每单位面积的质量、最小断裂负荷、弹性、可延展性、黏合性、水蒸气渗透性（胶带或泡沫敷料）、防水性、吸收性（沉没时间、持水量）、水溶性物质、醚溶性物质、色牢度、防腐剂含量、胶黏剂中氧化锌的含量、X 射线不透明性、外科敷料的硫酸灰分和保水能力；还有与伤口敷料相关的其他标准，如无菌外科敷料、无菌试验、微生物污染试验、抗菌保存效力和灭菌方法[221-224]。

在英国和欧洲标准 BS EN 13726 中引入了一系列伤口敷料的标准测试方法，这些方法包括：吸水性、渗透性、防水性、顺应性和细菌屏障特性[225-229]；与医用非织造材料相关的其他标准包括脊柱和腹部非织造材料支撑的规范、非织造材料绷带的弹性特性规范[230-231]。近年来，BS 对医用非织造压缩材料的测试方法进行了介绍[232-233]。

外科敷料及其测试方法已在 ASTM AS2836.0~ASTM AS2836.11 中进行了定义：一般介绍和方法清单、干燥质量损失测定方法、棉和黏胶纤维的鉴定、单位面积质量的测定、尺寸的测定、下沉时间的测定方法、吸收率和持水量的测定、表面活性物质含量的测定、水溶性物质含量的测定、淀粉和糊精的存在的测定、荧光物质的存在的测定以及硫酸盐灰分的测定。此外，还建立了组织工程医疗产品检测标准[234-248]。

与医疗用非织造材料有关的测试标准如下：用于压缩机制造的非织造材料、用于成品压缩的非织造材料、用于医疗包装的无涂层非织造材料、用于医疗包装的黏合剂涂层非织造材料以及用于最终灭菌医疗装置的包装[249-251]。

6.4.5 其他用途

与非织造材料应用相关的其他性能也在 EDANA/INDA、ISO 和 ASTM 标准中进行了定义。

NWSP 350.1.R1（15）　吸收性卫生用品的吸收性测定：Syngina 方法；

NWSP 351.0.R0（15）　乙醇的测定　吸收性卫生用品和材料中的可萃取有机锡素种类，吸收性卫生材料—有机锡Ⅰ；

NWSP 352.0.R0（15）　用合成尿和吸收卫生产品测定从吸收卫生产品和材料中提取的有机锡素种类—有机锡Ⅱ；

NWSP 353.0.R0（15）　非织造物中丙酮可萃取整理剂的测定；

NWSP 354.0.R1（15）、ISO 17190-6　尿失禁用吸尿器　聚合物基吸收材料特性化的试验方法　第 6 部分：比重法测定含盐溶液中液体保留能力；

ISO 11948-1　吸尿器材　第 1 部分：整品检验；

ISO 11948-2　吸尿器材　第 2 部分：轻度不能自制与低压条件下短时间液体释放（泄漏）的测定；

ASTM F1671　使用 Φ-X174 噬菌体穿透率作为试验系统血源性病原体对防护服装使用抗渗；

ASTM F1506　暴露于瞬间电弧和相关热危害的电气工人所用衣服的阻燃和电弧额定纺织材料的标准性能规格。

参考文献

[1] MAO N, RUSSELL S J, POURDEYHIMI B. Characterisation, testing and modelling of nonwoven fabrics, in：RUSSELL S J（Ed.）, Handbook of nonwovens, Woodhead Publishing, London, 2007：401-514［Chapter 9］.

[2]　ISO 9092：1988. BS EN 29092：1992. Textiles. Nonwovens. Definition.

[3]　BS EN 9092：2011. Textiles Nonwovens Definition.

[4]　ASTM D1117-01. Standard guide for evaluating nonwoven fabrics.

[5]　CHHABRA R. Nonwoven uniformity—measurements using image analysis. Int Nonwovens J, 2003, 12 (1)：43-50.

[6]　SCHARCANSKI J, DODSON C T. Texture analysis for estimating spatial variability and anisotropy in planar stochastic structures. Opt Eng, 1996, 35 (8)：2302-2309.

[7]　POUND W H. Real world uniformity measurement in nonwoven coverstock. Int Nonwovens J, 2001, 10 (1)：35-39.

[8]　HUANG X, BRESEE R R. Characterizing nonwoven web structure using image analysis techniques. Part Ⅲ: Web uniformity analysis, Int Nonwovens J, 1993, 5 (3)：28-38.

[9]　AGGARWAL R K, KENNON W R, PORAT I. A scanned-laser technique for monitoring fibrous webs and nonwoven fabrics. J Text Inst, 1992, 83 (3)：386-398.

[10]　BOECKERMAN P A. Meeting the special requirements for on-line basis weight measurement of lightweight nonwoven fabrics. Tappi J, 1992, 75 (12)：166-172.

[11]　Hunter Lab Color Scale. http：//www. hunterlab. com/appnotes/an08_96a. pdf.

[12]　CHEN H J, HUANG D K. Online measurement of nonwoven weight evenness using optical methods. Act paper, 1999.

[13]　BS 1902-3. 8. Determination of bulk density, true porosity and apparent porosity of dense shaped products (method 1902-308).

[14]　BS EN 993-1：1995, BS 1902-3. 8：1995. Methods of test for dense shaped refractory products. Determination of bulk density, apparent porosity and true porosity.

[15]　ISO 15901-1：2005. Pore size distribution and porosity of solid materials by mercury porosimetry and gas adsorption Part 1：Mercury porosimetry.

[16]　ISO 12154：2014. Determination of density by volumetric displacement—Skeleton density by gas pycnometry.

[17]　ASTM D4751. Test method for determining apparent opening size of a geotextile.

[18]　BS 6906-2：1989. Methods of test for geotextiles. Determination of the apparent pore size distribution by dry sieving.

［19］SAATHOFF F, KOHLHASE S. Research at the Franzius—Institut on geotextile filters in hydraulic engineering, in: Proceedings of the Fifth Congress Asian and Pacific Regional Division. ADP/IAHR, Seoul, Korea, 1986: 9-10.

［20］SW-640550-83, Effective opening size, Switzerland.

［21］FAYOUX D. Filtration hydrodynamique des sols par des textiles, in: Proceedings of the international conference on the use of fabrics in geotechnics. 1997, 2: 329-332.

［22］MLYNAREK J, LAFLEUR J, ROLLIN R, et al. Filtration opening size of geotextiles by hydrodynamic sieving. ASTM Geotech Test J, 1993, 16 (1): 61-69.

［23］CAN/CGSB-148.1-10, 1994. Géotextiles—Détermination du diam etre d'ouverture de filtration, Canada.

［24］ROLLIN A L, DENIS R, ESTAQUE L, et al. Hydraulic behaviour of synthetic nonwoven filter fabrics. Can J Chem Eng, 1982: 226-234.

［25］AYDILEK A H, OGUZ S H, EDIL T B. Constriction size of geotextile filters. J Geotech Geoenviron Eng, 2005, 131 (1): 28-38.

［26］DIERICKX W. Opening size determination of technical textiles used in agricultural applications. Geotext Geomembr, 1999, 17 (4): 231-245.

［27］BHATIA S K, HUANG Q, SMITH J L. Application of digital image processing in morphological analysis of geotextiles, in: Proc. conf. on digital image processing: techniques and applications in civil engineering. New York: ASCE, 1993, 1: 95-108.

［28］AYDILEK A H, OGUZ S H, EDIL T B. Digital image analysis to determine pore opening size distribution of nonwoven geotextiles. J Comput Civ Eng, 2002, 16 (4): 280-290.

［29］ASTM F316-03- (2011). Standard test methods for pore size characteristics of membrane filters by bubble point and mean flow pore test.

［30］BS 3321: 1986. Method for measurement of the equivalent pore size of fabrics (bubble pressure test).

［31］BS 7591-4: 1993. Porosity and pore size distribution of materials. Method of evaluation by liquid expulsion.

［32］ASTM D6767-02. Standard test method for pore size characteristics of geotextiles by capillary flow test.

［33］ BHATIA S K, SMITH J L. Application of the bubble point method to the characterization of the pore size distribution of geotextile. Geotech Test J, 1995, 18 (1): 94-105.

［34］ BHATIA S K, SMITH J L. Geotextile characterization and pore size distribution. Part Ⅱ: A review of test methods and results. Geosynth Int, 1996, 3 (2): 155-180.

［35］ Haines W B. J Agric Sci, 1930, 20: 97-116.

［36］ BS 7591-1: 1992. Porosity and pore size distribution of materials. Method of evaluation by mercury porosimetry.

［37］ BS 1902-3. 16: 1990. Methods of testing refractory materials, general and textural properties: Determination of pore size distribution (method 1902-316).

［38］ ISO 15901-1. Evaluation of pore size distribution and porosimetry of solid materials by mercury porosimetry and gas adsorption. Part 1: Mercury porosimetry.

［39］ ASTM D4404. Standard test method for the determination of pore volume and pore volume distribution of soil and rock.

［40］ ASTM E1294. Standard test method for pore size characteristics of membrane filters using automated liquid porosimeter.

［41］ WASHBURN E. The dynamics of capillary flow. Phys Rev, 1921, 17 (3): 273-283.

［42］ MILLER B, TYOMKIN I, WEHNER J A. Quantifying the porous structure of fabrics for filtration applications, in: RABER R R. (Ed.), Proceedings of a symposium held in Phila-delphia, Pennsylvania, USA, Fluid filtration: gas, vol. 1, ASTM Special Technical Publication, 1986, 975: 97-109.

［43］ MILLER B, TYOMKIN I. An extended range liquid extrusion method for determining pore size distributions. Text Res J, 1994, 56 (1): 35-40.

［44］ http: //www. triprinceton. org/instrument_sales/autoporosimeter. html.

［45］ ISO/DIS 15901-2. Pore size distribution and porosimetry of materials. Evaluation by mercury posimetry and gas adsorption. Part 2: Analysis of meso-pores and macro-pores by gas adsorption.

［46］ ISO/DIS 15901-3. Pore size distribution and porosity of solid materials by mercury porosimetry and gas adsorption. Part 3: Analysis of micro-pores by gas adsorption.

［47］ BS 7591-2: 1992. Porosity and pore size distribution of materials. Method of evaluation by gas adsorption.

［48］ BRUNAUER S, EMMETT P H, TELLER E. Adsorption of gases in multimolecular layers. J Am Chem Soc, 1938, 60 (2): 309.

［49］ MAO N, RUSSELL S J. Capillary pressure and liquid wicking in three-dimensional nonwoven materials. J Appl Phys, 2008, 104 (3). http: //dx. doi. org/10. 1063/1. 2965188.

［50］ GILMORE T, DAVIS H, MI Z. Tomographic approaches to nonwovens structure definition. National Textile Centre, USA, September 1993. Annual Report.

［51］ MAO N, RUSSELL S J. Modelling of permeability in homogeneous three-dimensional nonwoven fabrics. Text Res J, 2003, 91: 243-258.

［52］ MAO N, RUSSELL S J. Modeling permeability in homogeneous three-dimensional nonwoven fabrics. Text Res J, 2003, 73 (11): 939-944. http: //dx. doi. org/10. 1177/004051750307301101.

［53］ MAO N. Effect of fabric structure on the liquid transport characteristics of nonwoven wound dressings [Ph. D. thesis], University of Leeds, 2000.

［54］ HEARLE J W S, STEVENSON P J. Nonwoven fabric studies. Part 3: The anisotropy of nonwoven fabrics. Text Res J, 1963, 33: 877-888.

［55］ HEARLE J W S, OZSANLAV V. Nonwoven fabric studies. Part 5: Studies of adhesive-bonded nonwoven fabrics. Part 3: The determination of fibre orientation and curl. J Text Inst, 1979, 70: 487-497.

［56］ CHULEIGH P W. Image formation by fibres and fibre assemblies. Text Res J, 1983, 54: 813.

［57］ KALLMES O J. Techniques for determining the fibre orientation distribution throughout the thickness of a sheet. Tappi J, 1969, 52: 482-485.

［58］ VOTAVA A. Practical method-measuring paper asymmetry regarding fibre orientation. Tappi J 65 (1982) 67.

［59］ COWAN W F, COWDREY E J K. Evaluation of paper strength components by short span tensile analysis. Tappi J, 1973, 57 (2): 90.

［60］ STENEMUR B. Method and device for monitoring fibre orientation distributions based on light diffraction phenomenon. Int Nonwovens J, 1992, 4: 42-45.

［61］ Comparative degree of preferred orientation in nineteen wood pulps as evaluated from X-ray diffraction patterns, Tappi J, 1950, 33: 384.

[62] PRUD'HOMME B, et al. Determination of fibre orientation of cellulosic samples by X-ray diffraction. J Polym Sci, 1975, 19: 2609.

[63] OSAKI S. Dielectric anisotropy of nonwoven fabrics by using the microwave method. Tappi J, 1989, 72: 171.

[64] LEE S. Effect of fibre orientation on thermal radiation in fibrous media. J Heat Mass Transf, 1989, 32 (2): 311.

[65] MCGEE S H, MCCULLOUGH R L. Characterization of fibre orientation in short fibre composites. J Appl Phys, 1983, 55 (1): 1394.

[66] ORCHARD G A. The measurement of fibre orientation in card webs. J Text Inst, 1953, 44: 380.

[67] TSAI P P, BRESSE R R. Fibre orientation distribution from electrical measurements. Part 1, theory, Int Nonwovens J, 1991, 3 (3): 36.

[68] TSAI P P, BRESSE R R. Fibre orientation distribution from electrical measurements. Part 2: Instrument and experimental measurements. Int Nonwovens J, 1991, 3 (4): 32.

[69] CHAUDHRAY M M. [M. Sc. Dissertation]. University of Manchester, 1972.

[70] JUDGE S M. [M. Sc. Dissertation]. University of Manchester, 1973.

[71] HUANG X C, BRESSEE R R. Characterzing nonwoven web structure using image analysing techniques. Part 2: Fibre orientation analysis in thin webs, Int Nonwovens J, 1993, 2: 14-21.

[72] POURDEYHIMI B, NAYERNOURI A. Assessing fibre orientation in nonwoven fabrics. INDA J Nonwovens Res, 1993, 5: 29-36.

[73] POUREDYHIMI B, XU B. Characterizing pore size in nonwoven fabrics: shape considerations. Int Nonwoven J, 1993, 6 (1): 26-30.

[74] GONG R H, NEWTON A. Image analysis techniques. Part II: The measurement of fibre orientation in nonwoven fabrics. Text Res J, 1996, 87: 371.

[75] BRITTON P N, SAMPSON A J, ELLIOT C F, et al. Computer simulation of the technical properties of nonwoven fabrics. Part 1: The method. Text Res J, 1983, 53: 363-368.

[76] GRINDSTAFF T H, HANSEN S M. Computer model for predicting point-bonded nonwoven fabric strength. Part 1, Text Res J, 1986, 56: 383-388.

［77］ JIRSAK O, LUKAS D, CHARRAT R. A two – dimensional model of mechanical properties of textiles. J Text Inst, 1993, 84: 1–14.

［78］ XU B, TING Y. Measuring structural characteristics of fibre segments in nonwoven fabrics. Text Res J, 1995, 65: 41–48.

［79］ POURDEYHIMI B, DENT R, DAVIS H. Measuring fibre orientation in nonwovens. Part 3: Fourier transform, Text Res J, 1997, 67: 143–151.

［80］ POURDEYHIMI B, RAMANATHAN R, DENT R. Measuring fibre orientation in nonwovens. Part 2: Direct tracking, Text Res J, 1996, 66: 747–753.

［81］ POURDEYHIMI B, RAMANATHAN R, DENT R. Measuring fibre orientation in nonwovens. Part 1: Simulation, Text Res J, 1996, 66: 713–722.

［82］ POURDEYHIMI B, DENT R. Measuring fibre orientation in nonwovens. Part 4: Flow field analysis, Text Res J, 1997, 67: 181–187.

［83］ KOMORI T, MAKISHIMA K. Number of fibre–to–fibre contacts in general fibre assemblies. Text Res J, 1997, 47: 13–17.

［84］ Manual of Quantimet 570, Leica Micro systems Imaging Solutions, Cambridge, UK, 1993.

［85］ Resin binder distribution and binder penetration, analysis of polyester nonwoven fabrics NWSP 150. 1. R0 (15).

［86］ NWSP 150. 1. R0 (15). Resin binder distribution and binder penetration analysis of polyester nonwoven fabrics; ASTM D5908 – 96. Standard test method for resin binder distribution and binder penetration analysis of polyester nonwoven fabrics.

［87］ MAO N, RUSSELL S J, POURDEHEMY B. Characterisation and modelling of nonwoven fabrics, in: RUSSELL S J (Ed.), Handbook of nonwovens, Woodhead Publishing Ltd, 2006 [Chapter 9].

［88］ Nonwovens, in: TURBAK A F (Ed.), Theory, process, performance, and testing, Tappi Press, 1993.

［89］ DUTKIEWICZ J. Some advances in nonwoven structures for absorbency, comfort and aesthetics. AUTEX Res J 2 (3) (September 2002). http: //www. autexrj. org/No5/0035. pdf.

［90］ PEIRCE F T. The ' handle' of cloth as a measurable quantity. J Text Inst, 1930, 21: 377–416.

［91］ PAN N. System and method for fabric hand evaluation. WO 2006014870, 2006.

［92］ http：//www. phabrometer. com/.

［93］ http：//www. woolcomfortandhandle. com/index. php/wool－handlemeter.

［94］ MAO N, TAYLOR M. Evaluation apparatus and method. WO 2012104627, 2012.

［95］ MAO N. Towards objective discrimination & evaluation of fabric tactile proper-ties：quantification of biaxial fabric deformations by using energy methods, in：Proceed-ings of 14th AUTEX world textile conference, Bursa, Turkey, 2014.

［96］ EDWARDS J V, MAO N, RUSSELL S, et al. Fluid handling and fabric handle profiles of hydroentangled greige cotton and spunbond polypropylene nonwoven top-sheets, Proc IMechE Part L：J Mater Design Appl, 2015：1－13, http：//dx. doi. org/ 10. 1177/1464420715586020.

［97］ BEHERY H M. Characterisation and testing of nonwovens with emphasison ab-sorbency, in：TURBAK A E（Ed.）, Nonwovens：theory, process, performance, and testing, Tappi Press, 1997. ISBN－13：9780898522655［Chapter 10］.

［98］ ASTM D5034, NWSP110. 1. R0（15）, Standard test method for breaking strength and elongation of textile fabrics（grab test）；ISO 9073－18：2007, Textiles—Test methods for nonwovens－Part 18：Determination of breaking strength and elongation of nonwoven materials using the grab tensile test.

［99］ ASTM D737（2012）, Standard test method for air permeability of textile fab-rics.

［100］ BS EN ISO 9237：1995. Textiles—Determination of the permeability of fabrics to air；ISO 9073－15：2007. Textiles—Test methods for nonwovens. Part 15：Determination of air permeability.

［101］ NWSP 070. 1. R0（15）. Air permeability of nonwoven materials.

［102］ ZANTAM R V. Geotextile and geomembrane in civil engineering. John Wiley, New York, 1986：181－192.

［103］ ADAMS K L, et al. Radial penetration of a viscous liquid into a planar ani-sotropic porous medium. Int J Multiph Flow, 1988, 14（2）：203－215.

［104］ ADAMS K L, et al. In plane flow of fluids in fabrics structure, flow charac-terization. Text Res J, 1987, 57：647－654.

［105］ MONTAGOMERY S M. Directional in－plane permeabilities of geotex-tile. Geotext Geomembr 7（1988）275－292.

［106］ KISSA E. Wetting and wicking. Text Res J, 1996, 66：660.

［107］ HARNETT P R, MEHTA P N. A survey and comparison of laboratory test methods for measuring wicking. Text Res J, 1984, 54: 471-478.

［108］ HSIEH Y L, YU B. Wetting and retention properties of fibrous materials. Part 1: Water wetting properties of woven fabrics and their constituent single fibres, Text Res J, 1992, 62: 677-685.

［109］ CHATTERJEE P K. Absorbency. Elsevier, NY, 1985.

［110］ JOHNSON R E, DETTRE R H. in: GOULD R F (Ed.), Contact angle, wettability and adhesion, advances in chemistry series. American Chemistry Society, Washington, DC, 1964, 43: 112.

［111］ MILLER B, TYMOKIN I. Spontaneous transplanar uptake of liquids by fabrics. Text Res J, 1983, 54: 706-712.

［112］ KISSA E. Detergency, theory and technology, in: CUTLER, KISSA E (Eds.), Surfactant science series, Marcel Dekker, NY, 1987, 20: 193.

［113］ NEWMAN A W, GOOD R J. Techniques of measuring contact angles, in: GOOD R J, STROMBERG P R (Eds.), Surface and colloid science, Plenum Press, New York, 1977, 11: 31.

［114］ MILLER B. in: SCHICK M J (Ed.), Surface characterization of fibres and textiles, Part II, Marcel Dekker, NY, 1977: 47.

［115］ TAGAWA M, GOTOH K, YASUKAWA A, et al. Estimation of surface free from energies & Hawaker constants for fibrous solids by wetting force measurements. Colloid Polym Sci, 1990, 268: 689.

［116］ DYBA R V, MILLER B. Dynamic measurements of the wetting of single filaments. Text Res J, 1970, 40: 884.

［117］ DYBA R V, MILLER B. Dynamic wetting of filaments in solutions. Text Res J, 1971, 41: 978.

［118］ KAMATH Y K, DANSIZER C J, HORNBY S, et al. Surface wettability scanning of long filaments by a liquid membrane method. Text Res J, 1987, 57: 205.

［119］ BRUIL H G, Van AARTSEN J J. The determination of contact angles of aqueous surfactant solutions on powders. J Colloid Polym Sci, 1979, 252: 32.

［120］ GILLESPIE T, JOHNSON T. The penetration of aqueous surfactant solutions and non-Newtonian polymer solutions into paper by capillary action. J Colloid Interface Sci, 1971, 36: 282-285.

［121］ DEBOER J J. The wettability of scoured and dried cotton fabrics. Text Res J, 1980, 50: 624-631.

［122］ LENNOX-KERR P L. Super-absorbent acrylic from Italy. Text Inst Ind, 1981, 19: 83-84.

［123］ MILLER B. Critical evaluation of upward wicking tests. Int Nonwovens J, 2000, 9 (1): 35-40.

［124］ MONTGOMERY S M, MILLER B, REBENFELD L. Spatial distribution of local permeability in fibrous networks. Text Res J, 1992, 62: 151-161.

［125］ HOWALDT M, YOGANATHAN A P. Laser-Doppler anemometry to study fluid transport in fibrous assemblies. Text Res J, 1983, 53 (9): 544-551.

［126］ RUSSELL S J, MAO N. Apparatus and method for the assessment of in-plane anisotropic liquid absorption in nonwoven fabrics. AUTEX Res J, 2000, 1 (2). http: //www. autex. org/v1n2/2273_00. pdf 47.

［127］ KAWASE T, MORIMOTO Y, FUJII T, et al. Spreading of liquids in textile assemblies, I. Spreading of liquids in textile assemblies. I. Capillary spreading of liquids, Text Res J, 1986, 56 (7): 409-414.

［128］ KAWASE T, MORIMOTO Y, FUJII T, et al. Spreading of liquids in textile assemblies, III. Application of an image analyser system to capillary spreading of liquids. Text Res J, 1988, 58 (5): 306-308.

［129］ KONOPKA A, POURDEYHIMI B, KIM H S. In-plane liquid distribution of nonwoven fabrics: Part I, experimental observations. Int Nonwovens J, 2002, 11 (4). http: //www. jeffjournal. org/INJ/winter02. pdf.

［130］ KASE S, RUSSELL S J, MAO N. Influence of nonwoven flow media structure on resin impregnation in fibre reinforced composite formation. Proceedings of Nonwovens Research Academy 2008, Chemnitz, Germany, 2008.

［131］ TANNER D. Development of textile yarns based on customer performance, in: Symposium on yarns and yarn manufacturing. University of Manchester, 1979.

［132］ Nonwovens demand absorbency (NWSP 010. 3. R0 (15) and ISO 9073-12: 2002).

［133］ BURAS E M, et al. Measurement and theory of absorbency of cotton fabrics. Text Res J, 1950, 20: 239-248.

［134］ KORNER W. New results on the water comfort of the absorbent synthetic fibre

Dunoua. Chemiefasern/Textilind, 1981, 31: 112-116.

[135] http: //www. mksystems. com/products. php.

[136] Polyacrylate superabsorbent powders—Determination of pH NWSP 200. 0. R2 (15) ISO 17190-1: 2001.

[137] Polyacrylate superabsorbent powders—Determination of the amount of residual monomers NWSP 210. 0. R2 (15) ISO 17190-2: 2001.

[138] Determination of polyacrylate superabsorbent powders and particle size distribution—Sieve Fractionation NWSP 220. 0. R2 (15) ISO 17190-3: 2001.

[139] Polyacrylate superabsorbent powders—Estimation of the moisture content as weight loss upon heating NWSP 230. 0. R2 (15) ISO 17190-4: 2001.

[140] Polyacrylate superabsorbent powders—Determination of polymer content by powder flow rate and bulk density by timed flow through a defined funnel and gravimetric measurement NWSP 251. 0. R2 (15) ISO 17190-8: 2001+ISO 17190-9: 2001.

[141] Polyacrylate superabsorbent powders—Determination of extractable polymer content by potentiometric titration NWSP 270. 0. R2 (15) ISO 17190-10: 2001.

[142] Polyacrylate superabsorbent powders—Determining the content of respirable particles NWSP 405. 0. R0 (15).

[143] Polyacrylate superabsorbent powders—Free swell capacity in saline by gravimetric determination NWSP 240. 0. R2 (15) ISO 17190-5: 2001.

[144] Polyacrylate superabsorbent powders—Gravimetric determination of fluid retention capacity in saline solution after centrifugation NWSP 241. 0. R2 (15) ISO 17190-6: 2001 Polyacrylate.

[145] Superabsorbent powders—Gravimetric determination of permeability dependent absorption under pressure NWSP 242. 0. R2 (15) ISO 17190-7: 2001.

[146] Polyacrylate superabsorbent powders—Determination of the permeability dependent absorption under pressure of saline solution by gravimetric measurement NWSP 243. 0. R2 (15).

[147] BUCHHOLZ F L, GRAHAM A T (Eds.). Modern superabsorbent polymer technology. John Wiley & Sons, Inc. , New York, USA, 1998.

[148] ZOHURIAAN-MEHR M J, KABIRI K. Superabsorbent polymer materials: a review. Iran Polym J, 2008, 17 (6): 451-477.

[149] WITONOA J R, NOORDERGRAAF I W, HEERES H J. Water absorption,

retention and the swelling characteristics of cassava starch grafted with polyacrylic acid. Carbohydr Polym, 2014, 103: 325-332.

[150] JOU G T, GAO R H, HUANG C H, et al. The correlation between the measurement of water vapor transmission and wearing condition for waterproof and breathable fabrics, in: Proceedings of the 4th international symposium on humidity and moisture. Taipei, Taiwan, September 18, 2012.

[151] GU J G. Role of standards in testing flexible packaging films. http: // www. ipiindia. org/packging/item/flexible-pkg-role-of-standards-jiajian-georgia-gu-19092008-pdf.

[152] ASTM D5930-01. Standard test method for thermal conductivity of plastics by means of a transient line-source technique.

[153] ISO 22007 - 2: 2015. Plastics—Determination of thermal conductivity and thermal diffusivity-Part 2: Transient plane heat source (hot disc) method.

[154] MATHIS N, CHANDLER C. Orientation and position dependant thermal conductivity. J Cell Plastics, 2000, 36: 327-336.

[155] http: //www. ctherm. com/products/tci_thermal_conductivity/.

[156] ISO 22007 - 4: 2008. Plastics—Determination of thermal conductivity and thermal diffusivity. Part 4: Laser flash method.

[157] http//www. techtextil. messefrankfurt. com/frankfurt/en/besucher/messeprofil/an wendungsbereiche. html.

[158] http: //www. edana. org/content/default. asp? PageID1/437.

[159] http: //www. inda. org/enduses/enduses. html.

[160] MAO N. Specialist workwear, Health and Safety International, 2012.

[161] ISO 10318-1: 2015. Geosynthetics. Part 1: Terms and definitions.

[162] EN 13249. Roads and other trafficked areas.

[163] EN 13250. Railways.

[164] EN 13251. Earthworks, foundation and retaining walls.

[165] EN 13252. Drainage systems.

[166] EN 13253. Erosion control.

[167] EN 13254. Reservoirs and dams.

[168] EN 13255. Canals.

[169] EN 13256. Tunnels and underground structures.

[170] EN 13257. Solid waste disposal.

[171] EN 13265. Liquid waste containment.

[172] EN 15381. Asphalt reinforcement.

[173] EN ISO 10319: 2015. Geosynthetics—Wide-width tensile test.

[174] EN ISO 12236: 2006. Geosynthetics—Static puncture test (CBR test).

[175] EN 13719: 2002. Geotextiles and geotextile-related products. Determination of the long term protection efficiency of geotextiles in contact with geosynthetic barriers.

[176] EN ISO 13433: 2006. Geosynthetics—Dynamic perforation test (cone drop test).

[177] ISO 10776: 2012. Geotextiles and geotextile related products—Determination of water permeability characteristics normal to the plane, under load.

[178] EN ISO 11058: 2010. Geotextiles and geotextile related products—Determination of water permeability characteristics normal to the plane, without load.

[179] EN ISO 12956: 2010. Geotextiles and geotextile related products—Determination of the characteristic opening size.

[180] ASTM D4751-99a. Standard test method for determining apparent opening size of ageotextile.

[181] ISO 10772: 2012. Geotextiles—Test method for the determination of the filtration behaviour of geotextiles under turbulent water flow conditions.

[182] EN ISO 12958: 2010. Geotextiles and geotextile-related products—Determination of water flow capacity in their plane.

[183] ISO/TS 13434: 2008. Geosynthetics—Guidelines for the assessment of durability.

[184] EN 12224: 2000. Geotextiles and geotextile-related products—Determination of the resistance to weathering.

[185] EN 12225: 2000. Geotextiles and geotextile related products—Method for determining the microbiological resistance by a soil burial test.

[186] EN 12226: 2000. Geotextiles and geotextile related products—General tests for evaluation following durability testing.

[187] EN 12447: 2001. Geotextiles and geotextile-related products—Screening test method for determining the resistance to hydrolysis in water.

[188] EN 14030: 2001. Geotextiles and geotextile-related products—Screening

test method for determining the resistance to acid and alkaline liquids （ISO/TR 12960：1998，modified）.

［189］ EN ISO 13438：2004. Geotextiles and geotextile - related products—Screening test method for determining the resistance to oxidation.

［190］ EN ISO 10321：2008. Geosynthetics—Tensile test for joints/seams by wide width strip method.

［191］ EN ISO 13431：1999. Geotextiles and geotextile-related products—Determination of tensile creep and creep rupture behaviour.

［192］ EN ISO 25619-1：2008. Geosynthetics—Determination of compression behaviour—Part 1：Compressive creep properties；EN ISO 25619-2：2015. Geosynthetics—Determination of compression behaviour—Part 2：Determination of short-term compression behaviour.

［193］ EN ISO 13427：2014. Geotextiles and geotextile-related products—Abrasion damage simulation （sliding block test）.

［194］ ISO 13428：2005. Geosynthetics—Determination of the protection efficiency of a geosynthetic against impact damage.

［195］ ISO 13433：2006. Geosynthetics—Dynamic perforation test （cone drop test）.

［196］ EN ISO 10722：2007. Geosynthetics—Index test procedure for the evaluation of mechanical damage under repeated loading—Damage caused by granular material.

［197］ EN ISO 12957-1：2005. Geosynthetics—Determination of friction characteristics—Part1：Direct shear test；EN ISO 12957-2：2005. Geosynthetics—Determination of friction characteristics—Part 2：Inclined plane test.

［198］ Geosynthetic Institute. GRI test methods. http：//www. geosynthetic - institute. org/meth. htm.

［199］ EDANA，INDA，WSP （worldwide strategic partners） harmonized test methods，2012.

［200］ EDANA，INDA，Nonwovens standard procedures，2015.

［201］ ASTM D6767. Standard test method for pore size characteristics of geotextiles by capillary flow test.

［202］ GRI. GT12：Test methods and properties for nonwoven geotextiles used as protection （or cushioning） materials.

［203］ UK Health and Safety Executive （HSE），Appendix 4，European standards and markings for respiratory protection, Issue 8, in: HSE (Ed.), Standards and markings for personal protective equipment, 2009, January 2013, http://www.hse.gov.uk/foi/internalops/oms/2009/03/.

[204] ASHRAE 52.2: 2012. Method of testing general ventilation air-cleaning devices for removal efficiency by particle size.

[205] BS EN 779: 2012 Particulate air filters for general ventilation. Determination of the filtration performance; and BS EN 1822 − 1: 2009 High efficiency air filters (EPA, HEPA and ULPA). Classification, performance testing, marking.

[206] MULLINS B J, BRADDOCK R D, AGRANOVSKI I E. Fibre wetting processes in wet filtration. in: WEBER T, MCPHEE M J, ANDERSSEN R S (Eds.). MODSIM2015, 21st International Congress on Modelling and Simulation. Modelling and Simulation Society of Australia and New Zealand, December 2015, ISBN: 9780987214355. http://www.mssanz.org.au/MODSIM03/Volume_04/C06/11_Mullins.pdf.

[207] ASTM D1898. Practice for sampling of plastics.

[208] F960−86− (2000). Standard specification for medical and surgical suction and drainage systems.

[209] F561−97. Practice for retrieval and analysis of implanted medical devices, and associated tissues.

[210] F619−79− (1997). Standard practice for extraction of medical plastics.

[211] F997−98a. Standard specification for polycarbonate resin for medical applications.

[212] F1251. Terminology relating to polymeric biomaterials in medical and surgical devices.

[213] F1855−00. Standard specification for polyoxymethylene (acetal) for medical applications.

[214] F1585 − 00. Standard guide for integrity testing of porous barrier medical packages.

[215] F1886−98. Standard test method for determining integrity of seals for medical packaging by visual inspection.

[216] F1929−98. Standard test method for detecting seal leaks in porous medical packaging by dye penetration.

[217] F1862−00a. Standard test method for resistance of medical face masks to pen-

etration by synthetic blood (horizontal projection of fixed volume at a known velocity).

[218] E1766-95. Standard test method for determination of effectiveness of sterilization processes for reusable medical devices.

[219] E1837 - 96. Standard test method to determine efficacy of disinfection processes for reusable medical devices (simulated use test).

[220] Appendix XX, Methods of test for surgical dressings (AwT), British Pharmacopoeia, 1993: A214.

[221] Appendix XVIA, Test of sterility, British Pharmacopoeia, 1993: A180.

[222] Appendix XVIB, Test of microbial contamination, British Pharmacopoeia, 1993: A184.

[223] Appendix XVIC, Efficacy of antimicrobial preservation, British Pharmacopoeia, 1993: A191.

[224] Appendix XVIII, Methods of sterilisation, British Pharmacopoeia, 1993: A197.

[225] BS EN 13726-1: 2002. Test methods for primary wound dressings. Part 1. Aspects of absorbency.

[226] BS EN 13726-2: 2002. Test methods for primary wound dressings. Part 2. Moisture vapour transmission rate of permeable film dressings.

[227] BS EN 13726-3: 2003. Test methods for primary wound dressings. Part 3. Water proofness.

[228] BS EN 13726-4: 2003. Test methods for primary wound dressings. Part 4. Conformability.

[229] BS EN 13726-5: 2003. Test methods for primary wound dressings. Part 5. Bacterial barrier properties.

[230] BS 5473: 1977. Specification for spinal and abdominal fabric supports.

[231] BS 7505: 1995. Specification for the elastic properties of flat, non-adhesive, extensible fabric bandages.

[232] BS EN 1644-1: 1997. Test methods for nonwoven compresses for medical use: Nonwovens used in the manufacture of compresses.

[233] BS EN 1644-2: 2000. Test methods for nonwoven compresses for medical use: Finished compresses.

[234] AS 2836.0 - 1998. Defined the methods of testing surgical dressings &

surgical dressing materials in the following areas: general introduction & list of methods.

[235] AS 2836. 1 – 1998. Methods of testing surgical dressings & surgical dressing materials—Method for the determination of loss of mass on drying.

[236] AS 2836. 2 – 1998. Methods of testing surgical dressing & surgical dressing materials—Method for the identification of cotton & viscose fibres.

[237] AS 2836. 3 – 1998. Methods of testing surgical dressing & surgical dressing materials—Method for the determination of mass per unit area.

[238] AS 2836. 4 – 1998. Methods of testing surgical dressings & surgical dressing materials—Method for the determination of size.

[239] AS 2836. 5 – 1998. Methods of testing surgical dressings & surgical dressing materials—Method for the determination of sinking time.

[240] AS 2836. 6 – 1998. Methods of testing surgical dressings & surgical dressing materials—Method for the determination of absorption rate & water holding capacity.

[241] AS 2836. 7 – 1998. Methods of testing surgical dressings & Surgical dressing materials—Method for the determination of level of surface–active substances.

[242] AS 2836. 8 – 1998. Methods of testing surgical dressings & surgical dressing materials—Method for the determination of quantity of water–soluble substances.

[243] AS 2836. 9 – 1998. Methods of testing surgical dressings & surgical dressing materials—Method for the determination of the presence of starch & dextrins.

[244] AS 2836. 10-1998. Methods of testing surgical dressings & surgical dressing materials—Method for the determination of the presence of fluorescing substances.

[245] AS 2836. 11-1998. Methods of testing surgical dressings & surgical dressing materials—Method for the determination of sulfated ash content.

[246] F2027-00. Standard guide for characterization and testing of substrate materials for tissue engineered medical products.

[247] F2211 – 04. Standard classification for tissue engineered medical products (TEMPs).

[248] F2150-02-1. Standard guide for characterization and testing of biomaterial scaffolds used in tissue–engineered medical products.

[249] BS EN 868-9: 2000. Packaging materials and systems for medical devices which are to be sterilized. Uncoated nonwoven materials of polyolefines for use in the manufacture of heat sealable pouches, reels and lids. Requirements and test methods.

［250］ BS EN 868-10：2000. Packaging materials and systems for medical devices which are to be sterilized. Adhesive coated nonwoven materials of polyolefines for use in the manufacture of heat sealable pouches, reels and lids. Requirements and test methods.

［251］ ISO 11607：2003. Packaging for terminally sterilized medical devices.

第 7 章　复合非织造材料

G. Kellie
凯利解决方案有限公司，英国塔尔波利

7.1　概述

复合塑料和非织造材料是一类快速发展的材料，它是通过两种或多种材料类型的结构化组合来制备具有先进性能的独特产品。

广义的复合非织造行业包括一般的复合塑料行业、混合非织造工艺以及涂层和层压非织造材料，细分市场如下。

（1）用于复合塑料的非织造材料。

（2）纺粘/熔喷复合材料，即纺粘/熔喷/纺粘（SMS）材料。

（3）湿法成网和水刺非织造材料，结合湿法成网和水刺技术。

（4）涂层和层压非织造材料，如用于尿布和建筑的透气层压材料。

复合非织造行业是一个多元化但快速增长的市场。复合塑料和非织造材料的一些关键应用如下。

（1）汽车。该领域的主要驱动因素包括立法和消费者对燃料消耗、二氧化碳排放等的要求。

（2）航空航天。该领域是复合非织造材料应用的成功案例之一。Airbus 公司和波音公司正在扩大复合材料在结构应用中的范围。复合非织造材料在航空公司内饰应用中也开始扩大。

（3）建筑。该领域是一个具有良好长期潜力的大型市场，到目前为止，渗透进该领域的应用还很有限。

（4）风能。复合材料可为风力涡轮机构制造轻质叶片，以更有效地产生风能。

近来，复合塑料和非织造材料一直是高增长技术领域，有一些非常显著和备受瞩目的应用，如赛车碳纤维单壳体结构、大型喷气机身和机翼组件。其中，碳纤维复合材料是兼具轻质和高强度特性的先进材料。

据报道，2020 年复合塑料和非织造材料市场的总销售额预计高达 900 亿美元。广泛的应用领域驱动了复合材料市场的增长，尤其是对先进材料的需求增长迅速[1]。复合材料行业正在经历技术的快速变化，这些变化正在开辟广泛的新应用。

在市场中，热塑性复合材料的进展趋势越来越显著。热塑性塑料和非织造材料通常更容易转换，循环时间更短，因为减少了传统恒温器的许多限制，如在处理预浸料方面。其中许多发展都是由 Airbus 和宝马等知名公司的早期采用所推动。此外，主要的塑料树脂公司也对其发展做出重大贡献。

轻量级复合材料车轮的快速发展是复合塑料和非织造材料市场发展的典型事例。该项目的合作伙伴是 SABIC（拥有先进的高性能专用 ULTEM™ 树脂）和 Kringlan（用于专有 3D 复合设计）。Kringlan Composites AG 是一家总部位于瑞士的私营公司，专注于开发先进的工程专业材料[2]。

7.2　复合非织造材料的制备

复合非织造材料的制备采用了广泛的制备工艺，从热黏合、黏合剂黏合到挤出涂覆和层压工艺，复合非织造材料越来越多地通过将两个或多个非织造工艺相结合来制备。例如，一些技术可以灵活地将五种不同的聚合物、薄膜和非织造材料结合在一起。图 7.1 所示为挤压涂层和层压法中材料组合过程的示意图，图 7.2 展示了挤压涂层和层压技术的规模和复杂程度。

热固性复合材料可采用多种加工技术，其部分主要的复合非织造材料制造技术见表 7.1。图 7.3 所示为碳纤维增强复合非织造材料的制造技术分布。

图 7.1　挤压涂层和层压法中材料组合过程示意图

图 7.2　挤压涂层和层压技术

表 7.1　主要的复合非织造材料制造技术

制作技术		市场占有率/%
手动流程	手动成型	9
	投射成型	9
	胶带铺设	5
压缩过程	片状模塑料	10
	热塑性玻璃毡	3
注塑工艺	散装模塑料	9
	热塑性塑料注塑成型	27
	RTM（树脂传递模塑）	4
	反应注塑成型	1
连续过程	挤压成型	10
	覆膜	8
	离心铸造	0.5
	细丝缠绕	4.5

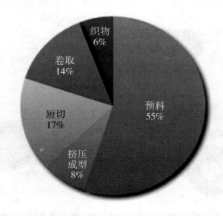

图 7.3　碳纤维增强复合非织造材料的制造工艺分布

7.3　复合非织造材料的应用

7.3.1　汽车

最成功的非织造复合材料应用之一是使用针刺非织造材料作为轮拱衬垫。这是首批用作汽车外饰的非织造复合材料。纺织轮拱衬里是 1995 年由 Borgers 公司开发的，经进一步发展和改进，可以用作底盾，并已经用在最新的福特福克斯车型上。其目的是取代重量级 PVC 或其他固体塑料层，以减轻重量。这些产品具有良好的刚性，且比其他产品轻得多[5]。

奥迪、宝马、福特、大众甚至保时捷现在已经转向使用非织造材料作为其防护罩，增强材料也变得越来越复杂[6]。例如，定制轻质多轴增强材料的制造商 Formax 推出了一系列由中等模量碳纤维制成的双轴织物。已经开发出 −45°/+45° 双轴用于制造结构复合材料部件。

通常，非织造复合材料的质量为 200g/m² 或 300g/m²。新型轻质双轴织物可用于预浸料、RTM、浸渍和湿法叠层复合工艺[7]。

例如，在汽车制监过程中使用了大量碳纤维复合材料。此外，Visiongain 认为轻量化的需求是关键驱动因素[9]。

越来越多的汽车制造公司认识到复合材料技术的重要性，并开始与各大材料公司建立合作关系。例如，宝马集团与 SGL 集团之间的合作，碳纤维织物最初应用在宝马 i 系中，现在逐渐开始应用在宝马 7 系列中。其他建立合作关系的公司有东丽与日产、帝人与通用汽车、氰特（Cytec）与捷豹路虎、陶氏化学与福特。

7.3.2　土工

许多土工膜都有复合结构，使其能够适用于一系列要求严格的使用环境。过滤和地基稳定等问题通常是通过在复合材料中混合不同类型的材料来实现的。

例如，Bonar 制造的 Enkamat 可为暴露在风雨中的陡峭斜坡提供永久的防侵蚀保护；Bonar 的许多复合材料产品都是 Enkamat 与纺粘非织造材料、编织土工材料、PVC 薄膜或天然纤维等材料复合而成的。这些复合材料可以创造一种人工根系结构，防止陡峭斜坡上的土壤被侵蚀。除了应用于山地，还可以用于河岸和垃圾填埋场。

许多土工膜是机织物和非织造材料的复合材料。例如，机织布和非织造土工布的针刺复合材料，兼具保护和过滤功能。

7.3.3 过滤

许多复杂的过滤产品采用多层结构来实现过滤功能，例如，从空气或液体中去除特定大小的颗粒等。多层叠加和复合材料也可以实现相关功能。此外，许多过滤非织造材料具有双组分，例如，针刺和熔喷非织造材料一起应用于复合材料[14]。

7.3.4 医疗卫生

通过挤压涂层和诸如 SMS 等技术可以生产多种医用隔离层压材料。它们广泛应用于医疗领域，从床单、专业手术服到无菌托盘包装产品。这些一次性产品可以为医护人员提供良好的保护。最新技术（如 RKW）可以使用热塑性聚氨酯（TPU）涂层[15]。

挤压涂层和层压工艺可以制备出一系列优异的产品。透气非织造层压材料的一个重要市场是尿布，主要用于透气的外层材料。其主要生产商包括 Clopay 和 RKW。

在医疗领域，这些层压材料用于生产一次性手术服和一次性床单，为医务人员阻隔血液与病毒。

7.3.5 数字印刷

涂层非织造材料越来越多地用于数字印刷。例如，Mondi 已开发出 Ima-Base 系列材料，其中包括用于图形艺术行业的窄幅、宽幅和超宽幅数字印刷的非织造材料[16]。

7.4 未来趋势

一些政府已经认识到复合材料技术的重要性，并为这一行业提供战略支持。例如，英国政府投资建设了国家复合材料中心（NCC）。NCC 的目的是将公司和学术机构聚集在一起，开发新的复合材料制造技术。它包括一系列合作伙伴公司和组织，如 Composites UK、Netcomposites、Smithers RAPRA 等。

设计和实际应用的结合是该过程的关键部分。传统材料（如钢）拥有大量技术数据来支持，如碰撞测试模拟，但复合材料结构的可用信息却少得多，这可能成为应用过程中的障碍。

参考文献

［1］ Catalyst Corporate Finance and Ricardo： www. catalystcf. co. uk/research-documents/2013/45-composites-sector-report-spring-2013. pdf.

［2］ Sabic/Kinglan： www. sabic - ip. com/gep/en/NewsRoom/PressReleaseDetail/june_04_2014_sabicandkringlandeveloping. html.

［3］ Commerzbank Report： www. commerzbank. com/en/hauptnavigation/presse/pressemitteilungen/archiv1/2015/quartal_15_01/presse_archiv_detail_15_01_48714. html.

［4］ Lucintel Report： www. lucintel. com/reports/chemical_composites/global_short_fiber_reinforced_thermoplastic_composites_market_2014_2019_trend_forecast_and_opportunity_analysis_december_2014. aspx.

［5］ Borgers： www. borgers. de/radlaufschalen. html？ &； L1/41.

［6］ Courtesy of Adrian Wilson.

［7］ Formax： www. formax. co. uk.

［8］ Composites market report produced jointly by Carbon Composites e. V. （CCeV） and the AVK： www. materialstoday. com/carbon-fiber/features/carbon-fibre-reinforced-plastics-market-continues/.

［9］ Visiongain Report： www. visiongain. com/Report/1409/Automotive-Composites-Market-Forecast-2015-2025.

［10］ Stratex ® Engineered Composites： www. delstarinc. com/stratex. html.

［11］ Technical Fibre Products： www. tfpglobal. com/materials/thermoplastic/.

［12］ Viledon Surfacing Nonwovens： www. nonwovens-group. com/ecomaXL/index. php？site1/4FNW_EN_produkte_detail&udtx_id1/4199.

［13］ Recofil： http：//www. reicofil. com/en/pages/composite_lines.

［14］ Filtration： Source： http：//www. textileworld. com/Issues/2003/January/Nonwovens-Technical_Textiles/Combining_Nonwovens_By_Lamination_And_Other_Methods and http：//www. nationalnonwovens. com/Applications/DualDensity. htm.

［15］ RKW HyJet ® with thermo-plastic polyurethane （TPU） coating： www. rkw-group. com/nc/news - media/news - press/details/news/latest - generation - of - hydroentangled-spunbond-nonwovens. html.

［16］ Mondi：www. mondigroup. com/products/PortalData/1/Resources/products_serv-ices/packaging/coating_release/brochures/CR_TP_Imaging_0308. pdf.

［17］ Voith/Trützschler：www. voith. com/en/press/press-releases-99_51134. html.

［18］ Elsevier Ei Compendex：https：//www. elsevier. com/solutions/engineering-village/content/compendex.

第8章　医疗卫生用非织造材料

J. R. Ajmeri，*C. J. Ajmeri*
萨瓦贾尼克工程技术学院，印度苏拉特

8.1　概述

随着感染控制、隔离材料、伤口护理产品和医疗设备等领域的新技术不断突破，医疗产业和相关研究正以惊人的速度发展。最近，医疗用纺织品领域的创新证明了组织工程和纳米技术等现代技术的重要性，以及它们对伤口护理结构体系所产生的巨大影响[1]。医护人员不断受到新病原体和多重耐药性生物体的挑战，因此预防患者和医护人员疾病传播的重要性日益提高。手术部位感染或者在医院受到其他感染，是公共卫生中的主要问题，并且是术后发病和死亡的主要原因之一。这些感染是工业化国家人类十大主要死亡原因之一。

非织造材料广泛用于医疗领域，并且在各方面具有优势。对于耐药的细菌和病毒株，非织造材料的使用有助于防止医学或外科环境中的交叉污染和扩散。非织造材料较短的生产周期、高吸收性、优异的过滤性、较高的柔韧性、多功能性和较低的生产成本是其在医疗领域普及的主要原因[2-3]。本章将重点介绍非织造材料在医疗领域的应用、产品类别、伤口管理和组织工程发展方面的关键问题、优势和局限性。

8.2　医疗卫生用非织造材料的优点和局限性

8.2.1　优点

单位质量的非织造材料可吸收和容纳大量的液体，因此特别适合用于吸收性应用，且生产成本较低。非织造材料作为手术服材料时还具优异的性能：穿着舒适性；质量轻；液体吸收能力；可以交换空气、体热和湿气；阻隔性能；透气性；耐磨性和不起毛；防水性；自粘边；用于等离子、辐射或蒸汽灭菌的无菌折叠和稳定性。Sakthivel 和 Lou 等认为非织造材料的上述优点有助于使其成为保持伤口干燥和伤口护理的理想材料，因为非织造材料的高比表面积和芯吸作用，所以血液和分泌物可以被传递到吸收垫上[4-5]。因为无菌性是外科敷料的主要关注点，所以非织造材料是绝佳的选择。Adanur 认为，通过乳胶点黏合或热轧黏合可以使非织造材料更柔软且更具吸收性[6]。

Muhammad 和 Russell 认为，除了对许多液体（如血液、其他体液、酒精、水等）的有效阻隔性外，复合结构还具有优异的耐磨性和不起毛的特性[7]。非织造材料大部分都由两层或更多层纤维层构成，可用于组织工程支架、伤口敷料、外科手术防护材料和擦拭物等[8]。

8.2.2 局限性

非织造材料营销时使用术语"用即弃"产品，而不是"一次性"产品。然而，资金是最大的问题，因为许多医院在洗衣设施上投入了大量资金，所以不允许使用一次性用品。

Bhat 和 Parikh 指出，非织造材料应用的主要限制包括：不可重复使用，强力较差，悬垂性差且较难改善悬垂性能[9]。传统的一次性用品，如卫生用品和医疗用品，由于环境法律的严格限制而陷入困境。不久将不再有垃圾填埋场来处理废弃的一次性用品。因此，一次性产品标签越来越多地出现在可生物降解产品上。例如，现代擦拭巾不仅要拥有出色的擦拭性能，而且还必须尽可能快地分解。一种易于使用的非织造材料应可以在较短时间内分解到足以从污水管道运输到污水系统中，它不应该堵塞管道，并且在随后的流动中不应该有任何沉积。然而，有研究表明，市场上许多一次性擦拭巾会导致管道堵塞。

8.3 医疗卫生用非织造材料的产品设计

用于医疗行业的非织造材料主要关注的是阻隔性、强度、灭菌稳定性、透气性以及吸湿性。理想的材料应具有高透气性和水蒸气透过率，而不会影响液体阻隔性能。考虑到使用条件，手术服和其他防护服、手术床单和一些衬垫的设计要求是在预期的液体接触位置阻挡液体。因为预期位置最容易发生与血液、体液的直接接触，尽管预期位置区域之外也可能无意中被喷溅或喷洒。

8.3.1 阻隔特性

阻隔的对象包括液体、细菌和病毒等。病毒阻隔材料可以防止纳米尺寸范围内的病毒进入。

8.3.2 防护性能

通常添加涂料、增强材料、层压材料或塑料薄膜形式的其他材料，以提高阻隔性。这些方法提高了保护性能，但却无法保障穿戴者的舒适性[10]。

8.3.3 乳胶问题

选择卷材固结方法时需要考虑的重要问题是经济性、多功能性和产品性能（主要是吸收性、强度、柔软性、蓬松度和纯度）。乳胶聚合物是非织造材料中常用的黏合剂，因为它们是经济、通用、易于施加和有效的黏合剂。乳胶有改变非织造材料柔软度的能力。印花黏合的优点是在提高强度的同时，还兼顾了柔软性。热黏合技术的发展为工业提供了一种新方法，即在不使用化学黏合剂的情况下生产出坚韧且柔软的非织造材料。这些使用热黏合技术的非织造材料因不含任何化学添加剂而引起消费者的关注。

8.4 非织造材料在医疗卫生中的应用

非织造材料在医药和手术的各个环节都非常重要，它们的应用范围和程度反映了其多功能性。医疗用非织造产品表面看起来可能极其简单，但为了满足严格的性能指标要求，即使是最简单的擦拭用纺织品，也需要进行深入的研究[11]。

医疗用非织造材料包括床单、手术服、无菌包裹布和敷料等[12]。其中，手术服和床单几乎占非织造材料总数的 2/3。

在过去的许多年中，人们越来越多地在各种敷料、手术海绵、手术垫和类似的产品中使用水刺非织造材料[13]。

8.4.1 手术胶带

非织造手术胶带是一种通用胶带，设计用于固定中小型敷料和轻质管材，尤其适用于潮湿、脆弱或易受感染的皮肤；它对皮肤非常温和，且黏附性很好。Vilmed 胶带基材由湿法成网非织造材料制成，并且在医疗敷料行业中已成功使用多年。

8.4.2 医用纱布

采用水刺技术，可生产出具有成本竞争力的低克重纱布产品，其中通过选择用于水刺的钢丝网形成开放式结构。非织造医用纱布由 70% 黏胶纤维和 30% 聚酯纤维组成，克重约为 $70g/m^2$，折叠成 4 层海绵，可以代替之前由 16 层编织的纱布，具有同等的吸水性、更少的绒毛和更柔软的手感，同时节约了成本。

8.4.3 伤口敷料

大多数术后手术部位感染是在手术过程中导致的，此时微生物可以到达开放性伤口。工作人员和患者的皮肤是最主要的微生物来源。在步行期间，一个健康的人每分钟可以向空气中散发约 5000 个携带细菌的皮肤鳞片（$5\sim60\mu m$），据估计，每个皮肤鳞片中携带的耗氧和厌氧细菌的平均数量大约为 5 个。空气中的皮肤鳞片可通过沉积直接污染伤口，或者首先沉积在仪器或其他物品上，然后与伤口接触，间接污染伤口。

伤口敷料可以有效地促进和加速伤口愈合过程，以便尽可能以最小的成本获得医学上最好的和美学上最可以接受的结果[14]。

为了减少疼痛、感染、出血和伤口愈合时间，不同类型的敷料应用于断层皮肤部位，理想情况下，伤口敷料应防止干燥，并加速气体交换，以实现伤口愈合[15]。术后敷料采用复杂结构的非织造材料，如吸水基座上的穿孔膜、聚合物/非织造材料熔接层压板和金属化非织造材料。现代敷料的主要成分包括胶原蛋白、壳聚糖、透明质酸和聚己内酯（PCL）。在伤口和敷料之间形成吸收层，达到吸收血液、体液和分泌物的目的。伤口接触层是非黏附的，可以很容易地去除，而不会干扰新组织的生长[16]。凝胶结构有助于保持敷料和伤口表面之间的湿润界面，这有助于愈合过程[17]。由亲水性、疏水性纤维混合物制成的针刺非织造材料已用于敷料产品中的吸收性应用。

由甲壳素纤维和去端肽胶原纤维制成的非织造材料可以作为治疗烧伤的人工皮肤[18-19]。再生胶原蛋白非织造材料在伤口覆盖应用中已实现商业化。壳聚糖因其比表面积大、柔韧性好以及易于制成非织造材料而备受关注。作为一种伤口敷料，壳聚糖还具有许多其他功能，如止血、刺激巨噬细胞的活动（负责伤口修复）

以及促进伤口的最终愈合[20-23]。考虑到壳聚糖纤维的高比表面积和良好的愈合能力，将金属离子（如锌和铜）包含在壳聚糖纤维中可以进一步提高它们的抗微生物能力[24]。

市售敷料由藻酸盐纤维组成，其通常经过梳理可以得到柔软的非织造敷料。在某些情况下，这种非织造材料需要用针刺来加固。针刺使纤维之间形成缠结从而增加强度，在使用和拆卸过程中，敷料形状保持稳定。纤维结构赋予其柔软性和舒适性，此外，其高比表面积和排汗作用增强了伤口液体的吸收能力。非织造材料体积大、密度低；典型的藻酸盐敷料含有约 90% 的自由空间，然而，这个空间可以迅速消失，因为在凝胶化过程中，纤维将膨胀到其原始直径的许多倍。纤维间空隙的填充增强了伤口液体的吸收，例如，藻酸盐敷料可吸收高达自身重量 20 倍的液体。研究表明，与水胶体敷料相比，藻酸盐在液体处理、疼痛控制和愈合性能方面具有优势，而加入银离子可以进一步增强其性能[25-27]。

藻酸盐敷料可根据其吸水性分为低吸水性和高吸水性两大类。每克纤维吸收的液体量少于 6g（或少于 $12g/100cm^2$）的敷料属于低吸水性敷料；每克纤维吸收的液体量大于 6g（或不少于 $12g/100cm^2$）的敷料属于高吸水性敷料。

甲壳素非织造敷料采用特殊的湿法成网工艺生产，具有三维结构的特性：手感柔软、吸水、透气、无化学添加剂、质地紧致、光滑。因此，它是大面积烧伤、烫伤和其他创伤的理想敷料。其主要特征是抑制细菌生长、避免交叉感染和控制渗出物；良好的生物相容性；优良的生物活性；刺激新的皮肤细胞生长；加速伤口愈合；没有异常免疫、排斥或刺激的不良反应[9]。通常情况下，蛋白质含量、电解质含量和渗出液 pH 等因素对用于伤口的吸收性敷料的效果有着较大的影响。

8.4.4　填料

填料是一种高吸收性材料，覆盖在非织造材料上以防止伤口粘连或纤维掉落。非织造骨科缓冲绷带用在石膏和加压绷带下面，以起到填充和舒适的作用。这些填料可以由聚氨酯泡沫、聚酯或聚丙烯（PP）纤维制成，并含有天然或其他合成纤维的混合物。由黏胶纤维制成的非织造绷带通过低密度针刺，可以保持体积和蓬松度[28]。除了作为衬垫，非织造矫形绷带必须柔软并且悬垂性好。表面的粘接必须足够牢固，非织造材料可以用湿手触摸而不会产生掉毛。市场上交叉铺网而成的非织造黏合材料的克重约为 $70g/m^2$，由 6～12dtex 的纤维制成，通常为纤维黏合材料或者丙烯酸树脂喷涂黏合材料。

8.4.5　手术海绵

手术海绵是手术中用来吸收手术期间的体液（最常见的是血液）的布垫。非织造海绵与较长的吸湿织物连接在一起，这些织物具有吸湿性，可以使伤口保持干燥，减少感染。它们也被设计成不粘在伤口上，以易于移除。非织造海绵是由优质聚酯、人造丝混纺而成，可在非消毒套管或单独包装、消毒包装中使用。具有三维结构的多孔海绵具有良好的吸液性和液体保持性，对创面愈合有一定的促进作用。目前，正在研究可生物降解的多孔海绵，以作为皮肤和真皮再生的支架材料[29]。

8.4.6　护垫

护垫是泌尿系统问题患者护理的重要组成部分。由聚合物制成的非织造材料表层允许液体快速到达芯部，从而确保舒适性；底面用防滑防水层固定，从而防止底布在片材上移动，并且防止液体渗出。护垫用非织造材料通常是由木浆和短切聚酯纤维按不同比例混合而成的，其结构通常采用乳胶印刷黏合。内裤采用超大尺寸设计，提供最大的吸水性，使其适合夜间使用。其高吸水性聚合物（SAP）凝胶状液体可以快速吸收液体并储存，防水的 PP 背衬可防止泄漏。超大号的护垫规格为 76.2cm×91.4cm（30 英寸×36 英寸），可以保护大面积的床单，减少床上用品的更换和清洗费用[2]。

被称为水凝胶的 SAP 是在水中溶胀的亲水性交联聚合物。这些产品利用 SAP（通常是粉末状）来生成吸收剂核，吸收剂核具有极强的吸收性，1g 水凝胶甚至可以吸收高达 1000g 的水。SAP 颗粒通常具有沙子般的特征，当它与皮肤发生摩擦时会产生不舒服感。此外，吸水后的 SAP 的亲肤性差。

最近在市场上代替 SAP 销售的超吸收纤维（SAF）可以缓解上述问题。SAF 的优点是，在吸收流体时，纤维结构不会被破坏；当纤维被吹干时，纤维会恢复原状并仍然具有吸收性[30]。即使在压力下，它们也具有吸收其自身重量许多倍液体的能力。这是由于纤维的直径小（约为 30μm），具有非常高的比表面积；而且表面不光滑，呈带有纵向凹槽的圆齿状结构，从而易于与液体接触[31]。

8.4.7　医用擦拭巾

越来越多的医院使用消毒剂浸渍的擦拭巾进行消毒。擦拭物面临的挑战包括微生物敏感性的变化、污垢的变化、需要足够的接触时间、选择合适的化学品以及连续擦拭转移污染的危险[32]。PDI 公司的 Super Sani-Cloth 等产品有多种尺寸可供选择，这些擦拭物能破坏各种微生物的结构。医用擦拭巾可用于清洁柜台、手推车、床栏杆、门把手等[33]。

与传统擦拭材料相比，非织造擦拭巾有更强的吸收性、多功能性、均匀性、更好的经济性、更高的便利性、更低的交叉污染风险和耐用性。但是，可溶性和生物降解性仍然是非织造擦拭巾行业的关键问题。研究者正在开发"智能"擦拭巾，它可根据其吸收的类型和体积来改变其形状和吸收性。

8.4.8　医用口罩

口罩用于防止医护人员受到血液和体液飞溅的感染，并减少在无菌区域内潜在感染体液的转移。咳嗽患者也会使用口罩来防止感染的传播[34]。口罩需要有良好的过滤性能、透气性、柔软性，且要求质量轻和具有皮肤相容性[35]。口罩必须符合相应的国家标准或行业标准，如欧盟标准 EN 14683 要求细菌过率效率（BFE）≥98%，且使用 SMS（纺粘—熔喷—纺粘）结构。

它们由一层非常细的超细玻璃纤维或合成超细纤维组成，两侧覆盖有丙烯酸黏合的平行铺设或湿法铺设非织造材料。纤维厚度可小于 $1\mu m$ 或达到 $10\mu m$，中间层的克重在 $10\sim100g/m^2$，这取决于制造方法、纤维网的结构以及纤维及其电荷的横截面形状。表面过滤层由聚酯、聚丙烯或聚碳酸酯（直径为 $4\sim8\mu m$）组成。弹性棉芯非织造材料（CCN）具有可拉伸性的优势，也进一步改善了芯吸性能，使其成为口罩表面材料的理想选择[36]。

8.4.9　手术服

穿着手术服和其他服装（如外科口罩和手套）是至关重要的，因为即使在进行严格的卫生和消毒程序之后，人体皮肤上或其他部位也会携带微生物。

手术衣的作用是提高患者安全性，同时也尽量减少传染性病原体［如 MRSA（耐甲氧西林金黄色葡萄球菌）］、其他抗生素耐药细菌菌株的传播，以及与血源性病原体传播相关的危害［如人类免疫缺陷病毒（HIV）、乙型和丙型肝炎病毒］等，从而降低医护人员以及患者被感染的风险。

用于手术服的三种最常用的非织造材料是水刺非织造材料、SMS（纺粘—熔喷—纺粘）和湿法成网非织造材料，克重范围为 $30\sim45g/m^2$，它们基于各种天然纤维和人造纤维，如木浆、棉花、聚酯、聚烯烃等。手术床单和手术服一般应具有拒液、细菌阻隔[37-38]、柔软、舒适、耐磨、静电安全和无毒等性能。对于手术单，刚度非常关键，因为对患者或设备的适应性可能会影响阻隔性能。对于手术服，舒适度和刚度可能会影响排汗和运动。强度方面的要求包括抗拉伸、抗撕裂、抗破裂和抗穿刺性[39]。

非织造复合材料可阻隔血液和病毒传播，并且具有舒适的透气性，因此特别适合用作一次性手术衣。该材料包括微孔可成形树脂和至少一个另外的位于第一微孔层附近的附加层，所述微孔可成形树脂已经被挤出涂覆到非织造材料基材上，并且随后被拉伸以保证微孔率。

国际上普遍采用美国医疗仪器促进协会（AAMI）和欧洲外科手术单和手术服标准来评定非织造材料的性能。

防护的有效性意味着，在特定的手术环境下，这种手术服将最大限度地减少微生物的透过。非织造手术单和手术服有以下四个等级的防护性能。

（1）1级为纺粘PP和水刺聚对苯二甲酸乙二醇酯（PET）/木浆：材料非常轻，用于几乎不接触血液或体液的情况。

（2）2级为中等克重SMS和水刺PET/木浆：由三层或更多层制成，提供更舒适、透气的防护，用于轻微接触血液和体液的情况[40]。

（3）3级为高克重SMS：由三层或更多层（如SSMMMSS，七层）组成，提供更舒适、透气的防护，用于中度接触血液和体液的情况。

（4）4级为聚乙烯涂层：由SMS PP或水刺PET/木浆材料制成，涂有聚乙烯（PE），PP质轻且舒适，而PE对液体有很强的阻隔作用，用于预期与血液和体液高度接触的情况。

外科手术服经过等离子体处理可以很好地阻隔血液和水，甚至可以阻挡微生物。面料可以用抗生素处理，功能性外科手术服可使用氟化试剂处理[41]。

湿渗透要求比干渗透要求更高，因为悬浮在液体中的生物个体的直径可以小于1μm，而空气污染颗粒上承载的生物个体直径大约为10μm或更大[42]。液体渗透阻力随阻挡材料的孔径和表面润湿性而变化，因此，在评估手术床单或服装面料的拒水性时，必须考虑材料的孔径和表面润湿性。

非织造技术的进步改善了一次性防护服的防护性和舒适性。美国伊利诺伊州的Allegiance公司开发了一种一次性手术床单和手术服，所用的非织造材料为多层层压材料，具有柔软性、可折叠性、吸收性和透气性。薄膜层和非织造纤网层通过胶黏剂固定在一起，所用胶黏剂可以是热塑性胶黏剂、热固性胶黏剂，也可以是能够承受γ射线灭菌的交联胶黏剂[43]。透气不透水的薄膜层由热塑性聚合物组成，厚度为0.25~3.0mm的弹性体，克重为10~170g/m²。纤网由热塑性纤维、再生纤维、天然纤维或双组分纤维制成。由于整体薄膜中没有毛孔，因此它们通常被认为是用于病毒阻隔的最好材料[44]，例如，SmartGown 被认为是透气、完全不透水的手术服，达到 AAMI 4 级[45]。

典型的手术服组成：外层为纺粘非织造材料（SB），用于防水；两个中间层为熔喷非织造材料（MB），用于阻隔液体和细菌；内层为 SB，用于提供强度。

8.4.10　手术单和盖布

在外科手术室中，需要选择合适的手术单和盖布，并且考虑其某些性质，如悬垂性和掉毛，以保护患者并且不干扰医生手术过程[46]。如果手术单或盖布具有吸水性，而不是拒水性，则流体会直接穿过手术盖布进入手术部位，将病菌转移到手术部位[47]。

手术单是由一次性使用的非织造材料制成，优于传统的亚麻布，因为它们可以阻隔微生物。手术单和盖布可选择纺织复合材料，对于手术单，可使用涂覆湿法、干法成网或多层 SMS。必要时，手术单和盖布可以用其他材料（如塑料薄膜）进行加固，或者进行双层或三层叠加，以达到医院手术室的要求[48]。

EN 13795 中规定手术用纺织品需要满足以下要求：具有抗细菌渗透性（湿/干）；几乎没有颗粒释放出来；具有高液体屏障作用；具有高刚度（湿/干）。此外，规定了穿戴几个小时后的舒适性和高吸收性，但不是强制性要求。

8.4.11　手术帽

医护人员和患者佩戴手术帽可以防止毛发和皮肤鳞片转移。帽子必须穿着舒适，即其材料必须柔软、柔韧、透气、吸水、几乎没有棉绒，而且可以消毒。非织造手术帽通常由聚丙烯纤维制成，可采用平行铺网，克重在 $17\sim20g/m^2$。

8.5　医疗卫生用非织造材料的发展

8.5.1　伤口处理

由于物理或热因素或损伤引起的可能被感染的皮肤缺陷或损伤被称为伤口。伤口通常是指没有组织损伤（如外科手术）、伤口有组织损失（如烧伤、外伤引起的伤口、糖尿病性溃疡）和医源性的伤口（如皮肤移植供体部位和皮肤擦伤）[49]。

伤口处理是一种持续的伤口治疗，通过直接和间接方法，提供适当的环境以加速伤口愈合。综合伤口评估（包括伤口颜色、大小、深度、形状、渗出物的数量）、护理期间的严重程度和位置以及护理环境都会影响伤口敷料的选择。伤口处理的基本原则是在伤口表面保持潮湿的环境[50]，并且吸附过量的液体以防止伤口被浸渍或侵蚀[51-52]。伤口愈合敷料可分为以下三种类型。

（1）吸收性敷料。具有捕获和保持液体的能力，例如适用于吸收伤口渗出物的海藻酸钙敷料。此类敷料可用于防止组织感染和弄脏患者衣服。

（2）保湿性敷料。可以保持新形成的组织的天然水分，而不主动吸收，例如由改性聚合物制成的水胶体敷料，如明胶、羟乙基纤维素、藻酸钙和透明薄膜敷料。此类敷料适用于新组织开始生长或渗出物水平降低的伤口。在这个愈合阶段，若使用吸收性敷料，会使伤口组织脱水。

（3）湿润性敷料。适用于愈合最后阶段的伤口，此时伤口被干燥、死亡的组织覆盖，并脱水。为了实现最佳的伤口愈合，需要切除死亡的组织。如果死亡组织的数量很少，或者患者不适合进行外科清创，可以选择自溶清创。自溶清创是由内源性吞噬细胞和酶消化死亡组织，这种消化在潮湿的伤口环境中更容易进行。例如，无定形水凝胶、片状或晶片水凝胶。

伤口敷料因伤口类型和管理技术而异，没有一种敷料可用于治疗所有类型的伤口。天然产物抗菌剂如壳聚糖、芦荟、茶树油、桉树油、杜尔茜花提取物、楝树、麦卢卡蜂蜜等已经被广泛地应用于伤口敷料，用于处理浅表伤口、鼻窦伤口、口腔伤口、烧伤伤口和糖尿病足溃疡[53]。

铜、锌、钛、镁、金、海藻酸钠和银等不同类型的纳米材料也已被研发出来。其中，银纳米粒子被证明是最有效的，因为它们对细菌、病毒和其他真核微生物具有良好的抗菌效果[54]。研究发现，使用含银伤口敷料可以增加28%的上皮率，这表明银离子除了具有抗菌活性外，还有利于皮肤再生。银是对微生物最具毒性的元素，银离子对所有细菌都有杀生作用，因此，通过在纳米纤维中加入银，可显著降低感染风险。此外，研究表明，在传统治疗无效或效果不佳时，使用含铜氧垫治疗慢性糖尿病溃疡，慢性溃疡会逐渐消退闭合[55]。

8.5.1.1　气味吸附敷料

控制伤口处的气味也是必要的，通过在伤口敷料中加入活性炭可以控制伤口气味。含银的活性炭敷料（ACC）必须与伤口表面紧密接触，从而使银离子与引起感染的细菌发生反应[56]。

8.5.1.2　药物输送纺织品

对于组织支架和伤口护理敷料之类的纺织品的生物医学应用，通常需要具备药物、营养素或蛋白质的递送功能。许多营养素、药物和蛋白质，包括上皮生长因子、血小板衍生生长因子、成纤维细胞生长因子、维生素 A、维生素 C、维生素 E 以及锌和铜矿物质，已被添加到纺织品中进行控制输送[57]。使用支架作为"递送系统"的关键优势在于，它可以控制递送的空间和时间，而无须现有的侵入性方法（如输注探针的植入）[58]。

药物释放系统可改善药物的溶解性、体内稳定性、药代动力学和生物分布等，从而提高其功效[59]。在过去的 30 年中，由各种天然和合成生物材料组成的聚合物装置已经被制造出来，用于输送各种药物或生物活性剂。其中，可以实现多种交互作用的纳米纤维基质是一个值得关注的领域[60-61]。药物封装的非织造材料是通过将小纤维以片状或网状结构的形式结合在一起，然后通过机械或化学的方法缠绕在一起制成的。这种材料可以由聚合物溶液或熔体通过静电纺丝工艺生产。聚合物药物溶液通过一个小孔口，在那里施加高电位（通常为 5~30kV）使聚合物药物从孔口尖端喷出。在飞行过程中，它会先进行一系列剧烈的弯曲和拉伸运动，然后再撞到接地的目标上，从而形成了载有药物的非织造材料。通过操纵静电纺丝参数，如施加电压、聚合物溶液流速、喷丝头和收集器之间的距离以及目标配置，以达到所需的力学性能和药物释放模式[62]。静电纺药物释放系统的主要优点是药物释放过程和动力学可以通过纳米结构的形态、多孔性和组成精确控制[63]。

8.5.2　组织工程

组织工程将细胞生物学、工程学、材料学和外科技术融合在一起，使用活细胞、基质或支架来再生或替换有缺陷的、患病的或缺失的组织和器官。根据组织再生、器官替换的位置，组织工程可以分类为体外或体内过程。经典的组织工程再生方法是使用引导性环境（如生物活性材料）来聚集和引导宿主细胞生成组织，将修复细胞或生物活性因子递送到受损区域，然后在植入功能性组织的条件下培养细胞生物材料支架（生物反应器）[64]。

近年来出现了利用各种生物支架来替代患者疼痛治疗的组织工程方法，医用支架作为组织替代物在组织工程和生物材料界被广泛应用。这些组织替代物是移植物或多孔基质，它们为细胞附着、填充和分化成适当的组织提供了适宜的环境，有助于形成精确的功能组织[65]。

在组织工程支架的设计中，通常要考虑细胞外基质的结构和形貌（如基底膜和纤维基质）。多孔支架允许细胞向内生长，是结缔组织、肌肉组织、神经组织再生中常用的基质，而上皮细胞（包括神经上皮细胞）适宜生长在相对平滑的基底膜上。

基于生物材料的三维系统是目前最常用的细胞支架。生物相容性支架具有许多功能，它们在组织形成过程中的作用取决于所选生物材料的特定特征。已有研究表明，生物相容性支架可以增强成骨、造血、神经和软骨形成及分化。生物相容性支架的性质可以从不同方面考虑，如最佳营养和废物转运、生物活性分子的递送、材料降解速率、细胞可识别的表面化学、机械性能一致和促进信号传导途径的能力。

8.5.2.1 孔隙结构设计

组织工程支架设计的关键是孔隙率的确定。支架的孔径（长度和横截面积）、孔隙率和孔连通性是决定其功能的关键因素。孔径过大会破坏血管的形成，因为内皮细胞不能桥接大于细胞直径的毛孔；相反，小于100nm的孔将影响养分、废物和氧气的扩散，营养不良可能导致植入失败并降低植入细胞的存活率。孔隙率需要与材料的完整性、力学性能和细胞效应相平衡，支架必须提供足够的空间以使细胞具有生长的空间，同时还要保证结构的稳定性。在设计任何新支架时，找到孔隙率和稳定性之间的平衡是最具挑战的部分[66]。

在大多数支架中，孔的结构影响细胞反应及其在组织中的进一步排布，如调节细胞侵袭、血管形成和组织再生。多孔结构主要依赖于制造过程，常规方法包括纤维黏合、溶剂加载或颗粒浸出、气体发泡和相分离。使用这些技术处理的多孔支架具有可控的孔径和孔隙率，适合于组织工程应用。

8.5.2.2 生物相容性和可降解材料的选择

众所周知，支架必须由生物相容性材料制成，如此材料才不会引发免疫反应或异物反应。此外，体内治疗期间支架的生物降解应与组织生长速率紧密匹配。因此，要选择适当的材料以满足这些要求，目前一般由天然或合成聚合物、金属材料、无机材料或复合材料制成[67]。天然生物聚合物（如丝绸[68-70]、明胶、壳聚糖、基质胶、藻酸盐、纤维蛋白原、透明质酸[71]、糖胺聚糖、羟基磷灰石的聚合物）和人造聚合物（如聚乙醇酸、聚乳酸、乳酸—乙醇酸共聚物、聚甲基丙烯酸甲酯、聚癸二酸甘油酯、聚羟基丁酸酯和聚己内酯）都可为细胞生长提供结构支架，并且旨在模拟天然组织生长环境[72]。两者都具有极好的灵活性，可通过各种模塑和铸造技术使其形状适应所需环境。

天然材料具有与天然组织相同的生物相容性和力学性能，因此，可将天然生物聚合物引入合成生物聚合物中，从而改善支架对宿主组织的生物学亲和性。使用天然材料而不是合成材料的缺点是：物理化学性质受到限制；不能控制其降解速率；灭菌和纯化技术存在挑战；从不同来源提取存在病原体或病毒等问题。

在可生物降解的合成聚合物中，生物相容性、加工性和控制性降解等必须符合标准。根据合成条件，可控制材料的力学性能。这些生物材料通过大量侵蚀进行水解降解，并且通过生理代谢去除乙醇酸或乳酸副产物。通过调节聚合物的分子量、共聚比和多分散性来控制降解速率。此外，采用标准加工方法（如盐浸、烧结、成孔熔融和静电纺丝等），以使合成生物材料支架具有各种 3D 结构。然而，合成聚合物的缺点是表面活性和细胞亲和力较差。为了改善这一点，可对不同聚合物进行共混或共聚。

纳米级聚乙烯醇（PVA）静电纺纤维是伤口敷料、组织支架和药物释放载体的理想材料[73]。Eslami 等设计了能够模拟人体主动脉瓣力学性能的微纤维聚癸二酸甘油酯—聚 ε-己内酯（PGS—PCL）合成支架[74]。

非织造材料具有与天然结缔组织相似的纤维结构，并且由于它们的迷宫结构和良好的吸水性而广为人知，并用于组织工程。非织造材料具有高孔隙率，其允许细胞在体外和体内渗透和生长。可再吸收的纺丝非织造材料越来越多地用作组织修复工程的基质，如软骨细胞[75]、内分泌细胞和作为覆盖受损组织的更大区域的贴片。为了构建具有软骨特征的舒适且多孔的 3D 支架结构，非织造材料由纤维（长度与宽度比大于 1000∶1）或基于可再吸收或不可再吸收的合成和天然聚合物的连续长丝制成。将纤维或长丝制成网状结构，其几何形状的特征在于填充密度、孔径分布以及纤维组分的 3D 分布[76]。由石墨和聚四氟乙烯制成的非织造纤维网可在整形外科植入物周围促进组织生长。

电纺支架是由黏弹性聚合物溶液在外加电压下轴向拉伸而成的纳米纤维网状结构。纤维直径、取向和密度影响细胞活力、形态和功能[77]。纳米纤维支架具有较大的比表面积、较高的孔隙度和非常小的孔径等突出特点，其 3D 结构与细胞外基质相似。研究表明，电纺纳米纤维支架可用于血管组织工程结构的生物制造，以及可作为血管内皮细胞和平滑肌细胞黏附和扩散的仿生材料。

在组织工程的背景下，生物医学玻璃也已用于制造 3D 多孔支架。理想的骨移植支架应满足复杂的要求，包括生物相容性、骨传导性、骨诱导性[78]、高孔隙率（占体积的 50% 以上，即与松质骨相当的骨质）、大孔尺寸超过 100μm、高度互连的 3D 多孔网络、机械强度与宿主骨相匹配、生物可吸收性和降解产物的生物相容性[79]。心脏组织工程需要两种互补的关键成分，一是易于被身体采用的生物相容性支架，二是可有效替代受损组织而没有不良后果的合适细胞。具有高细胞相容性和良好的孔隙度和机械强度的生物支架的制造仍然是一个具有挑战性的问题[80]。

8.6 未来趋势

医疗用非织造材料的整体趋势是薄。薄可以提高整体舒适度，但也会在质量和保护方面产生一些问题。由薄层细胞（如皮肤）组成的组织的生物工程已取得良好的进展，但未来组织工程的主要挑战是制造具有更复杂结构的器官，如肾、心脏和肝脏。

参考文献

［1］PETRULYTE S, PETRULIS D. Modern textiles & biomaterials for healthcare. In BARTELS V T （Ed.）, Handbook of medical textiles. Cambridge：Woodhead Publishing, 2011.

［2］AJMERI J R, AJMERI C J. Nonwoven personal hygiene materials and products. In CHAPMAN R A （Ed.）, Applications of nonwovens in technical textiles. Cambridge：Woodhead Publishing & The Textile Institute, 2010：85-97.

［3］AJMERI J R, AJMERI C J. Nonwoven materials & technologies for medical applications. In BARTELS V T （Ed.）, Handbook of medical textiles. Cambridge：Woodhead Publishing, 2011.

［4］SAKTHIVEL S, PRAKASH S, KARTHIKEYAN L. Progressive nonwovens offer price-friendly options. ATA Journal for Asia on Textile & Apparel. April Issue （Online）, 2010. Available from http：//www. adsaleata. com Accessed 30. 01. 09.

［5］LOU C W, LIN C W, CHEN Y S, et al. Properties evaluation of tencel/cotton nonwoven fabric coated with chitosan for wound dressing. Textile Research Journal, 2008, 78 （3）：248-253.

［6］ADANUR S. Medical textiles. In ADANUR S （Ed.）, Wellington sears handbook of industrial textiles. USA：Technomic Publishing Company, 1995：329 – 355. Inc. http：//ahlstrom. com Accessed 02. 03. 13.

［7］MUHAMMAD T, RUSSELL S J. Influence of hydroentangling variables on the properties of bi-layer polyethylene terephthalate-glass fabrics. Textile Research Journal, 2012, 82 (16), 1677-1688.

[8] http: //www. mogulsb. com Accessed 29. 01. 09.

[9] BHAT G, PARIKH D V. Biodegradable materials for nonwovens. In CHAPMAN R A (Ed.), Applications of nonwovens in technical textiles. Cambridge: Woodhead Publishing Ltd with The Textile Institute., 2010: 46-61.

[10] SONG G, CAO W, CLOUD R M. Medical textiles & thermal comfort. In BARTELS V T (Ed.), Handbook of medical textiles. Cambridge: Woodhead Publishing, 2011: 198-218.

[11] JANET B R. Innovations in the growing nonwoven medical textiles sector include new products aimed at infection prevention (Online). Available from http: //www. textileworld. com/Articles/2009/July/NWTT Accessed 28. 01. 09.

[12] CHRISTINE Q S, ZHANG D, WADWORTH L C. Processing & property study of cotton-surfaced nonwovens. Textile Research Journal, 2000, 70 (5): 449-453.

[13] ARUN N. Medical textiles: a unique agenda in medical network. Synthetic Fibres, 2002: 14-16.

[14] BHATTACHARYYA M, BRADLEY H. A case report of the use of nanocrystalline silver dressing in the management of acute surgical site wound infected with MRSA to prevent cutaneous necrosis following revision surgery. The International Journal of Lower Extremity Wounds, 2008, 7 (1): 45-48.

[15] TANAKA K, AKITA S, YOSHIMOTO H, et al. Lipid-colloid dressing shows improved reepithelialization. Pain Relief and Corneal Barrier Function in Split-Thickness Skin-Graft Donor Wound, 2003, 3: 220-225.

[16] RAJENDRAN S, ANAND S C. Hi-tech textiles for interactive wound therapies. In BARTELS V T (Ed.), Handbook of medical textiles. Cambridge: Woodhead Publishing, 2011: 38-79.

[17] YIMIN Q. Ion-exchange properties of alginate fibers. Textile Research Journal, 2005, 75 (2): 165-168.

[18] ANANDJIWALA R D. Role of advanced textile materials in healthcare. In ANAND S C, KENNEDY J F, MIRAFTAB M, et al (Eds.), Medical textiles & biomaterials for healthcare. Cambridge: Woodhead Publishing, 2006: 90-98.

[19] YOSHITO I. Bioabsorbable fibers for medical use. In MENACHEM L, PRESTON J. (Eds.), High technology fibers, Part B. New York: Marcel Dekker, Inc, 1989: 253-302.

[20] HALLIAH G P, ALAGAPPAN K, SAIRAM A B. Synthesis, characterization of $CH-\alpha'-Fe_2O_3$ nanocomposite and coating on cotton, silk for antibacterial & UV spectral studies. Journal of Industrial Textiles, 2014, 44 (20): 275-287.

[21] LIU S, HUA T, LUO X, et al. A novel approach to improving the quality of chitosan blended yarns using static theory. Textile Research Journal, 2014, 85 (10): 1-13.

[22] SIMONCIC B, TOMSIC B. Structures of novel antimicrobial agents for textiles—A review. Textile Research Journal, 2010, 80 (16): 1721-1737.

[23] ZEMLJIC L F, SAUPERL O, KREZE T, et al. Characterization of regenerated cellulose fibers antimicrobial functionalized by chitosan. Textile Research Journal, 2013, 83 (2): 185-196.

[24] BARNABAS J, MIRAFTAB M, QINAND Y, et al. Evaluating the antimicrobial properties of chitosan fibres embedded with copper ions for wound dressing applications. Journal of Industrial Textiles, 2014, 44 (2): 232-244.

[25] MATHUR M, HIRA M A. Speciality fibres III: alginate fibre. Man-Made textiles in India, 2005: 294-299.

[26] NIEKRASZEWICZ B, NIEKRASZEWICZ A. The structure of alginate, chitin & chitosan fibres. In EICHHORN S J, HEARLE J W S, JAFFE M, et al (Eds.), Handbook of textile fibre structure. England: Woodhead Publishing, 2009: 266-306.

[27] PARIKH D V, FINK T, DELUCCA A J, et al. Absorption & swelling characteristics of silver (I) antimicrobial wound dressings. Textile Research Journal, 2010, 81 (5): 494-503.

[28] BASU S K, et al. Medical textiles: fibres, technology and products. In Proceedings of national seminar on medical textiles: Production technologies & applications, Surat, 2007: 55-66.

[29] KO Y G, KAWAZOE N, TATEISHI T, et al. Preparation of novel collagen sponges using an ice particulate template. Journal of Bioactive Compatible Polymer, 2010, 25: 360-373.

[30] AJMERI C J, AJMERI J R. Application of nonwovens in healthcare & hygiene

sector. In ANAND S C, KENNEDY J F, MIRAFTAB M, et al (Eds.), Medical textiles & biomaterials for healthcare. Cambridge: Woodhead Publishing, 2006: 80−89.

[31] HONGU T, PHILLIPS G O, TAKIGAMI M. Fibers in medical healthcare. New millenium fibers. Cambridge: Woodhead Publishing, 2000: 247−268.

[32] OTTER J A. Infection prevention 2013—A potted overview. Journal of Infection Prevention, 2014, 15: 9−12.

[33] ZANG D. Nonwovens for consumer and industrial wipes. In CHAPMAN R A (Ed.), Applications of nonwovens in technical textiles. Cambridge: Woodhead Publishing Limited & The Textile Institute, 2010: 103−119.

[34] CHUGHTAI A A, MACINTYRE C R, ZHENGY, et al. Examining the policies and guidelines around the use of masks & respirators by healthcare workers in China, Pakistan & Vietnam. Journal of Infection Prevention, 2015, 16 (2): 68−74.

[35] GHOSH S. Medical textiles. The Indian Textile Journal, 2000: 10−14.

[36] SUN C Q, ZANG D, WADSWORTH L C. Development of innovative cotton−surfaced nonwovens laminates. Journal of Industrial Textiles, 2002, 31 (3): 179−188.

[37] COLLIER B J. Nonwovens in specialist and consumer apparel. In CHAPMAN R A (Ed.), Applications of nonwovens in technical textiles. Cambridge, UK: Woodhead Publishing, 2010: 120−135.

[38] HUANG W, LEONAS K K. Evaluating a one−bath process for imparting antimicrobial activity & repellency to nonwoven surgical gown fabrics. Textile Research Journal, 2000, 70 (9): 774−782.

[39] MONTAZER M, RANGCHI F, SIAVOSHI F. Preparation of protective disposable hygiene fabrics for medical applications. In ANAND S C, KENNEDY J F, MIRAFTAB M, et al (Eds.), Medical textiles & biomaterials for healthcare. Cambridge: Woodhead Publishing, 2010: 164−170.

[40] FISHER G. Development trends in medical textiles. ATA Journal for Asia on Textile & Apparel, 2006. February Issue (Online) Available from http: // www. adsaleata. com Accessed 19. 01. 09.

[41] CHO J S, CHOO G. Effect of a dual function finish containing an antibiotic & a fluorochemical on the antimicrobial properties & blood repellency of surgical gown materials. Textile Research Journal, 1997, 67 (12): 875−880.

[42] OLDERMAN G M. Liquid repellency & surgical fabric barrier properties.

Engineering in Medicine, 1984, 13 (1): 35-43.

［43］MUKHOPADHYAY A, MIDHA V K. A review on designing of breathable fabrics. Part II: construction & suitability of breathable fabrics for different uses. Journal of Industrial Textiles, 2008, 38 (1): 17-41.

［44］http: //ahlstrom. com Accessed 02. 03. 13.

［45］MIDHA V K, DAKURI A, MIDHA V. Studies on the properties of nonwoven surgical gowns. Journal of Industrial Textiles, 2012, 43 (92): 174-190.

［46］RAKSHIT A K, HIRA M A. Developments in healthcare textiles. Man-Made Textiles in India, 2000: 21-25.

［47］http: //www. 3m. co. uk Accessed 02. 03. 15.

［48］RVGISTER I R, CROES I M. Surgical drapes & gowns. Centexbel, 2013: 31-35.

［49］AGRAWAL P, SONI S, MITTAL G, et al. Role of polymeric biomaterials as wound healing agents. International Journal of Lower Extremity Wounds, 2014, 13 (3): 180-190.

［50］PIVEC T, PERSIN Z, KOLAR M, et al. Modification of cellulose nonwoven substrates for preparation of modern wound dressings. Textile Research Journal, 2014, 84 (1): 96-112.

［51］BULCK R N. Wounds and dressings. The International Journal of Lower Extremity Wounds, 2008, 7 (1): 12-14.

［52］UZUN M, ANAND S C, SHAH T. A novel approach for designing nonwoven hybrid wound dressings: processing & characterization. Journal of Industrial Textiles, 2014: 1-16.

［53］RAJENDRA S. Infection control & barrier materials—An overview. In ANAND S C, KENNEDY J F, MIRAFTAB M, et al (Eds.), Medical and healthcare textiles. Cambridge: Woodhead Publishing, 2010: 3-6.

［54］GOUDA M. Nano-zirconium oxide & nano-silver oxide/cotton gauze fabrics for anti-microbial and wound healing acceleration. Journal of Industrial Textiles, 2011, 41 (3), 222-240.

［55］QIN Y, ZHU C. Antimicrobial properties of silver-containing chitosan fibres. In ANAND S C, KENNEDY J F, MIRAFTAB M, et al (Eds.), Medical and healthcare textiles. Cambridge: Woodhead Publishing, 2010: 7-13.

［56］ MCQUEEN R H. Odour control of medical textiles. In BARTELS V T （Ed.）, Handbook of medical textiles. Cambridge： Woodhead Publishing, 2011： 387 – 416. http：//Medizin-akademie. at Accessed 02. 03. 15.

［57］ LIU S, SUN G. Bi-functional textiles. In BARTELS V T （Ed.）, Handbook of medical textiles. Cambridge： Woodhead Publishing, 2011： 336-359.

［58］ WANG T Y, FORSYTHE J S, PARISH C L, et al. Biofunctionalisation of polymeric scaffolds for neural tissue engineering. Journal of Biomaterials Applications, 2012, 27 （4）： 369-390.

［59］ NASIM P, HAIDARI M. Medical use of nanoparticles： drug delivery & diagnosis diseases. International Journal of Green Nanotechnology, 2013, 1： 1-5.

［60］ SHEN Z, KANG C, CHEN J, et al. Surface modification of polyurethane towards promoting the ex vivo cytocompatibility Y in vivo biocompatibility for hypopharyngcal tissue engineering. Journal of Biomaterials Applications, 2012, 28940： 607-616.

［61］ NADERI H, MARTIN M M, BAHRAMI A R. Critical issues in tissue engineering： biomaterials, cell sources, angiogenesis & drug delivery system. Journal of Biomaterials Applications, 2011, 26： 383-417.

［62］ TOTI U S, et al. Drug – releasing textiles. In BARTELS V T （Ed.）, Handbook of medical textiles. Cambridge： Woodhead Publishing, 2011： 173-197.

［63］ SCHUEREN L V D, CLERCK K D. Nanofibrous textiles in medical applications. In BARTELS V T （Ed.）, Handbook of medical textiles. Cambridge： Woodhead Publishing, 2011： 547-566.

［64］ BENDREA A D, CIANGA L, CAINGA I. Progress in the field of conducting polymers for tissue engineering applications. Journal of Biomaterials Applications, 2011, 26： 3-84.

［65］ LUO B, CHOONG C. Porous bumin scaffolds, with tunable properties： a resource—Efficient biodegradable material for tissue engineering applications. Journal of Bio-materials Applications, 2015, 29 （6）： 903-911.

［66］ AIBIBU D, HOUIS S, HARWOKO M S, et al. Textile scaffolds for tissue engineering—Near future or just vision. In ANAND S C, KENNEDY J F, MIRAFTAB M, et al （Eds.）, Medical and healthcare textiles. Cambridge： Woodhead Publishing, 2010： 353-356.

［67］ZHANG J, LI Y, LI J, et al. Generation of biofunctional & biodegradable electrospun nanofibers composed of poly（L-lactic acid）& wool isoelectric precipitate. Textile Research Journal, 2014, 84（4）: 355-367.

［68］DAL P, PETRINI P, CHARINI A, et al. Silk fibroin-coated three-dimensional polyurethane scaffolds for tissue engineering: interactions with normal human fibroblasts. Tissue Engineering, 2003, 9（6）: 1113-1121.

［69］SHIN S H, PUREVDORJ O, CASTANO O, et al. A short review: recent advances in electrospinning for bone tissue regeneration. Journal of Tissue Engineering, 2012, 3（1）.

［70］XU X X, YUY P, YANG L Q. The progress in research in silk fibroin blend membranes. Advanced Material Research, 2011, 311-313: 2052-2058.

［71］GOBBI A, KON E, BERRUTO M, et al. Patello-femoral full-thickness chondral defects treated with hyalograft-C, a clinical, arthroscopic, and histologic review. American Journal of Sports Medicine, 2006, 34（1）: 1763-1773.

［72］BARANOV P, MICHAELSON A, KUNDU J, et al. Interphotoreceptor matrix-poly（3-caprolactone）composite scaffolds for human photoreceptor differentiation. Journal of Tissue Engineering, 2014, 5: 1-8.

［73］LIU F, NISHIKAWA T, SHIMIZU W, et al. Preparation of fully hydrolyzed polyvinyl alcohol electrospun nanofibers with diameters of sub 200nm by viscosity control. Textile Research Journal, 2012, 82（16）: 1635-1644.

［74］ESLAMI M, VRANA N E, ZORLUTUNA P, et al. Fiber-reinforced hydrogel scaffolds for heart valve tissue engineering. Journal of Biomaterials Applications, 2014, 29（3）: 399-410.

［75］WANG N, GRAD S, STODDART M J, et al. Bioreactor-induced chondrocyte maturation is dependent on cell passage and onset of loading. Cartilage, 2013, 4（2）: 165-176.

［76］MINNS R J, RUSSELL S, YOUNG S, et al. Repair of articular cartilage defects using 3-dimensional tissue engineering textile architectures. In ANAND S C, KENNEDY J F, MIRAFTAB M, et al（Eds.）, Medical and healthcare textiles. Cambridge: Woodhead Publishing, 2006: 335-341.

［77］NISBET D R, FORSYTHE J S, SHEN W, et al. A review of the cellular response on electrospun nanofibers for tissue engineering. Journal of Bio-materials Applications，2009，24，7-29.

[78] SHANMUGAVEL S，REDDY V J，RAMAKRISHNA S，et al. Precipitation of hydroxyapatite on electrospun polycarpolactone/aloe vera/silk fibroin nanofibrous scaffolds for bone tissue engineering. Journal of Biomaterials Applications，2014，29（11）：46-58.

[79] BRETCANU O，BAINO F，VERNÉ E，et al. Novel resorbable glass - ceramic scaffolds for hard tissue：from the parent phosphate glass to its bone like macroporous derivatives. Journal of Biomaterials Applications，2014，28（9）：1287-1303.

[80] RAHIMI M，MOHSENI - KOUCHESFEHANI H，ZARNANI A H，et al. Evaluation of menstrual blood stem cells seeded in biocompatible Bombyx mori silk fibroin scaffold for cardiac tissue engineering. Journal of Biomaterials Applications，2014，29（2），199-208.

第9章 汽车用非织造材料

A. Wilson

可持续非织造材料，英国

9.1 概述

目前在汽车内部非织造材料已有 40 多种用途，每辆汽车中材料的面积超过 35m²。汽车用非织造材料通常可以分为三类：①装饰材料，如针刺地毯和饰边；②具有声音和振动吸收功能的隔离层；③过滤材料。

用于汽车的可见非织造材料仅占总面积的约 10%（约 3.5m²），并且通常是标准针刺丝绒非织造材料，有多种弹性和价格。像 Alcantara 这样基于微纤维的人造皮革材料是用于汽车最独特的、利润最高的非织造材料。Alcantara 是东丽集团于 1970 年发明的，它是由约 60% 聚酯和 40% 聚氨酯（PU）组成的"海岛"型双组分纤维，然后切成短纤维并使"海"成分在针刺和染色之前溶解。

许多领先的汽车制造商及客户认为，非织造材料比天然皮革的透气性、柔软性、染色性和耐磨性更好。

汽车用非织造材料在以下三个方向发展快速：①在复合非织造材料中继续采用天然纤维；②开发基于再生碳纤维的非织造材料；③新型混合过滤介质。

9.2 汽车用非织造材料的应用

虽然机织和针织面料继续在汽车用纺织品中占据主导地位，但由于非织造材料具有质量轻、成本低以及隔音等关键优势，非织造材料的应用越来越多。例如，由于非织造材料生产具有可高速生产、低成本、易于模塑等特性，江森自控公司（一家制造汽车座椅、顶置系统、车门、仪表板以及内饰电子产品的公司）正在将更多的非织造材料用于汽车部件中。

9.2.1 各种类型的非织造材料

总部位于德国霍夫的 Tenowo 公司在欧洲、美国、印度和中国设有工厂，是一家为汽车行业提供非织造材料的大型公司，其生产的化学黏合非织造材料具有出色的隔音和耐热性能。

化学黏合非织造材料通常经过阻燃处理和耐磨处理，并且使用热塑性或热固性黏合剂粉末黏合到其他基材上，与泡沫相比，刚度得到改善，因此，在下垂和收缩性能方面符合生产厂商的要求。非织造材料的标准克重为 $20 \sim 120 g/m^2$，全球主要汽车生产商都在使用这种非织造材料，如奥迪、宝马、克莱斯勒、福特、通用、本田、梅赛德斯、日产、丰田和大众。

Tenowo 公司的针刺非织造材料在成型过程中提供了更高的伸长率，但其表面耐磨性低于化学黏合非织造材料，不过可以通过化学处理来改善。

热黏合非织造材料比其他非织造材料的刚度、伸长率和拉伸强度更小，适用于覆盖矿物纤维毡，高柔软材料通常与电池罩、内饰、车顶内衬、侧柱、仪表板和行李箱饰板等组合使用。产品的克重为 $150 \sim 2000 g/m^2$，其原料通常为 100% PET 材料，以满足可回收性要求。

水刺非织造材料具有良好的覆盖率，在低基本重量下具有较高的伸长率，与其他类型的非织造材料相比，具有更好的视觉外观，被生产厂商广泛使用。

9.2.2 非织造过滤材料

非织造过滤材料在汽车中发挥着重要作用。总的来说，普通乘用汽车中有 50 多个过滤器，对发动机性能、燃油的燃烧性能以及车内空气的质量有一定影响。

用于燃油过滤和发动机空气过滤的非织造材料必须满足可长时间工作的要求，不用频繁更换。用于过滤燃料和油的非织造过滤介质必须具有良好的耐化学性和耐高温。过滤系统也经常受到较大的振动和冲击，因此介质必须能够承受极端条件。此外，由于非织造过滤介质是防止污染物对发动机磨损的最后防线，因此非织造材料的性能必须在使用周期内保持稳定和可预测性。

用于燃料和油过滤的大多数非织造过滤材料通常采用纤维素纤维的湿法成网工艺。随着挤出型非织造技术的进步，纺粘或熔喷非织造材料也可用于高端燃料和油的过滤。过滤非织造材料制造商已开发出独特的纤维和加工组合技术，以提高汽车燃料和油的过滤效率。

湿法成网非织造过滤材料的缺点之一是纤维容易脱落。小的纤维颗粒可以从过滤器中移出并随着过滤器向下游移动。由于对过滤器中污染物水平的公差的要求越来越高，因此生产商开始转向使用挤出型技术的非织造过滤材料。再者，纺粘和熔喷非织造过滤材料具有容易符合所需形状和尺寸的优势，使其在燃料和油过滤中的应用越来越普及。

9.3 天然纤维非织造材料

据估计，减少车辆二氧化碳排放可以通过改进动力系统以降低消耗、通过更多的空气动力学设计来改善阻力、增强滚动阻力，减轻车辆重量也提供了许多进一步减少排放的机会，且增加了天然纤维非织造材料在热塑性复合材料中的使用。

例如，汽车门板使用天然纤维非织造材料可使重量减轻 25%～30%，此外，采用天然纤维/聚丙烯（PP）树脂复合材料比注塑成型替代品成本大幅度降低，且发生侧面碰撞时不会产生锋利的边缘。

仪表板采用亚麻/聚丙烯非织造材料可使重量减轻 35%；亚麻/聚丙烯非织造材料作为涤纶毛毡或棉花的替代品，也可以实现极轻量化，这种配置用于许多小型汽车中；制造商还在轮拱衬里、备胎盖、座椅靠背和包裹架中使用亚麻/聚丙烯非织造材料。

天然纤维非织造材料应用于汽车领域可追溯至 20 世纪 90 年代，最初在欧洲流行，几年后在北美流行。具有独特影响的是，1994 年奔驰采用天然纤维非织造材料制作的门板，先前使用的木质材料被嵌入环氧树脂基质的亚麻/剑麻纤维取代，重量减轻约 20%，力学性能也得到改善，因此，在发生事故时对于乘客的保护作用增强。此外，亚麻/剑麻非织造材料可以模制成复杂的 3D 形状。天然纤维非织造材料在汽车零部件中的应用示例见表 9.1。

表 9.1　天然纤维非织造材料在汽车零部件中的应用示例

生产厂家	应用型号	应用
奥迪	A2，A3，A4，Avant，A8，跑车，双门轿跑车	座椅靠背，侧门和后门板，后备厢衬里，行李架，备用轮胎衬里
宝马	3，5，7 系列等	门板，顶棚面板，后备厢衬里，座椅靠背
戴姆勒/梅赛德斯	A，C，E 和 S 系列	门板，挡风玻璃/仪表板，商务桌，柱盖板

续表

生产厂家	应用型号	应用
菲亚特	Punto，Brava，Marea，阿尔法罗密欧 146，156	各个部件
福特	蒙迪欧 CD 162，焦点	门板，B柱，后备厢衬里
莲花	Eco Elise	剑麻地毯，A级大麻面板
梅赛德斯-奔驰卡车	各系列	内置发动机罩，发动机绝缘，遮阳板，内部保温，保险杠，车顶盖
标致	新型号 406	座椅靠背，包裹架
雷诺	克里欧	包裹架
流浪者	罗孚 2000 等	绝缘，后部储物架，面板
萨博	各系列	门板
西亚特	各系列	门板，座椅靠背
丰田	布雷维斯，鹞	门板，座椅靠背
沃克斯豪尔	阿斯特拉，Vectra，扎菲拉	顶棚面板，门板，立柱盖板，仪表板
大众汽车	高尔夫，帕萨特，宝来，福克斯	门板，座椅靠背，后备厢衬里，行李架
沃尔沃	C70，V70	座椅填料，货物地板托盘

天然纤维基复合材料具有良好的力学性能和成形性、高吸声性，并可节约材料成本。

然而，天然纤维的使用存在局限性，尤其是它们对湿度敏感，与聚合物基质的结合相对较弱。此外，天然纤维的质量和一致性、雾化和气味排放以及加工温度不能高于 200℃ 的问题也令人担忧。

虽然前两个问题可以通过进行纤维表面处理部分地克服，但迄今为止，天然纤维基复合材料在汽车中的应用主要限于汽车内饰，在外部的应用开发受到限制。

优质的德国制造商创造了奥迪、大众、宝马和梅赛德斯-奔驰、戴姆勒等品牌，在天然纤维基材的规格研发方面德国的制造商更加积极主动，因此，在欧洲的研究和开发领域中占比重很大。

例如，自 20 世纪 90 年代末以来，NafPur 技术被用于生产梅赛德斯 E 级和 S 级门板。采用 Bayer 材料科技公司提供的技术，将亚麻/剑麻非织造材料喷在每一面，然后以装料方式堆叠，再放入模具中。预浸料的室温放置时间为 30～45min，成型温度约为 130℃，每次循环仅需 60s。

自 20 世纪 90 年代初以来，宝马还在其 3 系列、5 系列和 7 系列汽车中使用了

20~24kg 的天然纤维组件，自 2011 年以来，在 3 系列汽车中每年约使用 3000t 天然纤维。

在汽车用天然纤维中，椰子纤维和剑麻纤维可用作座椅衬垫，约占 16kg；80/20 亚麻/剑麻垫可用于内门衬里和面板，密度极低，尺寸稳定性好；木质纤维也被用于封闭宝马汽车座椅衬垫；棉花可用于声音吸收层中。

EcoTechnilin 公司总部位于英国圣奥尼茨，20 多年来一直生产天然纤维非织造材料，并在法国诺曼底佛罗里达州中心拥有现代化的生产设施。EcoTechnilin 公司可生产高达 7000t 的非织造垫，主要用于全球汽车行业的包裹架、仪表板或内饰板。这些材料大部分供应给欧洲，此外，每年还向墨西哥和加拿大供应约 300t。

在过去的 5 年中，EcoTechnilin 公司还与合作伙伴共同开发了一系列生物来源的预浸料（树脂浸渍非织造材料），将 100% 的毡垫与快速固化的糖基生物树脂相结合。

采用的亚麻纤维是长亚麻纤维中较短、较便宜的副产品，而树脂是由制糖业的副产品生产的，其中不可食用的废弃物被转化为水基树脂。因此，EcoTechnilin 公司开发的生物来源预浸料中的基质和树脂都具有出色的生命周期评估（LCA）和极低的环境影响。

9.4 再生碳纤维非织造材料

基于碳纤维的非织造材料也在开发和使用中，通过用碳纤维复合材料替代钢和铝部件可以很大程度上减轻重量。空中客车 A380 和波音公司的梦想飞机大大扩展了复合材料的使用范围，在飞机上的应用从先前的 23% 增加到 50% 以上。每架新型空中客车 A350 XWB 使用的碳纤维复合材料价值为 500 万美元。

在汽车领域，最早使用碳纤维复合材料的是宝马公司，为其 i 系列专用碳纤维电动汽车的生产投资了约 6 亿欧元。其中，BMW i3 的车身结构完全由极轻且耐用的碳纤维复合材料制成。

但是，碳纤维复合材料的问题是，当飞机和汽车到达使用寿命时，如何处理回收。

到目前为止，将这些碳废料作为非织造材料原料被视为唯一可行的解决方案。宝马公司已经建立了一个回收系统，将所有 i 系列工艺的碳废料用于生产非织造材料。例如，BMW i3 的非织造材料车顶就由回收的碳废料制成，碳废料还可应用于汽车后座的框架中。

许多其他公司正在积极与空中客车公司和波音公司合作开发基于再生碳纤维的非织造材料。

9.5　混合非织造过滤材料

新的喷射技术，尤其是柴油发动机和大规模运输系统的喷射技术，对清洁燃料的需求更大，从而要求更多的非织造过滤材料。

燃料污染越严重，对过滤材料的要求就越高。例如，在普通铁路系统中，喷射技术现在 250MPa 的压力下工作，可能会上升到 300MPa，这将需要更清洁的燃料。因此，对过滤材料的要求有所改变，从对效率的要求提高到对燃料清洁度的要求。

目前，柴油和其他燃料的新法规正在影响整个供应链，如：排放要求、燃料质量、生物燃料影响、可持续性、使用周期和合规性测试。

所有这些都导致需要重新考虑过滤器的设计，目前颗粒物去除是关键目标，但在柴油发动机（含有生物成分的发动机更容易受到损害）中，去除水分是首要任务。

德国汽车滤清器制造商 Mann+Hummel 公司以其新的多级多层过滤系统对此做出了回应，该系统包括：①褶裥式外部过滤器，可保留颗粒；②单层织物，用于聚结小水滴；③第二个多层聚结层，用于捕获较大的水滴；④沉淀空间，允许水滴通过重力分离到水收集室；⑤疏水屏障，可完全阻止残留的水进入。

欧洲需要更高水平的发动机过滤效率，目前正在考虑新的欧 7 标准，该标准将对发动机的允许排放施加更大的限制。

如上所述，燃料和油过滤中使用的大多数非织造过滤材料是采用纤维素纤维或玻璃纤维的湿法成网工艺生产的，现在的一个关键趋势是将湿法成网玻璃纤维和纺粘非织造材料结合在一起。领先的非织造过滤材料制造商 Ahlstrom 公司和 Johns Manville 公司最近都推出了新的合成纤维和玻璃纤维混合非织造过滤材料。

Ahlstrom 公司最新推出的具有深度结构的 Pleat2Save 暖通（HVAC）空气过滤器，不仅将较厚的网状结构改为较薄的网状结构，而且采用一种特定的沙漏形玻璃芯，包裹在纺粘合成纤维网的内部。Pleat2Save 过滤器的结构经过精心设计，由聚酯纤维和玻璃纤维层组合而成，不涉及层压，而是采用湿法成网工艺制成单个网。Pleat2Save 过滤器的关键优势在于其坚固性，具有比微玻璃替代品高约 2.5 倍的拉伸强度，从而在折叠过程中具有出色的加工性能。

Johns Manville 公司拥有生产玻璃纤维和纺粘非织造材料的专有技术，目前正在一种非织造产品中引入混合产品，包括玻璃纤维毡和聚酯/聚对苯二甲酸丁二醇酯（PBT）双组分纺粘纤维。

9.6 其他应用

9.6.1 电动汽车电池隔板

目前，高性能锂离子电池的市场总价值约为 70 亿美元，主要用于电动汽车领域。典型的混合动力汽车包含 50～70 个电池，能扩展电动机范围的插入式电动车有 80～200 个电池，并且全车包括 150 个或更多电池。

在每个电池内，隔板是位于两个电极之间的片，起到屏障作用，防止电极接触和短路，同时让锂离子来回传递以达到电池的充电和放电。若电池电量大，则汽车在充电后可更快速、更安全地行驶。对于电动汽车和电池制造商来说，增大电池电量可以减少混合动力汽车中电池的数量。

例如，杜邦公司的 Energain 电池隔膜采用专有的工艺（可制备直径为 200～1000nm 的连续纤维）铺设成网状。Energain 电池隔膜可进一步提高纳米纤维的性能，使其在高温下具有稳定性和低收缩性，同时在电解液中具有高饱和度。

9.6.2 外部组件

20 年前德国博格斯（Borgers）等公司引入了密集的非织造材料轮廓线，现在也被用作防护罩，如用于最新的福特 BMax 中，取代了重的 PVC 层，价格相当的同时显著减轻了重量。

外部组件必须承受很大的应变，因此对原材料的要求非常高。非织造材料刚性高，而且比竞争产品轻得多。

目前，奥迪、宝马、福特、大众甚至保时捷都已改用非织造材料作为防护罩。

9.6.3 聚氨酯替代品

雪铁龙集团目前用熔融黏合非织造材料替代了标准车辆座椅中的 PU 泡沫。其他汽车制造商也有相同的举措，特别是日本的汽车制造商。例如，日本帝人的 Elk 轻质高性能聚酯缓冲材料被许多汽车制造商和日本新干线子弹列车使用。Elk 采用再生 PET 制成的 Ecopet 聚酯生产。日本帝人的 V-Lap 产品被视为 PU 泡沫的替代品，它是一种垂直搭接的非织造材料，体积大、重量轻、透气性好、具有高延展性、易于模塑，非常适合缓冲应用。

雪铁龙现在采用的材料具有类似的减重能力，是基于具有低熔点组分的再生 PET 共聚纤维，透气性也优于 PU 泡沫，且生产更具可持续性。

9.6.4　加热织物

加热座椅和面板被认为是最早的智能织物，它们越来越复杂，越来越依赖纺织品部件。例如，它们可以简单地通过在结构中引入电阻或不锈钢纱线来生产。其他汽车座椅则使用一层针织或编织的碳或碳化 PAN（聚丙烯腈）加热，这层碳化 PAN 是在传统的座椅材料之间叠层的。然而，新型导电纤维、纱线和织物的开发和更低的成本表明，从导线结构转向基于聚合物的结构已经迫在眉睫。

加热座椅也可以通过传感器激活，传感器可以检测到何时需要加热，基于织物的传感器将会发挥巨大作用。

目前一些公司正在考虑对非织造材料进行导电浆料印刷，从而对座椅加热进行控制。

9.6.5　燃料处理

英国 Technical Absorbents 公司生产的超吸收纤维（SAF），除可对液压油进行处理外，还可用于去除航空和汽车燃料中的水分。基于 SAF 的非织造过滤介质可以将分散的和自由的水去除至非常低的水平，而且水分去除速率在行业中领先。这样可以减少燃油和机油的劣化，并为机器的高效运行提供所需的过滤质量。

9.6.6　储能

另一家英国公司 Cella Energy 正在开发的产品中，纳米纤维非织造材料也被提议用于低成本的储氢。

目前，储存氢气需要高压储存罐或过冷液体，这两种方法都不具有大规模的实用性，因为这些储氢方法都需要大量的能量来加压或冷却氢气，并且存在很大的安全风险。

Cella 公司的技术基于低成本的同轴静电纺或电喷涂技术，该技术有以下优点：

①将复杂的化学氢化物捕获到纳米多孔聚合物中；②加快氢脱附的动力；③降低脱附发生的温度；④过滤掉许多（即使不是全部）有害化学物质；⑤保护氢化物免受氧气和水的影响，从而可以在空气中进行处理。

9.7　结论

每年欧盟注册的新乘用汽车约有 1300 万辆。如果使用现代非织造材料，预计可以少排放 8×10^5 t 二氧化碳。然而，尽管预测汽车行业有正增长，而且汽车用材料发展密集，但不确定汽车行业在未来 50 年能像过去 50 年一样继续增长。有迹象表明，现在可能处于消费者对个人移动偏好发生巨大转变的早期阶段。因为越来越多的规划者将汽车视为不受欢迎的物品，而且出现了越来越多可以接受的替代品；再者，交通拥堵造成的代价非常高，尤其是在货物运输方面，货物的滞留会使顾客取消订单。

因此，IHS Automotive 的一位分析师预测，新轻型汽车市场的增长可能很快达到每年 1 亿辆，这意味着每年生产的轻型汽车将比先前预测的少 3000 万辆。到 2035 年，道路上的轻型车辆预计将比现在减少 2.6 亿辆，因为旧车将到达使用寿命并且没有更换。

在不久的将来，汽车行业关注的问题是如何减轻重量以达到排放目标，因此，非织造材料将继续发挥非常积极的作用。

第10章　过滤用非织造材料

N. Mao
利兹大学，英国利兹

10.1　概述

　　非织造过滤网是市场上四大过滤介质（机织物、非织造材料、纸张和薄膜）之一，与机织物过滤网相比，非织造材料具有许多独特的技术特性，如更大的渗透性、更大的比表面积、可控的孔径分布以及更小的孔隙。非织造材料和膜有其自身的优点，它们相互补充，使膜在特定应用中以最佳性能发挥作用。非织造材料通常用作支撑物，以增加相对较弱的膜介质的机械强度。

　　非织造材料在空气、天然气和液体过滤等许多领域都有不同的应用，通常，空气和气体过滤占 65%~70%，液体过滤占 30%~35%[1]。非织造材料可用于住宅、办公和商业空间的空气和水过滤、通风和空调（HVAC）应用；工业制药、医疗、食品、微电子、水和化学工程行业的液体过滤；发电站、水泥和冶金行业的空气和水过滤；运输行业，包括进气和排气、燃料、润滑剂、冷却剂、气动以及各种车辆、船舶、铁路机车和飞机的液压动力过滤器。

10.2　非织造过滤材料的纤维类型

10.2.1　纤维性能对过滤的影响

　　天然和人造纤维都可作为过滤介质；纤维的类型、尺寸、几何形状、表面性能需要满足过滤要求和各种应用环境中的各种要求。纤维尺寸和长度对不同的制造工艺特别敏感。纤维的化学和物理性质，如力学性能（拉伸强度和伸长率、胀破强度、撕裂强度等）、耐化学性、耐老化性和抗降解性、亲水性和疏油性以及脱落效应，是决定其的重要因素，并决定其是否适合特定的过滤应用。

纤维的长度限制了它们在不同制造过程中的适用性。例如，用于过滤介质的湿法成网非织造制造工艺要求纤维长度在 0.3~12mm，较长的纤维可能导致材料不均匀，产生棉结和纤维缠结；而 Krøyer 气流成网非织造系统要求纤维长度在 1~6mm；在各种梳理机中形成的非织造材料要求纤维长度在 30~120mm。此外，在过滤过程中要求避免纤维脱落的过滤器需使用连续纤维而不是短纤维，例如，由纺粘、熔喷、静电纺丝和离心纺丝工艺制成的非织造材料。

纤维尺寸和几何形状不仅影响过滤颗粒直径，而且直接决定过滤效率和压降；尘埃粒子和纤维之间的相互作用主要有三种过滤机制，即惯性碰撞、布朗扩散和拦截，都取决于纤维的尺寸。具有较大线密度和圆形横截面的纤维可以导致更大的孔隙率和渗透率，从而具有较低的压降，但不利于过滤效率和颗粒捕获；较小线密度和不规则横截面的纤维具有更大的比表面积，有助于提高非织造材料的渗透性、灰尘捕获能力和特定尺寸的灰尘的保持能力。纤维尺寸和几何形状的组合对过滤效率和压降有显著影响。

10.2.2　纤维的类型

可用于制造过滤介质的纤维类型多种多样：玻璃纤维、合成纤维、纤维素纤维（如天然木浆纤维、黏胶纤维和莱赛尔纤维）、羊毛、金属纤维、陶瓷纤维、高性能聚合物纤维（如耐火纤维、耐化学性纤维）、高强度和高模量纤维、微纤维和纳米纤维。

木浆纤维的尺寸通常小于 1μm，主要用于湿法成网非织造纤维过滤介质，能够提供更高的过滤效率且环保。如果合成纤维由热塑性聚合物制成，也可以制成无黏合剂的热黏合非织造材料。

玻璃纤维[2]、金属纤维[3]、陶瓷纤维和高性能聚合物纤维能够满足特殊应用的特殊要求，因此可用于高应力、高温、腐蚀性或化学危险环境中的过滤。含有纤维薄膜或玻璃微纤维的过滤器具有耐化学性，但相对脆弱。

微纤维经常用于提高非织造材料的过滤效率，并且纳米纤维非织造材料经常与膜过滤结合用于纳米级颗粒的过滤。

聚丙烯（PP）、聚乙烯（PE）和聚酯（PET）纤维是制造大量过滤介质的三种主要合成纤维。PP 和 PE 纤维都具有高电阻且不吸收环境中的水分以保持电荷的稳定性，通常用于制造驻极体过滤器以实现较低的压降（如 5~10mm 水柱）[4-5]。驻极体过滤广泛用于 HVAC 过滤器、呼吸面罩、cabinair 过滤器、真空过滤器、高效微粒空气（HEPA）过滤器、超低颗粒空气（ULPA）过滤器、除尘和发动机进气过滤，但是，这种静电过滤器受空气湿度的影响很大，从而导致电荷衰减。因此，静电处理过滤器通常最初表现良好，但随着捕获颗粒的逐渐积累和静电荷的衰减，其过滤性能下降[6]。

由 PP 和聚乙烯纤维制成的熔喷、纺粘、热黏合和湿法非织造材料也广泛用作膜过滤和渗透介质中的支撑层。其优势是耐化学性；此外，它们还有可能被回收利用而具有环保性，但是仍处于探索阶段[7]。它们与共聚酯纤维经常被用作热黏合非织造材料中的黏合剂，并用于过滤。

聚酯纤维用于各种非织造过滤介质中，可用于空气和液体过滤。聚酯纤维织物用于游泳池和水疗过滤、城市污泥脱水、心脏开放旁路手术、疝气补片、尿液排放袋、真空罐和膜过滤器的支撑层。聚酯湿法成网非织造材料用作膜过滤器的支撑层，由聚酯短纤维制成的针刺非织造材料在水泥、高岭土和磨料颗粒的生产过程中广泛用作袋式除尘器和除尘筒[7]。

黏胶纤维是使用天然纤维素制造的人造纤维，可生物降解且具有与天然纤维素相同的健康和安全性，广泛用于食品、医疗、保健和卫生产品中。与许多由热塑性聚合物制成的合成纤维相比，黏胶纤维的一个优点是在过滤中具有良好的热稳定性。它们在高温下不会软化或熔化，但在高温下分解，这通常决定了它们在过滤应用中温度的上限[8-9]。

天然木浆纤维和黏胶短纤维均常用于湿法成网过滤介质，并且可以从多种长度上获得多种特殊几何形状的纤维，如圆形、凹槽和沟槽、三叶形、C 形和 V 形、空心和十字形[10-11]。直径较小的圆形纤维对压降的影响较小，且可提高纸浆制成的纸张过滤器的强度[8]。三叶形纤维对纸张孔隙率的影响与圆形纤维相似，但可提高颗粒捕获能力。

由于具有优异的湿分解性和良好的吸烟性，非织造纤维束和含有纤维化的连续纤维素酯纤维的非织造材料广泛用于卷烟过滤装置中[12]。将纤维素酯纤维挤出成特定纤维素酯的沉淀剂，并在剪切力作用下纤维化。然而，在水过滤和褶皱分离器的预滤器中，大量的多孔醋酯纤维已经被聚醚砜纤维和膜所取代。

原纤化纤维素纤维（如 Lyocell 纤维）直径小，因此可作为空气、水和液压过滤的纤维素微米和纳米级纤维资源[13-15]。它们可以与湿法的非原纤化合成纤维混纺，铺设非织造材料，形成高效率、高容量的无玻璃纤维过滤介质[16]。

虽然由玻璃纤维和纤维素纤维制成的非织造材料仅通过机械机制（如应变）（颗粒尺寸大于纤维之间的孔径）以及撞击和拦截机制（颗粒与纤维碰撞并附

着）捕获颗粒；含有合成纤维和羊毛的过滤材料通过额外的静电荷特性捕获灰尘颗粒，从而提高初始过滤效率，但不会增加空气流动阻力，尤其是捕获亚微米颗粒时[17-18]。

除了聚烯烃聚合物纤维（如 PP、聚乙烯和聚甲基戊烯[19]）外，羊毛纤维也是摩擦带电（即通过摩擦相互作用带静电）材料，可用于制造静电羊毛树脂过滤器。带电非织造材料也可以由木浆树脂、混合合成纤维、驻极体纤维制成，也可以采用静电喷涂、电晕充电和感应方法充电等方法制备。

4DG 纤维和 P84® 纤维具有不规则的空气过滤横截面[20-23]。4DG 是纤维表面有深槽的聚酯纤维。P84® 是高性能聚酰亚胺纤维，具有三叶形或星形横截面，用于高温过滤，不易燃（限制氧指数为 38%），在 450℃下分解，260℃以上仍可安全操作。与圆形过滤器相比，P84® 过滤器为周围的气流提供了更多的"低速"区域，从而增加了三叶形过滤器表面吸收微粒的可能性。

微纤维（如 Cyphrex 微纤维[24]）尺寸通常小于 5μm，具有高比表面积，直径分布窄，而且还具有各种独特的纤维横截面，如圆形、楔形。它们由各种聚合物制成，如聚酯、聚酰胺和 PP。

许多高性能聚合物纤维用于过滤介质，以满足各种过滤应用中的特定要求。由含氟聚合物聚四氟乙烯（PTFE）[25]、聚偏二氟乙烯（PVDF）[26]和聚氟烷氧基烷烃（PFA）纤维制成的过滤器，膜具有固有的耐化学性和阻燃性，它们广泛用于过滤腐蚀性化学品和酸。乙烯—三氟氯乙烯（E—CTFE）熔喷非织造材料具有独特的凝聚难溶液体的能力，在过滤富含臭氧的超纯水时能够抵抗"食人鱼"效应。聚亚苯基硫醚（PPS）纤维具有耐化学性、耐高温性，适用于集尘室过滤。由其他高性能聚合物纤维制成的过滤介质，如聚酰胺—酰亚胺[27]、聚醚酰亚胺（PEI）、聚酰亚胺 P84® 纤维[28]、聚醚醚酮和液晶聚合物也常用于过滤和分离领域。

生物聚合物（如聚乳酸纤维）对于制造可持续的、可生物降解的或焚烧的过滤器是极为重要的。

10.3　非织造过滤材料成形工艺技术

10.3.1　湿法非织造过滤材料

湿法成网非织造过滤材料通常由木浆、黏胶纤维与合成纤维或玻璃纤维混纺制成。它们具有高强度（干或湿），良好的模塑性能，优异的耐热性、耐化学性、耐水性、耐气候性和尺寸稳定性以及高柔韧性等优点。例如，低至 $2g/m^2$ 的超薄湿法成网非织造材料可用作反渗透膜的背衬层，用于海水淡化[29]。

10.3.2　针刺非织造过滤材料

针刺非织造过滤材料中使用的纤维尺寸和类型是多种多样的，取决于应用要求，不受针刺工艺的限制，但可能受到梳理过程的限制。例如，在一些梳理系统中，某些长度和直径范围的纤维不能很好地梳理。针刺非织造过滤材料中使用的纤维也可能需要具有耐高温、耐火、耐化学性和耐磨性等特性。

针刺非织造过滤材料的密度可以通过针刺密度参数控制，如针刺密度和穿透深度。许多针刺非织造过滤材料由多层结构制成，包括各种针刺非织造纤维层和增强层（稀松布、织物、轻质纺粘非织造材料等），以实现所需的过滤效率、紧密性、尺寸稳定性和机械强度[30]。

针刺非织造过滤材料的性能包括过滤效率、压力、使用寿命、清洁性能、粉尘变形、力学性能和抗化学性等，都受到纤维化、孔隙率、厚度和渗透性的影响；它们可以通过表面处理和保护性涂层进行整理和增强，以满足各种应用需求。表面处理方法包括毡合、压延和釉烧；保护性涂层包括抗静电、防黏、防磨损、抗流动性、耐化学性整理。当非织造材料经过涂层、压延或釉烧后，其过滤性能得到总体改善，主要取决于涂层、压延和烧毛参数[31]。

针刺非织造过滤材料的克重在 $50\sim1000g/m^2$，厚度在 $0.5\sim10mm$，具体规格取决于其应用的要求[32]。它们广泛应用于空气、水和液体过滤。

在支撑层和非织造层中使用的纤维的热、物理和化学性质是基于其性能和应用环境的要求确定的。然而，由于梳理纤维网的不均匀性和针刺工艺的倒刺针，不可避免地使纤维结构中产生穿孔，这在非织造材料表面上显示为可见的针痕[33]。这些针痕可能损害过滤器的完整性并抑制有效的过滤，且影响非织造材料的强度。因此，非织造材料具有较高的克重和足够的体积密度，在过滤应用中具有足够的强度和均匀性，并且经常需要釉烧、压延和涂层以提高过滤效率。

10.3.3　水刺非织造过滤材料

水刺非织造过滤材料[34]在黏合过程中产生的损伤小，且具有更小的孔径和更大的孔隙度。它们被广泛用于空气、液体和薄雾过滤器[35]。与针刺工艺类似，水刺工艺也被用于将多层纤维网和增强层黏合在一起形成复合过滤材料，还经常被用作黏合预加工的纤维网以进一步加工纺粘非织造材料。例如，将可分裂的双组分纤维纤维化成微纤维，典型例子是 Evolon 非织造材料[36]。

10.3.4 纺粘和熔喷非织造过滤材料

由连续纤维制成的纺粘和熔喷非织造过滤材料的优点如下：具有易于与其他类型的纤维网黏合；抗脱落，机械强度相对较高，稳定性好，且富有弹性；在纤维挤压阶段可进行功能性整理（如抗菌），且可实现永久性处理（如抗溶剂）。但是，纺粘和熔喷非织造过滤材料既不具有混合不同类型的纤维，也不具有混合纤维直径的灵活性。熔喷非织造材料经常与纳米纤维网结合，以获得更高的过滤效率[37]。

10.3.5 纳米纤维过滤材料

影响纳米纤维过滤材料性能的最重要因素是纤维直径（或纤维直径分布）、孔隙率及其均匀性。纳米过滤材料的过滤效率和材料厚度上的压降通常随纤维直径的增加而减小。虽然纳米过滤材料含有大量比目标颗粒更小的孔径，以捕获比其孔径大的颗粒，但也可以基于单一过滤机制捕获小于其孔径的颗粒。此外，当纳米纤维的尺寸小于1000nm 时，会产生纳米效应——流动滑移效应[38]，这种纳米效应有助于颗粒的沉积，并使其保留在纳米纤维表面，可改进压降和颗粒保持能力。

除了纳米纤维的尺寸之外，纳米纤维材料的孔隙率在控制过滤器的压降而不影响其过滤效率方面也起着决定性的作用。有许多方法可以控制纳米纤维材料中的孔隙率[39]，包括向静电纺丝溶液中添加盐颗粒或冰晶；形成电喷雾聚合物珠粒，并在后期去除；或者混合微米尺寸的纤维。2D 卷曲形状[40]或 3D 螺旋形状[41]的纳米纤维也可以增加纳米纤维材料的孔隙率，并有可能在保持高过滤效率的同时降低压降。分层结构的纳米纤维可以通过在双组分纳米纤维和一些特定聚合物的静电纺丝中使用皮芯、并排、不规则形状或平行的针尖来生产[42-44]。

虽然由化学或光化学交联的聚合物制成的纳米纤维非织造材料的完整性和强度可以得到改善，但其拉伸强度和撕裂强度通常较差[45]。因此，许多纳米纤维过滤材料通常由复合结构制成，通常在纺粘、熔喷或湿法成网纤维素或聚酯非织造材料的基底上覆盖纳米纤维。纳米纤维的直径通常在 200~300nm，单位面积质量小于 $2g/m^2$，而一些纳米纤维过滤材料可能具有 15~90g/m^2 的独立纳米纤维网，而无需基底[46]，但生产成本较高。

纳米纤维过滤材料通常采用折叠结构进行空气过滤，如折叠灰尘收集器和发动机进气过滤器。它们可用于填充熔喷过滤器和微孔膜之间的微米级间隙，例如，HEPA 应用的最低效率报告值（MERV）在 17~20 HEPA，或者达到与模拟微孔膜相同但在更高流速下应用。它们越来越多地用于空气[47]、水和血液过滤。

10.4　非织造材料的过滤机理及过滤效率

非织造材料的过滤机理及过滤效率常用术语见表 10.1。

表 10.1　术语

C_c	Cunningham 滑动系数，$C_c = 1 + \dfrac{\lambda}{d_p}(2.492 + 0.84e^{\frac{-0.435d_p}{\lambda}})$
D_d	粒子扩散系数（m^2/s），$D_d = \dfrac{C_c k_B T}{3\pi\eta d_p}$，它表征了扩散运动的程度，并且是流体分子平均自由程的函数
d_f	纤维直径
d_p	粒子直径
e_f	有效长度系数，它是 Kuwabara 流场的理论压降与实验压降之比，$e_f = 16\eta u_i \phi h/(Kud_f^2 \Delta P_0)$
E	单纤维收集效率，它是指纤维可以从等于纤维的正面面积气流的正常横截面中收集的颗粒的分数
E_j	多分散气溶胶附属范围 j 的单纤维分子收集效率
G	引力参数，$G = \dfrac{d_p \rho_p g}{18\eta u_i}$
Ku	Kuwabara 流体力学参数，$Ku = -\dfrac{3}{4} - \dfrac{1}{2}\ln\phi + \phi - \dfrac{1}{4}\phi^2$
g	重力加速度
h	过滤厚度
k_B	玻尔兹曼常数，1.3708×10^{-23} J/K
n	结束过滤时的气溶胶数值浓度
n_0	开始过滤时的气溶胶数值浓度
N'_{cap}	简化毛细管数，$N'_{cap} = \dfrac{u\eta}{\sigma\cos\gamma}$
Pe	佩克莱（Peclet）数，它表征了扩散沉积的强度，并且它的增加将降低单纤维扩散效率，$Pe = \dfrac{U_0 d_f}{D_d}$

ΔP_0	干燥过滤器的压降
R	拦截参数，$R = \dfrac{d_p}{d_f}$
R_{ef}	雷诺数，$R_{ef} = \dfrac{\rho u_i d_f}{\eta}$
Stk	斯托克斯（Stokes）数，它是粒子动能与在一个半径距离内的黏性阻力完成的功的比率，$$\text{Stk} = \dfrac{\rho_p u_i d_p^2}{9\mu d_f}$$
T	温度（K）
u	表观气流速度（m/s）
u_i	隙间气流速度（m/s）
Y	过滤效率（%）
ε	过滤器孔隙率
ϕ	干滤器填料密度（纤维体积分数）
η	气体绝对黏度（Ns/m^2）
λ	气体分子的平均自由程（0.067μm），与气压成反比
γ	液体与纤维的接触角
ρ	气体密度
ρ_p	颗粒密度
σ	流体表面张力（N/m）

　　非织造材料通常是 3D 纤维结构，纤维沿厚度方向排列，而非织造过滤材料通常简化为材料平面上高孔隙率的 2D 纤维网络层。非织造过滤材料的整体过滤过程不稳定。在过滤过程中，流体中的一小部分颗粒能够穿透非织造过滤材料，但大部分颗粒可被过滤器中的纤维层阻挡，并逐渐沉积在非织造材料表面。非织造材料过滤结构中的纤维逐渐被颗粒覆盖形成滤饼，从而使过滤结构的渗透性逐渐降低。滤饼在形成的过程中会导致阻力上升，但因此能够阻挡更小的颗粒，有利于过滤效率的提高。

　　理想中最高效的滤料应当在具有最大过滤能力的同时阻力最低，这两个参数在滤料的使用寿命内基本不变。衡量过滤器性能的主要标准包括过滤效率、压降和过滤质量性能[48-49]。

（1）过滤效率 E，表征过滤器保持颗粒的能力，它定义了上游流体中颗粒浓度 $P_{上}$ 和下游流体中颗粒浓度 $P_{下}$ 的比值。

$$E = 1 - \frac{P_{下}}{P_{上}} \qquad (10.1)$$

（2）压降 Δp，为上游流体压力 $p_{上}$ 和下游流体压力 $p_{下}$ 在滤层厚度上的差。

$$\Delta p = p_{上} - p_{下} \qquad (10.2)$$

（3）过滤质量性能 Q，或过滤质量系数，表征过滤效率与压降的关系。

$$Q = \frac{-\ln(1-E)}{\Delta p} \qquad (10.3)$$

10.4.1　单纤维非织造过滤材料的过滤机理

非织造材料过滤是一种深度过滤，而不是表面过滤。非织造过滤材料的颗粒捕获能力基于目标颗粒、过滤器的单个纤维和流体分子之间的相互作用。非织造材料由许多独立纤维组成，因此它的过滤效率取决于单纤维的过滤效率。对于任意粒度 d_p 和该组条件，定义干燥空气过滤中非织造材料的总过滤效率 $Y(d_f)$ 的计算式如下[50-53]：

$$Y(d_f) = 1 - \exp\frac{-4\phi Eh}{\pi(1-\phi)d_f e_f} \qquad (10.4)$$

单一纤维的颗粒过滤效率 E 取决于颗粒大小、空气流速和纤维性能，基于在过滤中运行的六种主要机制：惯性碰撞（E_I）、直接拦截（E_R）、布朗扩散（E_D）、扩散增强拦截（E_{Dr}）、重力沉降（E_G）和静电吸附（E_q）而增强的拦截。如图 10.1 所示，当颗粒大于过滤器中的纤维之间的孔隙时，颗粒被截留；当粒子惯性太高以至于破坏空气流线并影响到纤维时，就会发生惯性碰撞。

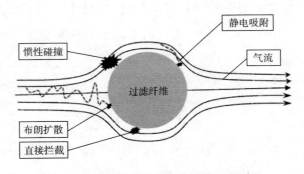

图 10.1　非织造材料过滤机理与单纤维过滤机理

直接拦截是指颗粒在流体中，与纤维距离较近时，会被纤维捕捉到的一种现象，通常假定该距离等于或小于颗粒的碰撞直径，即 $(d_p+d_f)/2$。直接拦截过滤是过滤小颗粒的主要机理，直接拦截成功的概率与颗粒和纤维直径的比值 d_p/d_f 有关。大多数小于 $1\mu m$ 的颗粒由于具有较高的分子迁移率，会被过滤器截留。

布朗扩散是指颗粒在流体中的随机运动，是由于其他颗粒在分子尺度上与流体介质分子碰撞引起的。对于 $0.1\mu m$ 左右的颗粒[54-55]，布朗扩散去除过程占主导地位。在特定的过滤过程中，也经常发生静电吸附和重力沉降。

根据上述不同的过滤机理，有多种过滤效率 E 的预测公式，具体如下[56-62]：

戴维斯等式：

$$
\begin{aligned}
E = E_{DRI} = &[R + (0.25 + 0.4R)(Stk + 2Pe^{-1}) \\
&- 0.0263R(Stk + 2Pe^{-1})^2] \times (0.16 + 10.9\phi - 17\phi^2)
\end{aligned} \tag{10.5}
$$

弗洛伊德兰德勒公式：

$$
E = E_{DRI} = \frac{1}{RPe}[6RPe^{\frac{1}{3}}R_e^{\frac{1}{6}} + 3(RPe^{\frac{1}{3}}R_e^{\frac{1}{6}})^3] \tag{10.6}
$$

斯滕豪斯（Stenhouse）公式：

$$
E = E_D + E_R + E_{Dr} + E_I + E_G \tag{10.7}
$$

各过滤机理的过滤效率计算式如下。

（1）布朗扩散。

$$
E_D = 2.9\left(\frac{1-\phi}{Ku}\right)^{-\frac{1}{3}}Pe^{-\frac{2}{3}} + 0.62Pe^{-1} \tag{10.8}
$$

适用于 $0.005<\phi<0.2$，$0.1<U_0<2$，$0.1<d_f<50$，$R_{ef}<1$ 时。

（2）直接拦截。

$$
\begin{aligned}
E_R &= \frac{(1+R)}{2Ku}\left[2\ln(1+R) - 1 + \phi + \left(\frac{1}{1+R}\right)^2\left(1-\frac{\phi}{2}\right) - \frac{\phi}{2}(1+R)^2\right] \\
&= \frac{(1-\phi)R^2}{2Ku(1+R)^{\frac{2}{3(1-\phi)}}}
\end{aligned} \tag{10.9}
$$

（3）惯性碰撞。

$$
E_I = \frac{(Stk)J}{2Ku^2} \tag{10.10}
$$

式中：$Stk = \dfrac{\rho_d C_c U_0 d_p^2}{18\eta d_f}$，$J = (29.6 - 28\phi^{0.62})R^2 - 27.5R^{2.8}$，$0.01 < R < 0.4$，$0.0035 < \phi < 0.111$，当 $R > 0.4$ 时 $J = 2$。

（4）扩散增强拦截。

$$E_{Dr} = \frac{1.24R^{\frac{2}{3}}}{(Ku\mathrm{Pe})^{\frac{1}{2}}} \quad (\mathrm{Pe} > 100) \tag{10.11}$$

（5）重力沉降。

V_{TS} 和 U_0 在相同方向时：$E_G \cong (1+R)\ G$

V_{TS} 和 U_0 在相反方向时：$E_G \cong -(1+R)\ G$

V_{TS} 和 U_0 在正交方向时：$E_G \cong G^2$ \qquad (10.12)

式中，$G = \dfrac{V_{TS}}{U_0} = \dfrac{\rho_d C_c d_p^2}{18\eta U_0}$.

（6）静电吸附。

$$E_q = \left(\frac{\ni - 1}{\ni + 1}\right)^{\frac{1}{2}} \frac{q^2}{3\pi\eta d_p d_f^2 U_0(2 - \ln R_{e_f})} \tag{10.13}$$

式中：$\ni$ 为粒子的介电常数；q 为粒子上的电荷。

10.4.2　多组分非织造过滤材料的过滤效率

非织造过滤材料的过滤效率是过滤器对各组成纤维的单纤维过滤效率的总和。当相同直径纤维组成的非织造材料对流体中各尺寸的颗粒进行过滤时，通过将颗粒的尺寸范围细分为若干子范围，就可以从上述单纤维过滤效率模型中获得非织造材料整体的过滤效率。对于单个纤维，从上述方程式获得每个粒径范围 j 的过滤效率，然后根据方程计算整个过滤器的过滤效率 Y。

$$Y = 1 - \sum_j a_j \left(\frac{n}{n_0}\right)_j \tag{10.14}$$

式中：$\left(\dfrac{n}{n_0}\right)_j = \exp\dfrac{4\phi E_j h}{\pi(1 - \phi)d_f e_f}$，$\left(\dfrac{n}{n_0}\right)_j$ 和 a_j 分别为第 j 个粒子范围的粒子穿透数和质量分数。

值得注意的是，对于包含同尺寸纤维的过滤器，在过滤特定尺寸的颗粒时，具有最小的过滤效率，如图 10.2 所示[63]。

对于直径小于 d_{p1} 的非常小的颗粒，主要的过滤机制是布朗扩散；对于 d_{p1} 和 d_{p2} 之间的颗粒，过滤器的效率较低，因为扩散效应和拦截效应都较差；对于直径大于 d_{p2} 的颗粒，过滤器的效率又变得非常高，因为拦截和惯性碰撞效应在过滤中占了主导地位。

对于直径在 d_{p1} 和 d_{p2} 之间的颗粒，非织造材料过滤器的缺陷不可避免。为了设计具有高过滤效率的非织造过滤材料，提出了由直径不同的纤维组成非织造材料[64]。

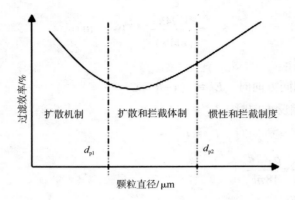

图 10.2　非织造材料对气流中颗粒大小的过滤效率

如果非织造过滤材料由多个纤维组分组成，则可实现对多种直径颗粒的过滤：

$$Y = 1 - \sum_j a_j \left(\frac{n}{n_0}\right)_j \tag{10.15}$$

式中：$\left(\dfrac{n}{n_0}\right)_j = \exp \dfrac{4\phi \sum\limits_{d_f} E_j(d_f)h}{\pi(1-\phi)d_f e_f}$，

$$E_j(d_f) = E_D(d_f)_j + E_R(d_f)_j + E_{Dr}(d_f)_j + E_I(d_f)_j + E_G(d_f)_j + E_e(d_f)_j$$

10.4.3　非织造过滤材料的压降

使用 Davies 开发的表达式描述干燥空气过滤时非织造过滤材料的压降 ΔP_0：

$$\Delta P_0 = \frac{U_0 \eta h}{d_f^2}[64\phi^{1.5} + (1 + 56\phi^3)] \tag{10.16}$$

对于雾化过滤或液体颗粒过滤中的非织造材料，可以通过调节过滤器厚度、纤维直径、填料密度和气体流速的各种组合获得特定的过滤效率。要获得90%的特定效率，所需的过滤器厚度计算式如下[65]：

$$h = 5\phi^{-1.5}d_f^{2.5} \tag{10.17}$$

恒定过滤效率下，压降变化相对不敏感，压降变化如下：

$$\Delta P_{湿} \propto \phi^{0.6}U^{0.3}（当 \phi > 0.01 时） \tag{10.18}$$

10.4.4　非织造过滤材料过滤血液的机理

非织造材料广泛应用于医疗卫生行业的各种过滤中[66]。血液过滤通常用于输血治疗，将血液制品中的红细胞输注给患者；它们被广泛应用于多种疾病治疗，在医学手术中有着重要的作用。研究发现，输血过程中的大多数血液感染通常与白细胞相关，白细胞过滤可以通过有效清除受污染白细胞内的细菌和病毒，来预防输血引起的免疫抑制，对控制输血感染非常有效[67]。白细胞过滤还可有效清除血液中的大血块和微团聚体（白细胞、血小板和沉淀的纤维蛋白"团块"），有助于缓解肺功能障碍和呼吸窘迫，减少输血后血小板减少、组胺释放、非溶血性发热输血反应、同种异体免疫和随后血小板耐受不良的发生率[68]。

非织造过滤材料的血细胞捕获能力是基于细胞颗粒、过滤器的单个纤维和血液分子之间的相互作用。与空气过滤的机理相似，非织造血液过滤器深度过滤[69]的机制有 7 种。它们是筛分、直接拦截、惯性碰撞、扩散、静电吸附、桥接和重力沉降。但需要注意的是，血液过滤是一种特殊的液体过滤，与空气和水的过滤有着根本的区别，主要有以下三个方面的不同：①血液流动是非牛顿流动，不同于空气和水的流动；②与被污染的水和空气中通常所包含的固体颗粒不同，血细胞较软，在水压作用下容易变形；③与被污染的空气和水中的无机杂质不同，血液中含有生物材料和组织敏感物质。

下面介绍血液过滤过程中两种独特的过滤机制：筛分和桥接。

（1）筛分。当血细胞直径大于过滤器孔径的大小并且停留在过滤器表面或被截留在过滤器介质中时会发生筛分。筛分是过滤较大颗粒的一种非常重要的方法，当颗粒的尺寸大于过滤介质中孔隙的尺寸时，过滤器将其排除在外。现有的商用非织造血液过滤器的平均孔径约为 $50\mu m$，远远大于血细胞的孔径（$2\sim10\mu m$）。筛分可能发生在较小的孔隙中和纤维的交叉点中。可通过对相似的微孔膜过滤器进行模拟得出血液过滤器中筛分过滤的效果[70-71]，但在过滤过程中应考虑软血细胞在液压作用下的变形。

（2）桥接。桥接是指血细胞与纤维之间的相互作用，即血细胞颗粒黏附在一起时，被过滤介质阻挡，在孔隙上形成桥接。

惯性碰撞、扩散、直接拦截和静电吸附对细胞颗粒捕获和保留的组合作用称为直接黏附，白细胞耗竭过滤最重要的机制是带负电荷的白细胞对纤维的黏附。血细胞与纤维的黏附取决于色散力和范德瓦耳斯力与排斥电双层力之间的平衡，后者以势能的形式表示。细胞的凝结速率可以用斯莫罗霍夫斯基（Smoluchowski）的模型来解释[72]。黏附过滤的优点是细胞黏附在孔径较大的孔隙中，在较低的压力下，过滤器可以在较高的流速下运行。过滤材料的性质（表面电荷和亲水性）和结构极大地影响通过细胞黏附的过滤效率。表面电荷越多，与带负电荷的血细胞的结合能力就越强。过滤材料（如甲基丙烯酸酯）的表面涂层常常用来修饰过滤器的表面电荷，以提高过滤效率。亲水性对于血细胞和纤维之间的最佳接触以及随后的黏附是非常重要的。同时，纤维在过滤器中的交点越多，过滤效率越高。已研究发现，血细胞很可能主要附着在纤维的交叉点上[73]。

血液过滤中的另一种黏附机制是通过其他活性细胞的间接黏附，即靶向细胞与活性细胞（如血小板）一起聚集和清除[74]。活性细胞具有活性表面受体，对过滤材料的亲和力往往高于靶向细胞[75]，并能迅速与靶向血细胞建立牢固的结合[76]，帮助其在过滤中结合[77-78]。

另外，过滤器的结构在很大程度上决定了过滤所需的压力。高过滤效率要求纤维细、纤维交点多，然而纤维越细，过滤器的流动阻力越大，因此要求较高的压力和消耗。目前的白细胞耗竭过滤器可能需要高达 300mm 汞柱的压力，这使得在临床环境中可以快速输血，但会降低效率，因为有研究表明，白细胞在过滤器中的接触时间越长，过滤效率越高[79]。

目前大多数血液过滤模型都是基于经验模型[80]，Bruil 提出了白细胞过滤过程的数学模型，可以解释平膜过滤器中的过滤规律[81]。然而，直接拦截在血液过滤中造成的影响尚不清楚，并且粒子捕获效率可以基于 Khilar 和 Fogler[82] 针对牛顿流体提出的经验模型来建模。考虑到由于颗粒桥接、孔堵塞和孔闭合而减小过滤材料的孔尺寸和孔隙率而导致的进一步的颗粒捕获，Gruesbeck 和 Collins[83] 提出的颗粒捕获效率改进的 Khilare-Fogler 模型可以应用于血液过滤：

$$r_c = \left(\frac{\beta}{\nu} + b\,\sigma_2 \right) vc$$

式中：$\beta = \frac{3\pi}{8} eNd_p^2 v$。

由于颗粒的直接拦截和额外的堵塞机制，牛顿液体中固体和液体颗粒的过滤效率的其他模型，在血液过滤中也有用[84-86]。

软细胞颗粒对纤维的直接黏附可以用 Derjaguin-Landaue-Verweye-Overbeek（DLVO）理论[87-88]来解释，细胞颗粒对纤维的黏附可以用附着速率系数来量化，它与碰撞效率、黏附效率相关，如下式所示[89]：

$$k_{att} = \frac{3}{2} \frac{(1-n)}{d_c} \alpha \eta U$$

式中：d_c 为粒径；U 为表面流速。粒子与纤维碰撞的比例 η 由 Smoluchowski-Levich[90] 近似给出：

$$\eta = 4A_S^{\frac{1}{3}} N_{Pe}^{\frac{-2}{3}}$$

式中：$N_{Pe} = d_c U / D_{BM}$ 为与扩散相关的佩克莱数；$D_{BM} = \dfrac{K_B(T+273)}{3\pi d_p \mu}$ 为扩散系

数（m^2/s）；K_B 为玻尔兹曼常数；T 为温度；d_p 为颗粒直径；μ 为动态黏度。

$A_S = 2(1 - \gamma^5)/(2 - 3\gamma + 3\gamma^5 = 2\gamma^6)$，是 Happel 的孔隙度依赖参数，其中，$\gamma = (1 - n)^{\frac{1}{3}}$。

根据相互作用力边界层（IFBL）[91-92] 近似给出黏附效率 α：

$$\alpha = \frac{\beta}{1 + \beta}S(\beta)，其中，\beta = \frac{1}{3}\Gamma\frac{1}{3}\left(\frac{U}{2A_S}\right)^{\frac{1}{3}}\left(\frac{d_C}{D_{BM}}\right)^{\frac{2}{3}}k_F$$

式中：k_F 为拟一阶系数，说明了斥力对附着速率的延缓作用；$S(\beta)$ 为 β 的一个函数。

基于粒子碰撞速度 V_P 小于捕获极限速度 VLIM 的假设，建立了惯性碰撞粒子捕获模型[93-94]：

$$VLIM = \left[\frac{2E_a(1 - e^2)}{me^2}\right]^{\frac{1}{2}}$$

式中：E_a 为颗粒表面附着能；m 为颗粒质量，在粒子碰撞的情况下，m 减少的质量由 $\frac{m_1 m_2}{m_1 + m_2}$ 代替；e 是回复系数，其定义为在牛顿流体中回弹瞬间的正常粒子速度与接触瞬间的法向速度之比，回复系数的值在 0.5~0.95。

为了考虑粒子速度的影响，将 VLIM 的表达式与粒子速度的线性函数参数相乘。对于直径小于 20μm 的颗粒，采用缓速哈马克理论计算颗粒表面的黏附能[95-96]。在这个理论中，颗粒表面的黏附能是通过 Londone 范德瓦尔斯力的概念确定的（这个假设只适用于小颗粒）。对于粒子与圆柱形纤维碰撞的情况，其黏附能为：

$$E_a = \frac{Hd_p\delta}{12\delta_0\left(1 + \frac{d_p}{D_f}\right)^{\frac{1}{2}}}$$

式中：H 为 Hamaker 常数；δ_0 为两个粒子之间的距离；δ 为经典 Bradley–Hamaker 理论的校正值，通常 $\delta = 1$；d_p 为粒径。

对于直径大于 20μm 的颗粒，假设其主要支持力为重力[97]，拉力和重力之间的平衡状况决定了其极限速度，则 VLIM 为：

$$VLIM = \left[\frac{0.016d_p^2(\rho_p - \rho_f)}{\mu}\right]$$

式中：ρ_f 为流体密度；ρ_p 为颗粒密度；μ 为流体黏度。

当沉积在表面的颗粒受到黏附力和重力作用时，且表面的颗粒受到足够的外部阻力，则颗粒可被分离并重新进入液体流中，此时就会发生颗粒夹带[98]。因此，也可以利用该模型来估计粒子的再卷入，当一个新粒子的极限速度小于粒子速度时，粒子的再卷入就会发生。

过滤结构在很大程度上决定了过滤所需的压降。通过滤料的压降可以用以下表达式确定：

$$\Delta P = \Delta P_{H-P} + \Delta P_{B-P}$$

式中：ΔP_{H-P} 为 Hagen-Poiseuille 流体的压降，$\Delta P_{H-P} = \dfrac{f\mu LVA}{(OA)^2}$，$V$ 为表面速度，A 为过滤面积；OA 为开放过滤的流动区域；ΔP_{B-P} 为颗粒流动阻力引起的压降，

$\Delta P_{B-P} = \dfrac{k_{c-k}\mu l_b V (1 - \varepsilon_b)^2}{D_p^2 \varepsilon_b^2}$，$l_b$ 为填充厚度，D_p 为粒径，ε_b 为动态过滤孔隙率，k_{c-k} 为 Carman-Kozeny 常数。考虑到过滤器的总面积和沉积颗粒覆盖的面积，动态过滤器孔隙率随时间而变化。

10.5　非织造材料在过滤中的应用

以非织造材料在过滤工业中的应用为例，本文简要介绍了非织造空气过滤器、水过滤器、油过滤器和聚结式过滤器。

10.5.1　空气过滤器

室内污染物浓度通常是室外污染物浓度的 2~100 倍[99]。室内空气污染物已被列为危害公众健康的五大环境风险之一；暖通空调系统的空气过滤为建筑和车辆环境提供了更健康、可接受的室内空气质量。

空气过滤器有许多不同的配置，最终应用于市场的为一般的灰尘过滤和高效过滤。暖通空调的主要空气过滤介质包括熔融和纺粘非织造过滤材料以及 HEPA 湿法成网玻璃纤维非织造过滤材料。

空气过滤器按照 MERV 标准[100]和欧洲标准进行评级[101]，按照其效率分 1~20 级（表 10.2）。在高端领域，MERV 评级为 17~20 的 HEPA 过滤器通常用于微芯片、液晶显示屏、药品生产和医院手术室显微外科手术等对清洁有绝对要求的情况下。MERV 评级为 1~16 的过滤器，被认为是 HVAC 级过滤器，主要是由合成熔喷、纺粘或玻璃纤维非织造材料构成。

表 10.2 过滤器评级[102-103]

计重效率	过滤效率	典型的控污染物粒径	MERV 评级	EN 效率评级	过滤器种类
60%~80%	<20%	>10μm	1~4	G1 G2	一次性平板过滤器
80%~90%	20%~35%	3~10μm	5	G3	折叠过滤器，25~100mm 厚，袋状过滤器
90%~95%	35%~50%	3~10μm	6	G4	盒状过滤器
95%~98%	50%~85%		7~8	G4	折叠过滤器
99%	>85% <65%	3~10μm 1~3μm	9~10	F5	
99%	>85% 50%~80%	3~10μm 1~3μm	10~11	F6	折叠过滤器 袋状过滤器 硬细胞过滤器 袋状过滤器 盒状过滤器
99%	>90% 80%~90% <75%	3~10μm 1~3μm 3~1μm	12~13	F6	
99%	>90% >90% <75%	3~10μm 1~3μm 3~1μm	13	F7	
99%	>90% >90% 75%~85%	3~10μm 1~3μm 3~1μm	13~14	F7	袋状过滤器 硬细胞过滤器
99%	>90% >90% 75%~95%	3~10μm 1~3μm 3~1μm	14~15	F8	袋状过滤器 硬细胞过滤器
	>95% >95% >95%	3~10μm 1~3μm 3~1μm	16	H11	硬细胞过滤器 袋状过滤器 盒状过滤器 HEPA/ULPA
—	99.97% 99.99%			U13~14 U15	HEPA/ULPA 袋状过滤器 盒状过滤器
	99.999%	≤3μm	—	—	
	99.9995%			—	
	99.99999			—	

HVAC 空气过滤器的设计目的是去除微生物、灰尘和过敏源等可呼吸的微粒，这些微粒体积极小，传播能力强。一般细菌的直径是几微米，但病毒的直径只有它的 1/100。具有深度过滤结构的非织造过滤材料可以有效地过滤这些小颗粒，防止它们在过滤器表面传播。

空气过滤器可以制成不同的类型，包括平板过滤器、折叠过滤器、袋状过滤器、硬细胞过滤器和微型折叠过滤器。平板非织造过滤材料通常由玻璃纤维或聚酯纤维制成，过滤效率通常较低（3~10μm 小颗粒的过滤效率低于 20%）；折叠非织造过滤材料具有更大的过滤比表面积、更强的防尘能力和更高的过滤效率（1~10μm 小颗粒的过滤效率为 30%~90%）。它们可以由各种纤维（如聚酯纤维、棉纤维及两者混合）的针刺非织造材料和双组分 PP/聚乙烯纤维的纺粘非织造材料制成。袋状非织造过滤材料的过滤效率更高，可采用熔喷 PP 非织造材料或气流成网玻璃纤维非织造材料制成。熔喷和纳米纤维非织造材料具有更小的纤维尺寸（微米和纳米），具有致密或梯度的结构，可以防止颗粒渗透。气流成网玻璃纤维过滤器具有良好的颗粒捕获能力，但气流阻力相对较高。

这些空气过滤器的过滤效率可以通过纤维的静电充电来提高，这可以通过使用不同布局的驻极体的混合纤维来实现[104]；这种额外的过滤机制对于呼吸装置中使用的过滤器更有用[105]。材料的热传导会增强外部电荷的注入，同时保持较低的环境空气相对湿度，可以减少表面的水分，有利于电荷的保留。

将电强化过滤技术与一个大气压均匀辉光放电等离子体（OAUGDP）[106]杀菌技术[107]相结合，去除室内空气中的生物污染物。据报道，在过滤器表面施加直流电场引入静电场，可使金黄色葡萄球菌的捕获率大幅提高 450%，典型病毒的捕获率大幅提高 900%（噬菌体 FX174）。

10.5.2 水过滤器

水过滤的过程主要是去除或降低悬浮颗粒、寄生虫、细菌、藻类、病毒和真菌以及其他有害的化学和生物污染物。饮用水的过滤系统通常包括五个阶段的过滤过程：沉淀物、机械杂质、化学物质、矿物质和细菌。

由连续纤维制成的非织造材料，如熔喷、纺粘、水刺非织造材料和电纺、离心纺纳米纤维非织造材料以及它们的组合，在过滤过程中能达到避免纤维脱落的要求，所以广泛用作水过滤介质。它们既可以作为独立的微滤介质，也可以作为前置过滤器，去除水中的高污染物，以保护膜过滤器。美国专利 2004/0038014，

2007/0075015 和 2007/0018361 报告了由一层或多层微纤维和纳米纤维组成的用于特定生物污染物微滤的非织造过滤材料。预过滤器通常是折叠或缠绕的过滤材料。预过滤器有很大的保留率，最常见的保留率为 20nm 或 50nm，可以根据应用需求来进行设计。

水过滤系统中，膜过滤器对水中亚微米污染物的过滤效率很高，但颗粒保持能力非常有限。纳米纤维非织造材料广泛应用于膜过滤系统中作为除病毒过滤器。它们在复合材料过滤器结构中有两个作用：作为单独的预过滤器，用于分离尺寸大于膜保留的颗粒，以提高膜过滤器的过滤效率；为膜提供深度过滤以改善膜过滤系统的颗粒保持能力，延长膜的寿命。在美国专利 8038013 中报道了这种复合液体过滤介质的实例，其包括与微孔膜相邻的纳米纤维网层[108]。专利 EP2408482 报道了一种含有液体过滤介质的纳米纤维网，该介质同时具有高液体渗透性和高微生物保持率[109]。

来自水中的细菌、真菌和其他微生物的生物污染降低了非织造预过滤膜的性能，并增加了其化学清洁的频率和成本。非织造过滤材料的抗菌和杀菌方法有很多，水过滤器可以将杀菌剂，包括季铵盐[110]、聚合磷酸盐[111]和功能化离子聚合物[112]加入非织造过滤材料中，以去除细菌和其他微生物。具有抗菌功能的纳米颗粒也可用于去除水中的微生物。此类过滤器包括以共价或离子方式将抗菌纳米颗粒（如包覆在带正电荷的聚乙烯亚胺中的银纳米颗粒）黏附于氧等离子体修饰的聚砜超滤膜表面[151]，由聚合物的混合物制成的纳米纤维非织造膜（丙交酯与乙交酯共聚物 PLGA）、壳聚糖与氧化石墨烯（GO）–Ag 纳米复合材料[113]和碳纳米管功能化的壳聚糖[114]可防止细菌在膜表面集群。

由具有抗菌活性的聚合物制成的非织造材料是实现抗菌过滤器的另一条途径。以 N，N'–二甲基–N–烷基甲基丙烯酰基乙基溴化铵（DMAEA–RB）（R–乙基/己基/十二烷基）、丙烯酸（AA）和丙烯酰胺三种不同烷基链长的单体共聚，合成了一种抗大肠杆菌和葡萄球菌的聚合物。

含有离子交换性能的纤维，特别是纳米纤维的水过滤器[116]已应用于生物技术、制药加工，为半导体工业生产超纯水、催化转化处理和电池技术等领域[117]。含有离子官能团的聚合物，由于导电率高（如聚电解质溶液）的聚合物溶液阻止了溶液的电场诱导充电，导致了电纺可纺性很低，因此很难用电纺方法将其制成离子交换纤维。因此，电纺丝法形成的离子交换纳米纤维主要依靠以下三种方法：①在纺丝液中加入水溶性和电纺性聚合物作为载体；②对非离子聚合物或无机材料（如溶液凝胶和碳前驱体）进行电纺；③进行连续的化学修饰[118-119]。

10.5.3　油过滤器

需要从燃料和油产品中除去的五种主要污染物为：磨料颗粒、软颗粒、腐蚀性化学品、水和微生物，具体如下。

（1）磨料颗粒包括灰尘、污物、沙子、磨损金属、硅和过量添加剂（铝、铬、铜、铁、铅、锡、硅、钠、锌、钡、磷）。

（2）软颗粒包括纤维、弹性体、油漆芯片、密封剂（Teflon® 胶带、贴）。

（3）污泥、氧化、酸和其他腐蚀性化学品。

（4）水。

（5）高水基流体中的微生物、真菌和生物微生物。

液压油系统中含有的磨料颗粒，如果未经过滤就进入系统，就会损坏泵、阀门和电动机等敏感部件。非织造液压过滤器的设计目的是去除油液中的这些颗粒，以防止液压系统故障，或任何过早的部件磨损。非织造过滤材料含有新型材料，如磁性高分子纤维[120]等新型材料，或具有特殊设计的结构的材料（如多层复合过滤介质[121]），用于过滤固体磨料颗粒、软颗粒、腐蚀性化学颗粒和一些微生物。

大多数石油和燃料系统故障的一个重要原因是由于其中溶解的、分散的和游离的水水位较高，使燃料和油变质。主要有四种类型的非织造过滤介质，常用于去除各种燃料和油品（如航空燃料、汽车柴油和液压油）中所含的水。它们包括纤维素纸浆过滤器[122]、人造纤维过滤器[123]、玻璃纤维介质、吸水介质（如活性炭）[124]。它们必须符合国际流体污染等级清洁污染规范（ISO 4406）和严格的国际过滤标准（如 ASTM D3948）。从油燃料或润滑油中去除水滴或水分的效率以及容尘量取决于所使用的过滤系统、所需的油的清洁度等级（ISO 代码）、油的性质（包括黏度和表面张力），这会影响液体过滤中的液体润湿过程[125]。

用于滤油的玻璃纤维过滤器通常是复合结构[126]，以防止玻璃纤维颗粒释放到油中[127]。纤维素木材纤维含有较小的微孔，可有效吸收各种石油基流体中的水分[122]；然而，纤维素过滤器由于其较宽的纤维尺寸分布而具有较高的流动阻力和较高的压降。

10.5.4　聚结式过滤器

为了获得高质量的压缩空气（如含油量低至 0.01ppm）或消除气味，需要通过过滤来消除空气和气体中的亚微米液体颗粒。只具有机械分离机制的传统过滤器对这些小的液体气溶胶颗粒是无效的。含有吸附剂（如活性炭）和吸收剂（如多孔聚合物材料）的过滤器是选择之一。然而，吸附材料（如活性炭）由于其吸附气体分子和小的液体颗粒时受到表面吸附力的限制，在液体饱和时吸附能力迅速下降。含有羊毛、黏胶、棉花和高吸水聚合物的吸水过滤材料将液体吸收到其内部的多孔结构中，它们的吸收能力也有限，在液体饱和后很容易失效。

　　聚结是一种应用于过滤介质中的技术，用于从气体中分离液体气溶胶和液滴，聚结式过滤器是专门设计用来从气流中去除亚微米的油、水和其他液滴。它用于去除燃气车辆过滤中的雾气和雾气污染物、刺激物和气味，还用于压缩空气过滤、压缩天然气过滤和空气油分离。

　　气流中的液滴通过两个或两个以上的液滴相互接触来克服液滴因表面张力而聚结的现象[128]。非织造聚结式过滤器通过深度过滤机制（包括重力沉降、惯性碰撞、直接拦截和扩散作用）捕捉单个纤维中的液体气溶胶。气溶胶吸附在过滤纤维上，逐渐凝聚在过滤纤维中形成较大的液滴。这些结合在一起的大液滴所受引力随着液滴与气流之间的阻力的增大而增大；当较大的液滴达到临界质量时，液滴会迁移到介质的底部，最终从过滤介质中流出[129]。

　　因此，安装在室内的聚结式滤芯有三层过滤材料，污染的气流从滤芯内部流向外部。内层为捕获层，外层为较粗糙的排水层，而高效的聚结层通常位于两者之间。当要去除油雾时，内层的细纤维通常是吸水性的，并用功能树脂进行改性，使其疏油，以帮助释放油粒。亲油性硼硅酸盐玻璃微纤维通常用于制造聚结层，以捕获细小的液体气溶胶和液滴，这些气溶胶和液滴沿着纤维一起运行，在元件的内部形成大液滴。然后，这些大液滴在重力的作用下被迫到达过滤元件的外部。聚结式滤芯也能像同等级的颗粒型滤芯一样高效地去除颗粒物。

　　纤维的比表面积、几何形状、取向，纤维和非织造材料的表面性质和形貌，过滤材料的孔隙度、厚度和复合结构影响着液体在纤维表面的润湿、扩散和积累，因此对聚结式过滤效率至关重要。例如，化学黏合非织造材料中使用的黏合剂的尺寸和表面性能是影响聚结式过滤性能的重要变量。据报道，一种采用 B 玻璃纤维和 E 玻璃纤维相结合的新型聚结滤料来消除丙烯酸黏合剂和溶剂，该滤料的吸附效率和效果均明显优于采用聚结剂的介质[130]。增大过滤面积，将雾状污染物扩散到更多的过滤纤维上，以减少单个纤维中的高雾浓度负荷，从而提高收集效率，延长过滤寿命和维护周期，并降低过滤压降，这些操作都有助于提高性能和降低操作成本。

　　此外，液体气溶胶的物理性质（密度、黏度、表面张力）和过滤过程的操作条件（如压力、温度、流体速度和湿度）都会影响聚结发生的程度。非织造聚结式过滤器的结构设计需要与系统配置一致。

10.6　未来趋势

新型非织造过滤材料的开发是从拉（客户需求）和推（技术进步）两方面进行的。

一方面，对环境影响和人类健康的担忧是推动过滤行业平稳快速发展的两大需求驱动力。新兴经济体对环境问题有着强烈的需求，包括消除汽车和能源行业对空气和水的污染。越来越多的法律通过控制工业排放和废液，以加强环境保护。非织造过滤材料具有多用途的结构和巨大的灵活性，可设计成各种形式，以满足这些要求。此外，工业制造商为保证质量的稳定，尤其是在高科技产业（如医学、制药、半导体电子、计算机、化学工程和食品行业），越来越多地要求更专业的过滤器以更高的微米水平来过滤污染物。尤其是微米纤维过滤器（如熔喷和可分离的微米纤维过滤器）和纳米纤维过滤器（如静电纺丝、离心纺丝和其他新兴技术的纳米纤维膜）的需求将增大。

另一方面，过滤机理的进一步研究，新型聚合物材料、纤维结构、纺纱和非织造材料的形成方法，激光[131]、等离子体和高能离子束的应用以及纤维的 3D 打印和数字打印技术将对非织造技术和非织造过滤材料的发展产生重大影响。

利用纳米技术和功能添加剂（如抗菌、抗真菌、抗病毒、超疏水性、超亲水性以及自清洁）对非织造材料及其组成纤维进行功能性处理，是获得功能性过滤器的又一趋势。

参考文献

［1］GREGOR E C. Primer on nonwoven fabric filtration. Textile World，2009.

［2］BAUER J F. Properties of glass fiber for filtration：Influence of forming. Intern Nonwoven J，2004，4：2-7.

［3］Hydac International，Metal Fibre Filter Elements V-HYDAC，http：//www.hydac.com/fileadmin/pdb/pdf/PRO0000000000000000000007216010011.pdf.

［4］ANDO K，OGAWA Y. Electret fiber sheet and method of producing，US

Patent 4874659. 1989.

[5]　van TURNHOUT J, RIEKE J C. Method for manufacturing a filter of electrically charged electret fiber material and electret filters obtained according to said method. US Patent 4178157. 1979.

[6]　YANG Z Z, LIN J H, TSAI I S. Particle filtration with an electret of nonwoven polyproplene fabric. Text Res J, 2002, 72（12）：1099-1104.

[7]　http：//textile-future. com/textile-manufacturing. php? read_article1/43165.

[8]　Viscose speciality fibres—Bio-based fibres for filtration. June 23, 2015. Filtration—Separation, http：//www. filtsep. com/view/42311/viscose-speciality-fibres-bio-based-fibres-for-filtration/.

[9]　WIMMER P. Viscose speciality fibres for filtration applications. F&S International Edition No. 15/2015. p. 71 - 76. http：//www. fs - journal. de/Schwerpunktthemen/2015/english/13-Viscose-speciality-fibres-for-filtration-applications. pdf.

[10]　http：//www. kelheim-fibres. com/produkte.

[11]　NORTH M. Kelheim fibres GmbH—a specialist Specialises. Lenzing Ber, 2013, 91：13-8.

[12]　MATSUMURA H, SHIMAMOTO S, SHIBATA T. Tobacco smoke filter materials, fibrous cellulose esters, and production processes. US Patent 5863652. 1997.

[13]　YU H, SWAMINATHAN S. Fibrillated fibers for liquid filtration media. US 20130341290. 2013.

[14]　HAMPTON J M, JONES D O, SHENOY S L. Nonwoven filtration media including microfibrillated cellulose fibers. WO 2014164127. 2014.

[15]　BATTENFELD J, WIDRIG W E, NOFZ E. Filter media with fibrillated fibers. US 9027765. 2015.

[16]　US 20130233789. High efficiency and high capacity glass-free fuel filtration media and fuel filters and methods employing the same. 2013.

[17]　TSAI P. Novel methods for making electret Media & Remediation of charge degradation, Proceeding of INTC 2003, Renaissance Harborplace, Baltimore, Maryland; September 16-18, 2003.

[18]　MYERS D L, ARNOLD B D. Electret media for HVAC filtration applications. Int Nonwovens J, 2003：43-54.

[19]　DUGAN J. Critical factors in engineering segmented bicomponent fibers for

specific end uses. 1999.

[20] VAUGHN E A, CARMAN B G. Expanded surface area fibers: a means for medical product enhancement. J Ind Text, 2001, 30 (4).

[21] http://www. design-meets-polymers. com/sites/lists/PP-HP/Documents/P84-filtration brochure. pdf.

[22] http://www. p84. com/sites/lists/PP-HP/Documents/2010-04-vgb-filtation-with-high-efficiency-fibres-in-cfbs. pdf.

[23] COX C L, BROWN P J, LARZELERE J C. Simulation of C-CP fiber-based air filtration. J Eng Fibers Fabr, 2008, 3 (2): 1-6.

[24] http://csmres. co. uk/cs. public. upd/article-downloads/FISE0613_feature_Eastman. pdf.

[25] WIMMER A. Lenzing Profilen® yarns and fibers, Lenzing Ber 75/96: 29-31.

[26] Filtration+Separation. http://www. arkema. co. jp/export/sites/japan/. content/medias/downloads/plastic-japan-2015-kynar-pdvf-fibers-for-miltiple-high-performance-uses-en. pdf; January/February 2014.

[27] https://www. kermel. com/medias/fichiers/kermel_tech_brochure_in_english. pdf.

[28] http://www. p84. com/product/p84/en/Pages/default. aspx.

[29] http://www. hiroseamerica. com/products/ultra-thin-wet-laid-nonwovens/.

[30] DE 4114952. Nonwoven material for use as filter fabric, etc. -has two layers consisting of spun-bounded or nonwoven material on which carded staple mat is placed. 1992.

[31] ANANDJIVALA R D, BOGUSLAVSKY L. Development of needle-punched nonwoven fabrics from flax fibers for air filtration applications. Text Res J, 2008, 78 (7): 614-624.

[32] Needlona® filterMedia—BWFgroup, http://www. bwf-group. de/en/bwf-envirotec/products/needlona_filter_media. html.

[33] HEARLE J W S, SULTAN M A J. A study of needled fabrics. Part 2: effect of needling process. J Text Inst, 1968, 59: 103-116.

[34] PEARCE C E, DELEON S, PUTNAM M, et al. Hydroentangled filter media and method, US 7381669. 2008.

［35］ THOMAIDES L, BROOKMAN R P, TAUB S I. Hydroentangled fluoropolymer fiber bed for a mist eliminator. US 5948146. 1999.

［36］ http：//www. evolon. com/microfilament−fabric, 10434, en/.

［37］ GREEN T B, LI L. Filter having melt − blown and electrospun fibers. US 8172092. 2012.

［38］ PICH J. Pressure characteristics of fibrous aerosol filters. J Colloid Interface Sci 1971, 37：912−917.

［39］ NAM J, HUANG Y, AGARWAL S, et al. Improved cellular infiltration in electrospun fiber via engineered porosity. Tissue Eng, 2007, 13：2249−2257.

［40］ LIN T, WANG H X, WANG X G. Self−crimping bicomponent nanofibers electrospun from polyacrylonitrile and elastomeric polyurethane. Adv Mater, 2005, 17：2699−2703.

［41］ ZANDER N E. Hierarchically structured electrospun fibers. Polymers, 2013, 5：19−44.

［42］ CHEN S L, HOU H Q, HU P, et al. Polymeric nanosprings by bicomponent electrospinning. Macromol Mater Eng, 2009, 294：265−71.

［43］ CANEJO J P, BORGES J P, GODINHO M H, et al. Helical twisting of electrospun liquid crystalline cellulose micro − and nanofibers. Adv Mater 2008, 20：4821−4825.

［44］ XIN Y, RENEKER D H. Hierarchical polystyrene patterns produced by electrospinning. Polymer, 2012, 53：4254−4261.

［45］ XU X. Nanofibers, and apparatus and methods for fabricating nanofibers by reactive electrospinning. US Patent 2007/0018361. 2007.

［46］ BRYNER M A, HOVANEC J B, JONES D C, et al. Filtration media for filtering particulate material from gas streams. US Patent 7235122. 2007.

［47］ YOON K, HSIAO B S, CHU B. Functional nanofibers for environmental applications. J Mater Chem, 2008, 18：5326−5334.

［48］ BS EN 779. Particulate air filters for general ventilation—Determination of the filtration performance. 2002.

［49］ BS ISO 19438. Diesel fuel and petrol filters for internal combustion engines—Filtration efficiency using particle counting and contaminant retention capacity. 2003.

［50］ KRISH A A, STECHKINA I B. The theory of aerosol filtration with fibrous filters. In: SHAW D T, editor. Fundamentals of aerosol science. Wiley; 1978.

[51] KIRSH A A, FUCHS N A. Investigation of fibrous filters: diffusional deposition of aerosols in fibrous filters. Colloid D, 1968, 30: 630.

[52] STECHKINA I B, KIRSH A A, FUCHS N A. Effect of inertia on the captive coefficient of aerosol particles by cylinders at low Stokes' numbers. Kolloid Zh, 1970, 32: 467.

[53] STECHKINA I B, KIRSH A A, FUCHS N A. Studies on fibrous aerosol filters. IV. Calculation of aerosol deposition in model filters in the range of maximum penetration. Ann Occup Hyg, 1969, 12: 1-8.

[54] BROWN R C. Air Filtration—An integrated approach to the theory and applications of fibrous filters. Oxford, UK: Pergamon Press, 1988.

[55] DAVIES C N. Air filtration. London: Academic Press, 1973.

[56] FRIEDLANDER S K. Theory of aerosol filtration. Ind Eng Chem, 1958, 30: 1161-1164.

[57] FRIEDLANDER S K. Aerosol filtration by fibrous filters. In: BLAKEBROUGH, editor. Biochemical and biological engineering, vol. 1. London: Academic Press, 1967 [Chapter 3].

[58] STECKINA I B, FUCHS N A. Studies on fibrous aerosol filters I: calculation of diffusional deposition of aerosols in fibrous filters. Ann Occ Hyg, 1966, 9: 59-64.

[59] LEE K W, GIESEKE J A. Note on the approximation of interceptional collection efficiencies. J Aerosol Sci, 1980, 11: 335-341.

[60] YEH H C, LIU B Y H. Aerosol filtration by fibrous filters. J Aerosol Sci, 1974, 5: 191-217.

[61] KIRSCH A A, CHECHUEV P V. Diffusion deposition of aerosol in fibrous filters at intermediate Peclet numbers. Aerosol Sci Technol, 1985, 4 (1): 11-16.

[62] HINDS W C. Aerosol technology: properties, behaviour and measurements of airborne particles. New York: John Wiley and Sons, 1999.

[63] http: //www. tsi. com/AppNotes/appnotes. aspx? Pid1/433&lid1/4439&file1/4 iti_041.

[64] VAUGHAN N P, BROWN R C. Observations of the microscopic structure of fibrous filters. FiltrSep, 1996, 9: 741-748.

[65] STENHOUSE J I T. Filtration of air by fibrous filters. Filtr Sep May/June,

1975, 12: 268-274.

[66] http: //www. hillsinc. net/assets/pdfs/multi-component-fiber-medical. pdf.

[67] ROE J A. Clinical advantages associated with the use of blood filters. Care Crit Ill, 1992, 8: 146-150.

[68] KAPADIA F, VALENTINE S, SMITH G. The role of blood microfilters in clinical practice. Intensive Care Med, 1992, 18: 258-263.

[69] BRUIL A. Leucocyte filtration: filtration mechanisms and material design [PhD Thesis]. The Netherlands: TU Twente, 1993: 8-9.

[70] SHARMA M M, YORTSOS Y C. A network model for deep bed filtration processes. AIChE J, 1987, 33 (10): 1644-1653.

[71] SHARMA M M, YORTSOS Y C. Fines migration in porous media. AIChE J, 1987, 33 (10): 1654-1662.

[72] von SMOLUCHOWSKI M. Z Phys 1916, 17: 557 - 585. Z Phys 1917, 63: 245.

[73] OKA S, MAEDA K, NISHIMURA T, et al. Mechanism of leucocyte removal with fibers. In: SEKIGUCHI S, editor. Clinical application of leucocyte depletion. Oxford: Blackwell, 1993: 105-118.

[74] DZIK S. Leukodepletion blood filters: filter design and mechanisms of leucocyte removal. Transfus Med Rev, 1993, 7: 65-77.

[75] STENEKER I, van LUYN M J, van WACHEM P B, et al. Electronmicroscopic examination of white cell reduction by four white cell - reduction filters. Transfusion, 1992, 32: 450-457.

[76] RINDER H M, BONAN J, RINDER C S, et al. Dynamics of leucocyte - platelet adhesion in whole blood. Blood, 1991, 78: 173-176.

[77] STENEKER I, PRINS H K, FLORIE M, et al. Mechanisms of white cell reduction in red cell concentrates by filtration: the effect of the cellular composition of the red cell concentrates. Transfusion, 1993, 33: 42-50.

[78] ALLEN S M, PAGANO D, BONSER R S. Pall leucocyte depleting filter during cardiopulmonary bypass. Ann Thorac Surg, 1994, 58: 1560-1561.

[79] SMIT J J, de VRIES A J, GU Y J, et al. Efficiency and safety of leucocyte filtration during cardiopulmonary bypass for cardiac surgery. Transfus Sci, 1999, 20: 151-165.

［80］ DIEPENHORST P. Removal of leucocytes from whole blood and erythrocyte suspensions by filtration through cotton wool （Ⅴ）. Vox Sang, 1975, 29 （1）: 15–22.

［81］ BRUIL A, BEUGELING T, FEIJEN J. A mathematical model for the leucocyte filtration process. Biotechnol Bioeng, 2004, 45 （2）: 158–164.

［82］ KHILAR K C, FOGLER H S. Water sensitivity of sandstones. Soc Pet Engine J, 1983, 23 （1）: 55–64.

［83］ GRUESBECK C, COLLINS R E. Entrainment and deposition of Fine particles in porous Media. December, 1982: 847–856.

［84］ HERZIG J P, Le CLERC D M, Le GOFF P. Flow of suspensions through porous media: application to deep filtration. Ind Eng Chem, 1970, 62 （5）: 8–35.

［85］ TIEN C, TURIAN R M, PENDSE H. Simulation of the dynamic behavior of deep bed filters. AlChE J May, 1979, 25 （3）: 385–395.

［86］ WNEK W J, GIDASPOW D, WASAN D T. The role of colloid chemistry in modeling deep bed liquid filtration. Chem Eng Sci, 1975, 30: 1035–1047.

［87］ DERJAGUIN B V, LANDAU L. ACTA. Phys Chem USSR, 1941, 14: 633.

［88］ VERWEY E J, OVERBEEK JThG. Theory of the stability of lyophobic colloids. Amsterdam: Elsevier, 1948.

［89］ YAO K M, HABIBIAN M T, O'MELIA C R. Water and waste water filtration: concepts and applications. Environ Sci Technol, 1971, 5: 1105–1112.

［90］ PENROD S L, OLSON T M, GRANT S B. Deposition kinetics of two viruses in packed beds of quartz granular media. Langmuir, 1996, 12: 5576–587.

［91］ SWANTON S W. Modelling colloid transport in groundwater; the prediction of colloid stability and retention behaviour. Adv Colloid Interface Sci, 1995, 54: 129–208.

［92］ RYAN J N, ELIMELECH M. Colloid mobilization and transport in groundwater. Colloids Surfaces A Physicochem Eng Asp, 1996, 107: 1–56.

［93］ DAHNEKE B. The capture of aerosol particles by surfaces. J Colloid Interface Sci 1971, 37 （2）.

［94］ DAHNEKE B. Particle bounce or capture—search for an adequate theory: I conservation-of-energy model for a simple collision process. Aerosol Sci Technol, 1995, 23: 25–39.

［95］ HAMAKER H C. The London–Van der Waals attraction between spherical particles. Physica, 1937, Ⅳ （10）: 1058–1072.

［96］ BEIZAIE M. Simulation of particle collection by model fiber filters. Sep Technol, 1991, 1: 132-141.

［97］ CLEAVER J W, YATES B. Mechanisms of detachment of colloidal particles from a flat substrate in a turbulent flow. J Colloid Interface Sci, 1973, 44 (3): 464-474.

［98］ CHING H K. Studies of particle re-entrainment/detachment from flat surface [PhD Dissertation]. University of Minnesota, 1971.

［99］ http: //www. EPA. com.

［100］ ASHRAE 52. 2 test method.

［101］ EN 779 and EN 1882.

［102］ Filter efficiency guide, Flanders Corp. http: //www. flanderscorp. com/resources. php#Tech.

［103］ RORNAY F J, LIU B Y H, CHAE S. Experimental study of electrostatic capture mechanisms in commercial electret filters. Aerosol Sci Technol, 1998, 28: 224-274.

［104］ WALSH D C, STENHOUSE J I T. Parameters affecting the loading behavior and degradation of electrically active filter materials. Aerosol Sci Technol, 1998, 29: 419-432.

［105］ WADSWORTH L, TSAI P. Enhancement of barrier fabrics with breathable films and of face masks and filters with novel fluorochemical electret reinforcing treatment. US Patent 20050079379. 2005.

［106］ ROTH J R, RAHEL J, DAI X, et al. The physics and phenomenology of One Atmosphere Uniform Glow Discharge Plasma (OAUGDPTM) reactors for surface treatment applications. J Phys D Appl Phys, 2005, 38: 555-567.

［107］ KELLY-WINTENBERG K. Indoor air biocontaminant control by means of combined electrically enhanced filtration and OAUGDP plasma sterilization. Research report. 2001. http: //cfpub. epa. gov/ncer _ abstracts/index. cfm/fuseaction/display. highlight/abstract/1603/report/F.

［108］ CHEN G, GOMMEREN H J C, KNORR L M. Liquid filtration media. US Patent 8038013. 2011.

［109］ KOZLOV M, MOYA W, TKACIK G. Removal of microorganisms from fluid samples using nanofiber filtration media, US patent 20120091072. 2012.

［110］ CHANG L, ZHANG X, SHI X, et al. Preparation and characterization of a novel antibacterial fiber modified by quaternary phosphonium salt on the surface of poly-acrylonitrile fiber. Fibers Polym, 2014, 15 (10): 2026.

[111] KANAZAWA A, IKEDA T, ENDO T. Polymeric phosphonium salts as a novel class of cationic biocides. X. Antibacterial activity of filters incorporating phosphonium biocides. J Appl Polym Sci, 1994, 54 (9): 1305-1310.

[112] NIGMATULLIN R, GAO F. Onium-functionalized polymers in the design of non-leaching antimicrobial surfaces. Macromol Mater Eng, 2012, 297: 11.

[113] de FARIA A F, PERREAULT F, SHAULSKY E, et al. Antimicrobial electrospun biopolymer nanofiber mats functionalized with graphene oxide-silver nano-composites. ACS Appl Mater Interfaces, 2015, 7 (23): 12751-1279.

[114] SCHIFFMAN J D, ELIMELECH M. Antibacterial activity of electrospun polymer mats with incorporated narrow diameter single-walled carbon nanotubes. ACS Appl Mater Interfaces, 2011, 3 (2): 462-468.

[115] ZHANG Y, LI X, DONG Q, et al. Synthesis and antimicrobial activity of some cross-linked copolymers with alkyl chains of various lengths. J Appl Polym Sci, 2011; 120 (3): 1767-1773.

[116] SEO H, MATSUMOTO H, HARA S, et al. Preparation of polysaccharide nanofiber fabrics by electrospray deposition: additive effects of poly (ethylene oxide). Polym J, 2005, 37: 391-398.

[117] STREAT M. Boom time for ion exchange. Chem Ind Lond, 2004, 13: 2021.

[118] MATSUMOTO H, WAKAMATSU Y, MINAGAWA M, et al. Preparation of ion-exchange fiber fabrics by electrospray deposition. J Colloid Interface Sci, 2006, 293: 143-150.

[119] IMAIZUMI S, MATSUMOTO H, ASHIZAWA M, et al. Preparation of ion-exchange carbon nanofibers by electrospinning: effect of fiber diameter on their adsorption behaviors. Fiber Prepr Jpn, 2011, 66: 112.

[120] US 5468529. Magnetic filter material comprising a self-bonding nonwoven fabric of continuous thermoplastic fibers and magnetic particulate within the fibers. 1995.

[121] US 6840387. Multilayer composite filter medium for serial filtration. 2005.

[122] US 4455237. High bulk pulp, filter media utilizing such pulp, related processes. 1984.

[123] US 8282877. Process of making a hydroentangled product from cellulose fi-

bers. 2012.

［124］ US 5679251. Wound oil filter. 1997.

［125］ Fibre wetting processes in wet filtratione MSSANZ.

［126］ US 20090120868. Transmission oil filter comprising a melt blown layer at the down stream side. 2009.

［127］ US 6488731. Pleated filter made of a multi-layer filter medium. 2002.

［128］ CARROLL B J. Deposition of liquid drops on a long cylinder. Text Res J, 1988, 58（9）: 495.

［129］ GILLESPIE T, RIDEAL E. On the adhesion of drops and particles on impact at solid surfaces. J Colloid Interface Sci, 1955, 11（10）: 281.

［130］ VASUDEVAN G, CHASE G G. Performance of B-E-glass fiber media in coalescence filtration. Aerosol Sci, 2004, 35: 83-91.

［131］ http: //www. p2i. com/.

第 11 章　非织造基电池隔膜

B. Morin[1]，*J. Hennessy*[2]，*P. Arora*[3]

[1] 梦织造国际，美国格里尔；[2] Elegus 技术，美国底特律；

[3] DPT 风险投资，美国里士满

11.1　概述

11.1.1　隔膜

在最老的电池和电化学电池中，没有使用隔膜，而是将电极悬浮在电解质中，彼此相隔很远，离子在电解质中流动，但由于其空间和几何形状，电极之间无法进行电接触。然而，随着电池的发展，由于需要减少空间、重量和成本，制造商不得不将电极间隔缩短，而电接触则变得更加普遍，从而产生了在电极之间放置隔板的方法。

隔膜是一种可渗透的膜，它允许离子通过，但能防止电极之间的电子接触。这样，电极就可以靠得很近，只受隔膜厚度限制，离子可以在电极之间流动，而电子则流过由电化学电池供电的电路。

不同的电池对隔膜有不同的需求。在铅酸、碱性、镍金属氢化物（NiMH）和镍镉（NiCd）电池中，电解液是水，水在电化学反应中被消耗，所以电池完全放电需要一定量的水。因此，隔膜具有在放电过程中保持一定量电解液的功能，所以要求隔膜具有一定的厚度。在使用有机电解液的电池中，如锂离子电池（LIB）和超级电容器，电解液不会在电池的充放电中消耗，因此对隔板没有厚度要求。

11.1.2　市场前景

电池行业在过去 20 年中取得了巨大的增长，其中最大的增长部分来自便携式电子产品中的先进电池，如便携式计算机、平板计算机和手机，以及汽车和其他工业应用，包括用于太阳能和风能的能源存储等。这些先进电池几乎都是使用有机电解质，且在电化学反应中不消耗有机电解质。LIB 的销售额从 2000 年的 30 亿美元增长到 2015 年的 150 亿美元，而电池价格从 2000 年的每千瓦时 2000 美元下降到 2015 年的每千瓦时 300 美元。虽然电池价格下降 7 倍，但市场规模却增长 5 倍（以美元计算），这意味着每年储存的能量增加 35 倍。这些趋势促使分隔器使用更多的低成本材料，随着技术的发展，这为非织造材料打开电池市场的大门提供了机会。

11. 1. 3　性能要求

对隔膜的要求不仅与它们在工业上高速处理的能力有关，而且与它们在电池中的性能有关。对隔膜的要求包括以下几方面。

（1）电绝缘体。隔膜的主要功能是防止导电，当电池不使用时，导电会导致电池长时间放电。

（2）离子电导率。隔膜的另一个主要功能是允许离子自由地从一个电极流向另一个电极。对于传感器和遥控器等长时间放电的电池，这一点可能不那么重要，但对于混合动力汽车和电动工具等需要大功率的电池，这一点就重要得多。

（3）耐化学性。隔膜必须在其工作的电化学环境中保持稳定，而电化学环境往往具有很强的腐蚀性。这就限制了材料的选择，通常需要不同的材料来满足不同的电池类型。

（4）电解液润湿。隔膜必须被电解液充分润湿，几乎没有或没有空隙。

（5）物理分离。通常在电池的充电、放电或冲击中，粒子可能试图从一个电极迁移到电解质或另一个电极。此外，在充电或放电过程中，树枝状晶体有可能从一个电极向另一个电极生长。隔膜必须防止各种类型的迁移，其效果往往取决于电极的孔径和孔径分布。

（6）机械稳定性。电池经历了大量的机械冲击，包括振动、跌落、抛掷和其他不当的处理行为，隔膜必须能够承受上述处理方式，并持续保护设备功能所需的绝缘性和导电性。

（7）热稳定性。电池应可以承受两种类型的热应力。一种是炎热的环境，无论是晴天把计算机放在车里，还是把手机放在桌子上的热菜旁边；另一种是内热，电池中不同类型的故障都会产生内热，而隔膜的热稳定性是决定电池在不发生热失控的情况下承受热量的关键。

（8）物理强度。除上述机械稳定性外，隔膜必须能够在高速生产设备上进行加工，往往要求具有较高的强度，尤其是在加工方向上。

11.1.4 传统电池隔膜

与水电解质电池不同，高端的电池使用有机电解质，其中的电解液不参与电化学反应，而是集中于分隔器隔膜上。事实上，符合预期的隔膜不会占用很多空间，重量也不会增加，而且可以自由运动，且能满足分隔器的所有要求，包括离子导电性和电绝缘性。传统非织造材料的纤维尺寸在 $2\sim20\mu m$，无法在所需厚度下达到必要的孔结构。相反，分隔器隔膜是从聚乙烯（PE）、聚丙烯（PP）或聚四氟乙烯的高级薄膜中开发出来的。制造这些薄膜的过程不是涉及缓慢的结晶过程（"干燥"过程），就是涉及溶解聚合物的相分离过程（"湿"过程）[1]。

这些传统的隔膜经过多年的发展，现在可以制造成非常薄的尺寸，目前正在开发的便携式电子产品的电池厚度低至 $9\mu m$，将有一个 $9\sim10\mu m$ 的隔膜，每面有 $1\mu m$ 的陶瓷涂层，并以很小的厚度提供先进的性能。对于汽车来说，电池的尺寸更大，因此安全问题更加严重，但即便如此，大多数正在开发的电池都使用 $16\mu m$ 的薄膜，每一面都有 $2\mu m$ 的陶瓷涂层。这些先进的薄膜具有经过验证的性能和大规模且复杂的制造工艺，本文中描述的先进非织造材料必须与之竞争才能取得成功（图 11.1）。

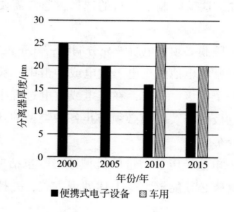

图 11.1 自 2000 年起用于便携式电子设备和车用电池的隔膜厚度

然而，传统材料有一些不足之处，使非织造材料有机会在满足其他性能标准的情况下与之竞争。

（1）安全性。市场上越来越多的人认为，厚度较低的无涂层聚烯烃隔膜存在安全隐患，尤其是在大尺寸电池中，例如，这些隔板位于最近波音 787 梦幻客机

（Boeing 787 Dreamliner）电池灾难的电池中，也是雪佛兰 Volt（Chevrolet Volt）和特斯拉汽车（Tesla Motors）S 型汽车电池起火的电池中的一部分。

（2）成本。湿法和干法的生产过程资本密集且产量低，从而成本很高。中国的制造商正以更低的价格推出类似材料，这对美国和日本高端制造商的既定价格构成了威胁。对于汽车电池以及电网存储等工业电池来说，隔膜的成本是选择材料的关键因素，对于传统材料，降低成本的可能性很少。

11.1.5　非织造基电池隔膜的优势

非织造材料已成为碱性电池[2]、镍镉电池、镍氢电池以及吸收玻璃亚光（AGM）铅酸电池的常用材料。碱性电池中隔膜可使用多种材料，主要由湿法纤维素和聚乙烯醇（PVA）组成。镍镉电池、镍氢电池中隔膜材料可以是熔融吹塑材料也可以是干铺材料等。AGM 铅酸电池可使用湿法玻璃纤维作为隔膜。这些材料的厚度在 $100 \sim 300 \mu m$ 不等。

目前锂离子电池（LIB）和超级电容器产品的非织造材料多采用微型纤维（纤维直径小到几纳米大到 100nm）或先进的高温材料来制备，其优点如下。

（1）先进的安全性能。隔膜的材料选择不受聚烯烃的束缚，聚烯烃的熔点低，很难加工成高质量和高产量的高透气性和低厚度的膜。

（2）广阔的技术领域。所有产品和材料都在技术平台上提供，可以根据特定应用的需要进行定制。定制产品可具有高功率、高安全性，或具有可在低温、高温、高压或其他环境下工作的能力。

（3）先进的制造技术。许多技术和产品的平台有着几十年的制造历史和技术，并影响着其他行业的制造过程和技术，可以利用这些技术生产出高质量、高产量的产品。

（4）低成本。这些材料的最终制造成本通常远低于传统聚烯烃隔膜的制造成本。一方面是因为材料选择的灵活性，另一方面是因为采用上述先进的制造技术使得产量提高。

11.2　非织造基电池隔膜的商业实体

随着先进电池隔膜巨大的市场机会和高增长率，一些商业实体正在为这个市场的各个部分开发技术和产品。这些公司包括 Dreamweaver International（DWI）和

Elegus 等初创公司，以及科德宝（Freudenberg）、广濑（Hirose）、NKK、杜邦（DuPont）和三菱纸业（Mitsubishi Paper）等知名大型非织造企业。

11.2.1 DWI

DWI 致力于开发、生产和销售基于低成本纳米纤维湿纺非织造技术的先进储能设备隔膜，如图 11.2 所示。该公司生产各种技术用纸，既有铅酸电池用纸，也有传统电容器用纸，其制造规模使 DWI 有能力满足大规模的电池制造商的用料。

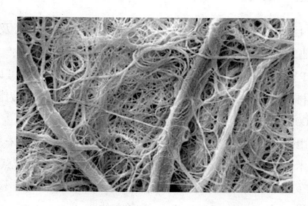

图 11.2　DWI 隔膜的扫描电子显微镜照片

DWI 的产品由微纤维和纳米纤维组成。微纤维提供长度、强度和尺寸稳定性，在混合结构中，微纤维作为支架，而纳米纤维附着在微纤维支架上。这种结构允许开发一种开放的结构，能够为更高功率的应用提供高孔隙度。由于该技术依赖于混合材料，在材料的选择上有很大的灵活性，因此，DWI 已经开发出了适应各种电化学环境和应用需求的产品，如图 11.3 所示。

图 11.3　卷装 DWI 产品

11.2.1.1 产品和功能

DWI 的产品通常具有三个显著特征：高热稳定性带来的高安全性（图 11.4），高孔隙率带来的高功率，使大量制造实现低成本。

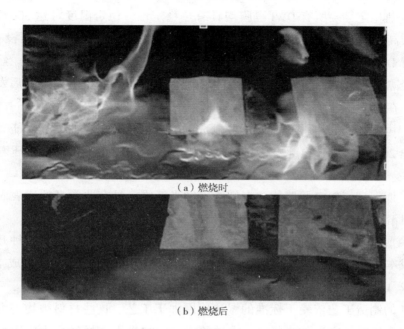

（a）燃烧时

（b）燃烧后

图 11.4 火焰试验。常规聚烯烃隔膜（左）、DWI 银金隔膜（中、右）
采用电解液饱和后点火（上）

DWI 目前有以下三个产品线。

（1）钛隔膜。用于含有水电解质的超级电容器和电池。这种材料的厚度为 25～40μm 不等，具有极低的内阻特性。它与大多数中性或碱性的有机电解质和水电解质相容。

（2）银隔膜。LIB 通用隔膜。银隔膜具有优异的热稳定性，在 300℃时仅收缩 8%，功率大，除湿性极好，与传统隔膜具有相同的寿命，甚至更长。

（3）金隔膜。先进的安全隔膜，适用于要求非常苛刻的大型锂离子电池。DWI 的金隔膜是由帝人芳纶超细纤维制成的，它在 500℃时仍可作为稳定的支架。由于这种稳定的支架，材料可在 300℃下稳定数小时，且只有 2%的收缩。它具有良好的润湿性，可以提供良好的循环寿命。

所有 DWI 的隔膜都含有合成纤维素分隔器，在用于含有非水电解质的电池前需要烘干。它们的外观和手感都像薄纸，并且具有能够在高速生产设备上加工的强度。

11.2.1.2 对电池的益处

DWI 的隔膜为锂离子电池提供的好处如下。

（1）热稳定性。所有 DWI 隔膜均具有热稳定性，稳定温度可达 300℃，从而提供了较高的安全性。对于具有 DWI 金隔膜的电池，在 20min 内电压没有变化；对于具有 DWI 银隔膜的电池，电压稍微上升，并在 20min 后衰减达 2%。然而，具有聚烯烃隔膜的电池，电压会立即衰减，显示内部放电，并且在 18min 后发生灾难性放电，在此期间电池放电。

（2）电气性能。使用 DWI 银隔膜制成的电池也具有出色的电气性能。在同类型的 LFP 26650 3.2AH 电池上进行的试验中，放电曲线几乎相同，循环寿命也是如此。

（3）润湿率。DWI 隔膜均含有纤维素纳米纤维，具有非常高的比表面积和与极性有机溶剂的良好相容性，从而具有非常高的润湿率。

（4）成本。通过与 GLT 的合作，DWI 的膜状材料生产率可达每分钟几百平方米的，成本非常低。当这些隔膜被整合到一个单元中，可以获得显著的成本效益。

11.2.1.3 技术水平

DWI 的制造工艺依赖于标准的湿法成网加工工艺。这些材料被均匀混合，然后以非常高的稀释度送入流浆箱。水被移走，网被烘干。材料是为应用选择的聚合物。在钛隔膜中，选择这种组合是因为它具有耐碱性和高孔隙率。在银隔膜中，将聚丙烯腈纳米纤维与纤维素混合，使其具有最大的循环寿命、倍率性能和最小的孔径，同时具有很好的阻燃性能。在金隔膜中，主链是对位芳纶，其具有优异的热稳定性。

如图 11.5 所示，收缩率是通过动态机械分析仪（DMA）测得的温度的函数。传统的聚烯烃隔膜在 120～140℃会发生急剧的收缩；如果时间较长，即使是在较低的温度下也会发生收缩。DWI 隔膜稳定温度可达 300℃，钛隔膜的收缩率（10%）最高，金隔膜的收缩率（2%）最低。

11.2.2 杜邦

杜邦公司是一家全球性的科学公司，其制造的基于聚酰亚胺的纳米纤维非织造高性能隔膜在储能领域得到广泛应用。

11.2.2.1 产品和功能

杜邦公司的纳米纤维分离机突破了传统非织造材料和微孔膜的限制，为各种

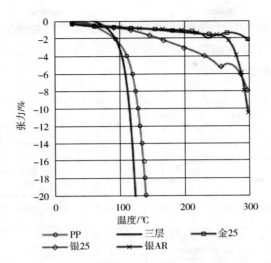

图 11.5　传统聚烯烃隔膜与 DWI 产品的 DMA 收缩试验

储能设备提供了更薄、更低的离子阻力和更高的热稳定性。其纳米纤维薄片是由一种专有的纺丝工艺制成的，含有连续的聚合物细丝，是由随机定向的纳米纤维组成的均匀薄网，是理想的隔膜。它使用创新的制造工艺，可提供高产量且均匀的纤网。杜邦公司生产的聚酰亚胺纳米纤维隔膜，可具有不同的厚度和孔隙度，从而满足各种储能应用的要求。图 11.6（a）为杜邦纳米纤维分离机的扫描电镜（SEM）图像，图 11.6（b）和（c）为片状和卷状聚酰亚胺电池隔膜。

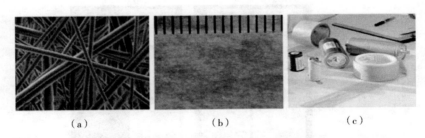

（a）　　　　　　　　　　（b）　　　　　　　　　　（c）

图 11.6　杜邦聚酰亚胺电池隔膜的 SEM 图像（a）、片状样品（b）和卷状样品（c）

杜邦聚酰亚胺隔膜很薄，充满电解质时具有较低的离子电阻，采用高温稳定材料制成，在高温下具有非常低的收缩率，与电池和电容器中使用的典型有机电解质具有良好的润湿性。

杜邦聚酰亚胺隔膜的高温性能如图 11.7（a）和（b）所示。干燥的隔膜要么处于压缩状态，要么处于拉伸状态，在热机械分析法（TMA）压缩拉伸试验中，聚酰亚胺隔膜可在400℃以上保持结构的完整性；而聚烯烃隔膜在较低温度下开始收缩，在160℃温度下熔化断裂。在卷绕单元内，压缩力和张力同时作用，导致隔膜的工作条件更加极端。

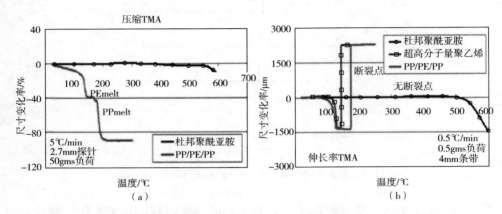

图11.7　聚酰亚胺隔膜和聚烯烃隔膜在压缩（a）和拉伸（b）状态下的热性能

对聚酰亚胺隔膜和聚烯烃隔膜进行收缩试验，结果如图11.8所示。将聚酰亚胺隔膜和聚烯烃隔膜暴露于110℃和150℃下3h。聚酰亚胺隔膜保持其尺寸稳定性，而聚烯烃隔膜则表现出更高的收缩率和更差的高温稳定性。

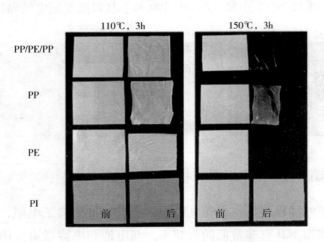

图11.8　聚酰亚胺隔膜和聚烯烃隔膜的收缩试验

11.2.2.2　对电池的益处

与基于聚烯烃的隔膜相比，使用杜邦聚酰亚胺隔膜制造的锂离子电池还提供了更大的功率。倍率能力的提高可以归因于较低的离子电阻，而离子电阻又与隔膜厚度和孔隙率有关。如图 11.9 所示，较高孔隙率、较低厚度的聚酰亚胺隔膜可以在 15C 的速率下使容量提高 30% 以上。测试是在带有石墨阳极、$LiCoO_2$ 阴极和有机电解质（1M $LiPF_6$ 和 30：70 EC/EMC）的纽扣电池中进行的。

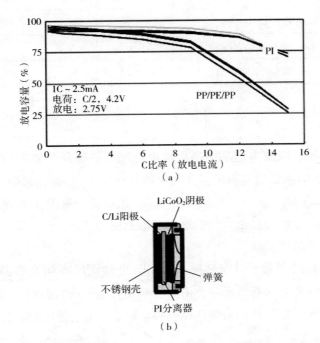

图 11.9　纽扣电池中带有聚酰亚胺隔膜和聚烯烃隔膜的锂离子电池的功率容量

非织造基隔膜的较大孔径和较高孔隙率会导致通过隔膜的树枝状生长，进而导致微短路，特别是在高速充电期间。与微孔膜相比，非织造材料通常更不均匀，因此，需要对隔膜进行精心设计，使其机械强度和结构性能最优化，使隔膜能够适用于高速制造工艺，不会因枝晶生长而产生微短路。杜邦聚酰亚胺隔膜在离子电阻和阻隔性能之间具有良好的平衡，并且可根据生产工艺和最终应用的需要灵活地调整。对于额外的机械强度和功能，可以通过添加涂层或其他材料的外层来改善聚酰亚胺隔膜，同时保持聚酰亚胺隔膜的耐高温优势。

11.2.2.3　技术水平

杜邦公司生产的聚酰亚胺隔膜厚度和其他性能的分布范围较广，见表 11.1。可采用不同的结构以满足不同的应用需求，使其具有优异的性能和应用灵活性。

表 11.1　杜邦聚酰亚胺隔膜的典型性能及范围

性能	数值
厚度/μm	15~50
孔隙率/%	40~65
离子电阻/($\Omega \cdot cm^{-2}$)	<2.5
抗拉强度/MPa	>40
200℃时收缩率/%	0

11.2.3　Elegus

新一代高容量、高放电速率电池要求电池隔膜能够承受恶劣的工作条件（如高电流），甚至有时隔膜需要满足多个互斥的属性要求。为解决这一问题，密歇根大学（University of Michigan）的子公司 Elegus 正在将一种基于芳纶的超强电池隔膜商业化，这种电池隔膜是由高性能纳米纤维制成的[4]。

11.2.3.1　产品和功能

与标准的聚烯烃隔膜相比，Elegus 基于芳纶的隔膜在结合多种"难以结合"的物理和电化学性能方面有所提高。由于枝晶和安全问题的影响，Elegus 隔膜比标准聚烯烃隔膜更薄，热弹性和力学性能更强。Elegus 基于芳纶的隔膜的典型特性见表 11.2。

表 11.2　Elegus 隔膜的典型性能

性能	数值
孔隙直径/nm	5.3
孔隙率/%	30~50
抗拉强度/GPa	170±5
杨氏模量/MPa	5.0±0.05
热稳定性/℃	400（DSC/TGA 测量）

与聚烯烃隔膜相比，Elegus 芳纶隔膜的热稳定性（收缩率）和初始润湿性均有所改善（图 11.10）。

图 11.10　隔膜在被锂离子电池电解质饱和后燃烧的照片

右上方图表显示了 Elegus 隔膜与聚烯烃和纯 PEO（聚环氧乙烷）的 DSC 分析比较，右下方图表显示了 Elegus 隔膜与聚烯烃和纯 PEO 相比的重量损失

11.2.3.2　对电池的益处

结合 Elegus 分隔器的锂离子电池在枝晶抑制、高温循环和寿命方面都有改善，如图 11.11 所示。

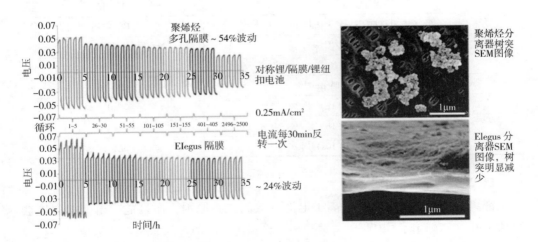

图 11.11　对称锂/隔膜/锂纽扣电池的循环显示，与 Elegus 隔膜的容量损失（24%）相比，聚烯烃隔膜的容量损失（54%）更高，SEM 显示了两种隔膜之间枝晶形成的显著差异

11.2.3.3　技术水平

Elegus 技术公司处于实验室和中试规模之间。经过密歇根大学（安娜堡）近 5 年的研究，2014 年底成立了一家衍生公司（Elegus），将该技术商业化，并在实验

室规模生产的基础上进一步发展。Elegus 技术已经向密歇根大学的技术转让办公室公开（发明公开号 3865，技术公开号 5346 和 5420）。目前授予 Elegus 技术公司的知识产权（IP）根据一项独家选择权协议（即将获得独家许可），包括一项公开的美国专利申请，以及有关此类芳纶纳米纤维应用的更多待定申请。

11.2.4 科德宝

科德宝公司通过将聚酯（PET）非织造材料浸渍在有机/陶瓷浆料中来生产隔膜。目的是，在不影响电池生产和多种性能要求的前提下，利用这项技术生产可提高电池安全性的材料。科德宝陶瓷非织造复合材料隔膜的典型性能见表 11.3。

表 11.3 科德宝陶瓷非织造复合材料隔膜的典型性能

性能	数值
厚度/μm	23~35
克重/$(g \cdot m^{-2})$	22~35
孔隙率/%	50~60
延伸率为2%时的模量/$(N \cdot cm^{-1})$	4~5
润湿性/cm^2	10~15
离子电阻/$(m\Omega \cdot cm^2 \cdot \mu m^{-1})$	125~215
最大干燥温度/℃	120~170+
混合渗透力/N	500~800
相对混合渗透力/$[N \cdot \mu m^{-1}]$	25~30
自由收缩 $[160℃ \cdot (1h)^{-1}]$/%	<1
自由收缩 $[200℃ \cdot (1h)^{-1}]$/%	<1
融化期 $[420℃ \cdot (10s)^{-1}]$	完整的

11.2.4.1 产品和功能

锂离子电池内部短路是锂离子电池失效的主要原因，而且危险电池的温度会迅速上升（不到 1s），因此，与聚烯烃隔膜相比，科德宝的非织造基隔膜旨在提高隔膜的收缩性、穿透性和熔融性三个方面的性能。这三个方面都极大地影响电池的可靠性和安全性，如电极的粒子穿透会导致电池过早失效。

其他特性（如孔隙率和润湿性）也得到了改进，但这些是有助于上述三个主要性能的辅助特性。科德宝非织造基隔膜降低了收缩率，增加了初始润湿性和永久润湿性。例如，浸渍 PET 的非织造材料的收缩率接近于 0；使用 1M $LiPF_6$/DEC+EC 电解质并排放置在隔膜上，科德宝隔膜的润湿性是聚烯烃隔膜的 12 倍。

11.2.4.2　对电池的益处

采用科德宝非织造基隔膜的锂离子电池在倍率性能、能量密度、高温性能、可靠性、寿命和安全性等方面都具有优势。在 5 个 AH NMC（镍锰钴氧化物）电池中进行的过充试验（3C，10V）、冲击试验（15.8mm 杆，10kg，1m）和钉子穿透试验（3mm，50mm/s）显示无烟雾和火，而聚烯烃电池则显示有烟雾和火。同样，在热箱测试（150℃和 165℃）中，在 5 个 AH NMC 电池中显示无烟雾和火（只有轻微膨胀），而聚烯烃电池则显示有烟雾和火。

电池寿命测试（如寿命测试、高温老化测试以及与标准聚烯烃基电池的循环寿命测试）再次显示，结合科德宝非织造基隔膜的电池寿命有所改善。例如，经过 500 次循环寿命测试（电池在 4.2V 时充满电，在 3.1V 时放电 1C，在 1C，4.2V 时充电），科德宝隔膜和聚烯烃隔膜的放电容量分别为 95% 和 84%。

11.2.4.3　技术水平

科德宝开发了几种用于 LIB 的技术：①具有不同尺寸的双层隔膜[6]；②与其产品类似的陶瓷组件[7]；③关于交联聚乙烯吡咯烷酮颗粒[8]；④热黏合非织造材料作为锂电池隔膜的载体材料[9]。

11.2.5　广濑纸业

广濑纸业生产用于过滤、建筑、医疗保健和电池分离行业的特种湿法非织造材料。该公司开发了无喷嘴静电纺丝技术，并以此为基础开发了新一代高性能空气过滤器锂离子二次电池隔膜和医疗技术产品。这些产品利用了广濑纸业的两个优点：非常轻的薄板和在轻薄板上喷涂电纺纳米纤维。例如，使用轻量的 PE/PP 芯鞘纤维，并涂上一层 PVA 纳米纤维，如图 11.12 所示。

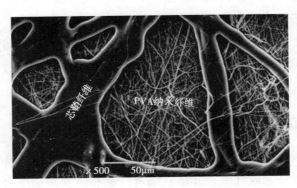

图 11.12　PE/PP 芯鞘纤维上涂覆 PVA 纳米纤维的 SEM 图像

11.2.5.1 产品和功能

广濑纸业提供了三种纳米纤维技术产品：独立式 PVA 非织造材料，PVA 纳米纤维板层压聚烯烃基板，三层聚烯烃/PVA/聚烯烃层压板（表 11.4）。

表 11.4 采用纳米纤维技术的广濑纸业产品

结构	基重（合计）/(g·m⁻²)	基重（纳米纤维）/(g·m⁻²)	厚度/μm	密度/(g·cm⁻³)	空隙率/%	收缩率/% 120℃×1h		拉伸强度/[kg·15mm⁻¹]	
						MD	CD	MD	CD
薄片（两层）(PO/PVA 纳米纤维)	8.4	2.0	24	0.350	67.1	3	0	0.66	0.35
	4.6	2.0	15	0.307	69.7	—	—	0.28	0.29
薄片（三层）(PO/PVA 纳米纤维/PO)	12.7	4.0	26	0.488	55.0	—	—	0.83	0.72
	18.4	8.0	27	0.681	39.0	—	—	1.40	0.69
PVA 纳米纤维非织造材料	2.2	2.2	5	0.440	65.4	—	—	0.14	0.07
	4.8	4.8	8	0.600	52.8	—	—	0.19	0.20
	10.1	10.1	16	0.631	50.3	—	—	0.443	0.523
	17.3	17.3	31	0.558	56.1	—	—	0.838	0.791

注 MD 表示纵向；CD 表示横向；PO 表示聚烯烃。

11.2.5.2 对电池的益处

广濑纸业还没有发布任何关于其纳米纤维材料在电池中的性能的数据。但是，如果独立的 PVA 纳米纤维非织造材料的强度足够大，可以加工成电池，那么使用 $4.8g/m^2$ 或 $10.1g/m^2$ 的 PVA 纳米纤维非织造材料很可能具有更强的优势，这将为生产高功率和低厚度的产品提供可能性。

11.2.5.3 技术水平

广濑纸业用于制造纳米纤维的工艺包括：在聚合物溶液或熔体中连续形成气泡，以及在气泡和另一表面之间施加高电压。气泡是由压缩空气通过多孔材料形成的。在静电纺丝工艺中使用多喷嘴，可以提高生产效率。

11.2.6 三菱纸业

三菱纸业与领先的电池制造商合作，并在锂离子电池市场推出有竞争力的产品。三菱纸业通过将合成纤维、纤维素纳米纤维和陶瓷涂层结合起来，制造超级电容器和锂离子电池的复合隔膜。

11.2.6.1　产品和功能

三菱纸业有以下两种先进的储能产品。

（1）NanoBase2：PET 和纤维素的组合，用于超级电容器和钛酸锂电池。

（2）NanoBaseX：用于 LIB 的陶瓷涂层 PET 基材。

这些材料的基本性能见表 11.5。

表 11.5　三菱纸业 NanoBase2 和 NanoBaseX 产品基本性能

性能	NanoBase2 FPC2515	NanoBase2 FPC3018	NanoBaseX
基重/($g \cdot m^{-2}$)	15	18	28
厚度/μm	25	30	31
密度/($g \cdot cm^{-3}$)	0.65	0.60	0.90
拉伸强度/($N \cdot m^{-1}$)	490	700	1600
孔隙率/%	53	59	55
气体渗透率/($s \cdot 100cc^{-1}$)	4.7	7.0	8.3
平均孔径/μm	0.6	0.5	0.8
耐热性（180℃，30min）/%	<3.0	<3.0	<5.0
成分	PET，纤维素	PET，纤维素	PET，陶瓷涂层

11.2.6.2　对电池的益处

三菱纸业的两种产品都具有优异的耐热性和良好的电池循环寿命。NanoBaseX 的另一个特点是，由于在隔膜中纤维素的消除，吸收的水减少。在测试中，主要表现出以下特点。

（1）润湿性。不同的有机电解质和 LIB 中常见的溶剂成分表现出优异的润湿性，这种润湿性可能会使新的电解质组合具有优异的性能。

（2）对外来颗粒的耐受性。NanoBaseX 涂层隔膜对外来颗粒（短铜线）的压力有更高的耐受性。

（3）针孔击穿电压。NanoBase2 隔膜在引入人工针孔后击穿电压没有变化，而聚烯烃隔膜的击穿电压降低 80%~90%。

（4）循环寿命。在 20 AH $LiMn_2O_4$/石墨电池中，能够显示 1450 个循环，容量保持率为 74%，而 PE/PP 微孔膜显示了 1000 个循环，容量保持率为 46%。

（5）钉刺穿透。在 10 AH $LiMn_2O_4$/石墨电池的钉刺试验中，比较 20μm PE/PP 隔膜与 30μm NanoBaseX，NanoBaseX 具有更优异的性能。

11.2.6.3 技术水平

与该技术相关的一项专利[12]显示，使用高压均质器将纤维素纤维分散为均匀的小纤维尺寸，其中包括小于 $1\mu m$ 的纤维。然后与小直径（$5\sim10\mu m$）的非原纤化纤维结合形成孔隙率为 65%~85%、气泡点小于 $6\mu m$ 的板材。在另一项与 Nano-BaseX 相关的专利[13]中，他们描述了一种三层电池分隔器：一层主要由纤维组成，一层主要由无机颜料和纤维组成，一层主要由无机颜料组成。

11.2.7 NKK

NKK 开发的锂离子电池隔膜的安全性和其他性能均高于标准聚烯烃电池隔膜，其产品销售给大型动力电池制造商，如 HEV/EV（混合动力汽车/电动车）、电动自行车、电动辅助自行车、电动工具。

11.2.7.1 产品和功能

NKK 拥有大约 15 种可用于超级电容器和电池的纤维素基隔膜。纤维素基隔膜比聚烯烃基分隔器具有更高的热稳定性。NKK 纤维素基隔膜（电池用隔膜或双电层电容器用隔膜）的一个示例版本具有如下特征：厚 $35\sim45\mu m$，克重 $14.5g/m^2$，孔隙率 66%（水银孔隙度法），离子电阻 $0.58\Omega/cm^2$（图 11.13）[14]。

图 11.13 使用各种材料制作的商用隔膜的 SEM 图像：Celgard 2500（PP）（左上），NKK TF40（纤维素）（右上），Solupor 14P01A（超高分子量 PE）（左下），Gore 11367985-3（聚四氟乙烯）（右下）

11.2.7.2 对电池的益处

以 NKK 纤维素为基础的隔膜为例，通过直流寿命试验，2032 枚纽扣电池的电阻率增加了 12%（mΩ/h），总电阻率增加了 180%（240h 后）。此外，使用 2032 枚纽扣电池（LCO 和 LiPF$_6$）[15]，NKK 纤维素基隔膜（在高充放电倍率下）比多孔聚烯烃膜（如 25μm Celgard 膜）电池（在高充放电倍率下）具有更高的电容量保持率（在高充放电倍率下）[16]。

11.2.7.3　技术水平

NKK 公司的超级电容器产品是由湿纺莱赛尔纤维制成的。然而，一开始这些材料并未申请专利。NKK 公司在固体电解质方面拥有许多投资，还发布了一项双层锂电池隔膜的专利，其中一层比另一层有更多的孔，多孔层位于阴极旁边[17]。

11.3　学术和实验室阶段技术

传统非织造材料的孔径太大，无法阻止枝晶的形成，也无法为 LIB 电极之间提供足够的分离空间。为了克服传统非织造材料的这一缺陷，工业和学术实验室正在采取以下两种通用的方法：①用其他纳米材料制备复合材料以减小孔径；②使用纳米纤维获得足够小的基本孔径，以提供足够的功效。

大多数纳米纤维非织造基隔膜是通过静电纺丝制成的，但是，也尝试了一些其他方法。

11.3.1　复合隔膜

如前所述，复合隔膜制备方法包括科德宝和三菱纸业在其产品中所采用的方法。一般来说，非织造材料基材的孔洞太大，如果不进行一些改性，就不能很好地发挥隔膜的作用，因此，可采用涂覆、浸渍或其他处理方式使平均孔径减小。在一项研究中，在 PET 衬底上的二氧化硅胶体涂层具有优异的耐热性、润湿性、循环寿命和倍率性能[18]。

11.3.2　静电纺纳米纤维隔膜

静电纺技术已经存在多年，但最近发明了许多变体技术并应用于电池隔膜，包括以下几种技术。

（1）聚酰亚胺芯与聚偏氟乙烯（PVDF）鞘纳米纤维[19]。与传统聚丙烯芯相比，非织造材料型芯鞘纳米纤维具有更好的极性溶剂润湿性、热稳定性、倍率性能和循环寿命。

（2）纳米纤维由负载 SiO_2 纳米颗粒的 PVDF 制成[20]。与传统 PP 隔膜相比，由这些复合纳米纤维制成的非织造基隔膜具有更好的极性溶剂润湿性、更大的热稳定性、更好的速率性能和更长的循环寿命。

（3）聚酰亚胺纳米纤维非织造材料[21]。与传统 PP 隔膜相比，聚酰亚胺纳米纤维非织造材料具有较好的极性溶剂润湿性、500℃的热稳定性、较好的倍率性能和较高的能量密度。

（4）静电纺 PET 纳米纤维非织造材料[22]。与传统 PE 隔膜相比，该非织造基隔膜的热稳定性和电池的热稳定性以及放电性能都很优异。

（5）纳米纤维尺寸在 250~380nm 的电纺聚丙烯腈非织造基分隔器[23]。该隔膜孔隙率高，润湿性好，孔径小且均匀。与传统的分离装置相比，该分离装置具有更好的循环寿命和更快的分离速度。电池实验也表明，该隔膜在 120℃ 稳定，但在 150℃ 不稳定，与传统隔膜相似。

（6）由三层组成的复合隔膜。即聚烯烃纤维支撑层、陶瓷涂覆层和聚丙烯腈纳米纤维层[24]。该隔膜孔隙率高、孔径小、抗拉强度高，含该隔膜的电池具有较好的倍率性能，在 150℃ 的热箱中，热稳定性优于传统隔膜。

11.3.3　其他纳米纤维隔膜

还有其他几种制造纳米纤维的机制，其结果与通过静电纺丝制成的结果相似，具体如下。

（1）通过强力纺丝制造的纳米纤维素纤维[25]。醋酯纤维素纳米纤维通过强力纺丝生产，然后通过碱水解处理减少纤维素。纤维尺寸在 0.7~2μm。用该材料制成的隔膜具有良好的热稳定性、润湿性、离子传导性和电压稳定性。

（2）原纤化、湿法制对苯二甲酰胺纳米纤维[26]。它们能够制造出孔径小于 0.5μm 的非织造基隔膜，具有良好的分离性能和低阻抗。

11.4　未来趋势

与传统的聚烯烃隔膜相比，许多可供选择的非织造基隔膜都表现出可预期的相对一致的性能。理想的隔膜是能够实现低厚度、低成本和高产量的均匀的隔膜。上一代隔膜为 LIB 带来了安全性和低成本的新时代，使其能够更快地扩展到太阳能和风能领域，各种电动和混合动力汽车的存储领域，以及更薄、更轻、更安全的便携式电子产品。

参考文献

［1］ ARORA P，ZHANG Z. Battery separators，Chem Rev 104，2004：4419 - 4462.

［2］ KRITZER P，COOK J A. Nonwovens as separators for alkaline batteries：An overview. J Electrochem Soc，2007，154（5）：481-494.

［3］ KRITZER P，COOK J A. Nonwovens as separators for alkaline batteries：An overview. J Electrochem Soc，2007，154（5）：493.

［4］ TUNG S O，HO S，YANG M，et al. A dendrite - suppressing composite ion conductor from aramid nanofibres. Nat Commun，2015，6：6152.

［5］ ARRUDA E，CAO K，SIEPERMANN C，et al. Synthesis and use of aramid nanofibers. US patent Application US 2013/0288050.

［6］ KRITZER P. Separator for installation in batteries and in a battery. US patent Application US 2008/0182167A1.

［7］ KRITZER P，WEBER C，WAGNER R，et al. Nonwoven material with particle filling. US patent Application US 2010/0196688A1.

［8］ GRONWALD O，LEITNER K，JANSSEN N，et al. Separators for electrochemical cells comprising polymer particles. US patent 2015/8999602.

［9］ KRITZER P，FARER R，FREY G，et al. Ultrathin，porous and mechanically stable nonwoven fabric and method for manufacturing. US patent 8962127.

［10］ KISHIMOTO Y. Process for producing microfiber Assembly. US patent Application US 2010/0001438.

［11］ KOSAKA Y，TARAO T. Inorganic nanofiber and method for manufacturing same. Patent Cooperation Treaty patent Application PCT/JP2014/052791.

［12］ TSUKUDA T，MIORIKAWA M，YOSHIDA M，et al. Separator for electrochemical device and method for producing the same. US patent 6905798B2.

［13］ MASUDA T，TAKAHAMA N，OCHIAI T，et al. Lithium-ion battery separator. European patent EP 854197A.

［14］ ARORAP，FRISK S，NORTON T. Improved separator for electrochemical capacitors. European patent EP 2206131 A1.

［15］ WADE T L. High power carbon－based supercapacitors ［Ph. D. thesis］, School of Chemistry, The University of Melbourne, 2006.

［16］ SUZUKI A, TOYOOKA T, MATSUO A, et al. Battery separator comprising a polyolefin nanofilament porous sheet. US patent 2015/9074308B2.

［17］ SAWAI T, URAO K, USHIMOTO J, et al. Electrolyte holder for lithium secondary battery and lithium secondary battery. US patent Application 2015/0010798 A1.

［18］ LEE J, WON J, KIM J, et al. Evaporation－induced, self－assembled, silica colloidal particle－assisted nanoporous structure evolution of poly（ethylene terephthalate）nonwoven composite separators for high－safety/high－rate lithium ion batteries. J Power Sour 216（2012）: 42-47.

［19］ LIU Z, JIANG W, KONG Q, et al. A core@ sheath nanofibrous separator for lithium ion batteries obtained by coaxial electrospinning. Macromol Mater Eng, 2013, 298: 806-813.

［20］ ZHANG F, MA X, CAO C, et al. Poly（vinlyidiene fluoride）/SiO_2 composite membranes prepared by electrospinning and their excellent properties for nonwoven separators for lithium ion batteries. J Power Sour, 2014, 251: 423-431.

［21］ MAO Y, ZHU G, HOU H, et al. Electrospun polyimide nanofiber－based nonwoven separators for lithium－ion batteries. J Power Sour, 2013, 226: 82-86.

［22］ ORENDORFF C, LAMBERT T, CHAVEZ C, et al. Fenton, Polyester separators for lithium ion cells: improving thermal stability and abuse tolerance. Adv Energy Mater, 2013, 3: 314-320.

［23］ CHO T, TANAKA M, OHNISHI H, et al. Battery perforamnces and thermals stability of polyacrylonitrile nano－fiber－based nonwoven separators for Liion battery. J Power Sour, 2008, 181: 155-160.

［24］ CHO T, TANAKA M, OHNISHI H, et al. Composite nonwoven separator for lithium－ion battery: development and characterization. J Power Sour, 2010, 195: 4272-4277.

［25］ WENG B, XU F, ALCOUTLABI M, et al. Fibrous cellulose membrane mass produced via forcespinning for lithium－ion battery separators. Cellulose, 2015, 22: 1311-1320.

［26］ YI W, HUAIYU Z, JIAN H, et al. Wet laid nonwoven fabric for separator of lithium ion battery. J Power Sour, 2009, 189: 616-619.

第 12 章　土工非织造材料

J. R. Ajmeri，*C. J. Ajmeri*
萨拉瓦尼克工程技术学院，印度苏拉特

12.1　概述

　　土工合成材料是一种用途广泛的材料，在交通工程中有着广泛的应用。土工合成材料可以降低工程造价和时间；提高设计寿命、稳定性、可接受借用材料的范围；在基础设施项目大量积压、资金有限的情况下，对改善绩效至关重要。随着新型多功能土工合成材料的引入，土工合成材料的应用得到了新的发展。它们可以分为三种形式：①复合土工合成材料，它在一种材料中提供两种或两种以上的传统功能；②智能土工合成材料，它提供关键的管理信息；③活性土工合成材料，它自身能够改变环境[1]。

　　土工纺织材料是土工合成材料的一个分支，主要用于土壤和地基加固，以避免和控制水土流失和风蚀。土工合成材料聚合物是由合成纤维制成的，合成纤维主要有聚丙烯（PP）（目前为 75%）、聚酯（PET）（20%）、聚乙烯（PE）[2-3]。

　　由于纤维结构的重要特性，非织造材料在土木工程中的应用显著增加。非织造材料在岩土工程应用中的功能包括排水、过滤、分离和土壤保护，特别是在稳定性和侵蚀控制方面。应用范围包括墙后、斜坡、道路及堆填区的排水物料；道路内及排水渠周围的过滤物料；池塘、运河和垃圾填埋场的液体和气体容器。非织造土工材料尺寸稳定性好，可延长道路、铁路、垃圾填埋场或土木/环境工程项目的使用寿命。非织造土工材料的单位面积质量一般为 50~1700g/m²，厚度为 0.25~9mm，渗透性为 0.003~0.3cm/s，表观开口尺寸（AOS）为 0.075~0.85mm。对于土工材料，AOS 表示有效通过土工材料的最大颗粒的直径。通过干筛试验 AOS 测量，至少 95% 的开口尺寸具有相当直径或更小直径。

12.2 土工非织造材料的性能要求

土工材料在岩土工程领域广泛应用于土体结构中，需要具有长期有效的使用性能，因此，土工材料在各种环境下的耐久性至关重要[4]。

将土工材料用于岩土工程时，土工材料的剪切强度是一个重要的设计参数[5]，材料的厚度、变形性和伸长率（在荷载方向）对土工材料在剪切荷载作用下的性能有显著影响[6]。

对于起加固作用的土工材料，拉伸模量、拉伸强度和表面摩擦性能是影响加工效果的三个重要指标。拉拔试验是钢筋土体结构设计中常用的确定钢筋与土体强度和变形参数的试验方法[7]。

针刺土工非织造材料的断裂强度不仅取决于单个纤维的断裂强度，还取决于纤维在网中的排列方式和纤维缠结的结构[8]。土工材料在使用过程中会受到多个方向的力，因此，断裂强度是重要的特性之一。当织物经受单向及均匀分布、逐渐增加的负荷时，断裂强度可以定义为织物在被拉断时所能承受的最大荷重。

根据土工材料的类型和制造商使用的设备不同，土工材料沿机器方向和垂直机器方向的抗拉强度可能不同，强度差异可能高达 50%。通常，编织土工材料在沿机器方向抗拉强度较大，而土工非织造材料在垂直机器方向抗拉强度较大（表12.1）。

表 12.1 土工材料的抗拉强度[9~10]

拉伸强度	涤纶编织物			聚丙烯非织造材料		
MD/(kN·m^{-1})	160	440	1000	0.7	6.0	9.5
CD/(kN·m^{-1})	55	55	100	0.9	7.0	10.5

知悉土工材料最低抗拉强度很重要，因为大多数土工材料应用时应力不限于单一方向。在典型的分离、排水和过滤应用中，诱导的力是径向施加的，局部应力是由轮载或突出的骨料产生的。因此，在土工材料的设计中，应考虑荷载的不均匀性，将土工材料的应用规范建立在最易发生失效的最低抗拉强度参数的基础上。

当土工非织造材料受到张力时，纤网发生变形，纤维在受力方向上对齐。因为一些紧密排列的纤维克服了由于纤维缠结引起的摩擦阻力，逐渐发生纤维滑移。

虽然土工非织造材料一般比同等重量的织造织物硬度低、强度弱，但它们的断裂伸长率较高。由于非织造材料具有较高的变形能力和对局部穿刺损伤的耐受性，在一定的使用条件下，非织造材料比织造织物更具耐久性[11]。

非织造材料在应力和应变作用下，由其结构参数和纤维性能决定其结构。非织造材料结构在规定的机械载荷条件下的变形涉及多种机制，如纤维的微观伸长、弯曲、屈曲、剪切和断裂[12]。纤维取向是影响非织造材料几何性能、水力性能和力学性能的关键参数[13]。

PP 土工非织造材料比 PET 土工非织造材料具有更高的穿刺强度（1400~14000N）和爆破强度，这使得它们可以提高施工或安装时的耐受能力[14]。

针刺密度、热压温度、热压时间等工艺参数影响非织造制品的力学性能和抗穿刺性能[15]。

透水性在土工非织造材料中起着重要的作用。理想情况下，土工非织造材料会使水流平稳，从而避免不必要的压力积聚。土工非织造材料可用于土地覆盖层、堤防和灌溉结构排水系统以及河流工程防护系统[16]。非织造材料的孔隙特征，即孔隙大小及其分布影响其透水性。土工非织造材料的孔隙尺寸可以用几个术语来描述，最常用的是表观开孔尺寸（AOS）。非织造土工材料的最大 AOS 限制在0.2mm 左右[17]，常采用干筛分试验（ASTM D4751）和泡点试验（ASTM F316，D6767）测定。非织造土工材料的过滤性能很大程度上取决于孔径的收缩尺寸，即通过土工非织造材料的流道的最小孔径[18]。

土工非织造材料是一种渗透性强、可压缩的材料。由于纤维的取向和加工参数的不同，在不同的区域渗透性能有所不同。土工非织造材料的渗透性标准要求渗透性至少是周围土壤渗透性的 5 倍。在针刺过程中，保持重量不变，当针刺深度不同时，会导致非织造材料中纤维的结构排列不同，进而影响孔隙大小及其分布[19]。土工非织造材料的厚度在应力作用下逐渐减小，其渗透系数和孔隙尺寸也随之减小[20]。一般来说，可以通过检测土工非织造材料、土壤颗粒和水的综合性能来评估土工非织造材料的透水性能[21]。

12.3　土工非织造材料的作用

目前已经开发出至少 80 种可用于特定应用领域的土工非织造材料；然而，土工非织造材料必须至少具有过滤、排水、分离、增强、防潮（浸渍时）功能中的一种[22-23]。

12.3.1 过滤

如果土工非织造材料允许液体（水）通过，则其具有过滤作用，即通过土工非织造材料可以控制土壤或颗粒物的迁移（图12.1）。因此，土工非织造材料通常为位于土壤和明渠材料，穿孔管或排水土工非织造材料（即土工网），常为针刺非织造材料。

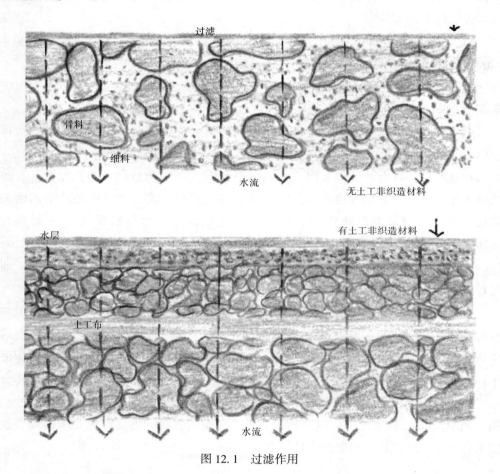

图 12.1　过滤作用

土工非织造材料的过滤作用涉及液体通过土工合成材料的运动和土工合成材料在其上游保留土壤的能力。因此，土工非织造材料必须同时满足两个相互矛盾的要求：水流的开放结构和用于保持土壤的紧密结构。

在铺设道路、填埋场覆盖物、土坝、堤坝和挡土墙等应用中，可采用土工非织造材料代替粗粒土壤，因为土工非织造材料更加容易放置且与安置空间有更好的契合。上述应用中所选择的土工非织造材料必须具有以下特点：①土工非织造材料具有足够的水力传导性，以在横向和/或平面方向上传输水；②相邻的土壤颗粒不会穿过土工非织造材料层；③在生命周期内，土工非织造材料内部不会被流体流动携带的土壤细粒堵塞。

在大多数情况下，这些产品被放置在地下水位之上，土壤和土工非织造材料的孔隙间充满水和空气（即在不饱和条件下）。多孔聚合物材料（如土工非织造材料）的储水量与土壤结构稳定性有关[24]。

在选择土工非织造材料前，必须确定待过滤的基础土壤的等级、可塑性、水力传导性、密度和均匀系数；必须确定作用在土工非织造材料上的约束压力；必须确定土壤中预期的水力条件，包括渗流路径，预期的梯度、流量，流体的属性。对于重要的应用，可通过梯度比测试（ASTM D5101）等来确认土工非织造材料对过滤的土壤的保持性能。

12.3.2　排水

土工非织造材料的排水作用是指在土工合成材料平面内传输液体而没有土壤损失的功能。过滤和排水作用的区别主要是液体流动方向不同（图 12.2）。面内渗透性（透射率）对于排水作用是至关重要的，其值通常非常小，且取决于土工合成材料的横截面结构。针刺非织造材料的面内渗透性略高。

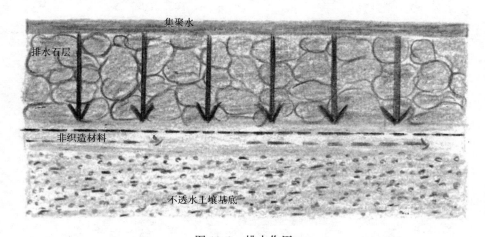

图 12.2　排水作用

使用针刺非织造材料，水可以沿垂直和水平方向移动。非织造材料可以通过在其结构平面内传输液体来实现排水作用。这意味着流动在水平方向上占主导地

263

位，这对评估平面内水力特性非常重要[25]。

较厚的非织造材料由于其体积较大，因此也会获得一些平面内流动能力，可被放置在路堤下方的柔软可压缩黏土中，用作垂直排水芯，以加速土壤孔隙中水压力的逃逸，从而增加路堤的稳定性，提高沉降速度，减少堤防的后期施工问题[26]。

在土工非织造材料的一些排水和过滤应用中，层状结构的非织造材料比单网的非织造合成材料效果更好。层状结构的非织造材料是由两层或多层由不同线密度的纤维制成的单网通过针刺加固而成[27-28]。

12.3.3 隔离和稳固

如果土工非织造材料位于两种不同类型的土壤之间，或土壤和人造材料之间，并且如果土工非织造材料要防止两种不同材料发生混合（即细粒土壤和大粒径的土壤），那么土工非织造材料需要在机械搅拌力的作用下具备隔离功能（图12.3）。满足最低强度要求的所有类型的土工非织造材料和复合材料都可以完成此功能。

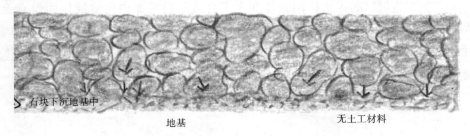

石块下沉地基中　　　　　　地基　　　　　　　　无土工材料

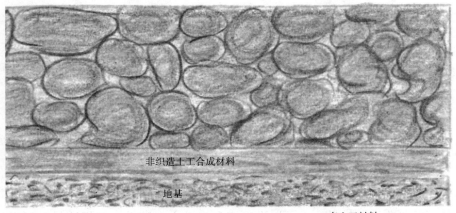

非织造土工合成材料

地基

有土工材料

图 12.3　隔离和稳固作用

主要用于隔离作用的土工非织造材料［通常在加州路基承载比（CBR）≥3时］将使路基的承载力增加 40%~50%。土壤与土工非织造材料的相互作用是确保潜在破坏面上土壤稳定的关键因素。根据不同的应用，土壤与土工非织造材料的相互作用可以由不同的变形模式表示。例如，当土工非织造材料用于土壤分离时，主要的变形模式是土工非织造材料对爆裂和受限拉伸应力的抵抗而产生的变形。

非织造材料的应用包括斜坡加固，其中斜坡的稳定性取决于土工非织造材料可以承受和传递的非织造材料的负荷应力、孔径、孔隙的几何形状以及土工非织造材料流动方向上的开放区域的百分比，这对于隔离、过滤、平面中的排水是至关重要的。这是因为上述所提到的土工非织造材料的功能主要依赖于孔隙空间特征，而这些孔隙空间特征控制着可过滤的颗粒大小和非织造材料所能传递的水量。

12.3.4　增强

与未增强的砂子相比，土工非织造材料作为增强材料不仅可提高砂子的抗剪切强度，而且可提高其延展性，并在增强砂中提供较低的峰后强度损失。将土工非织造材料引入土壤可改善整体强度，这种改善主要通过以下三种机制产生：①通过土工非织造材料与土壤/基料之间的界面摩擦产生侧向约束；②迫使潜在的承载失效面在交替的较高抗剪切强度的平面上得以改善；③轮载的膜式支承[29]。

用作结构增强的土工非织造材料允许应力从土壤或相邻材料转移到土工非织造材料（图 12.4）。因此，斜坡上或墙内的土壤层可以使用专门设计的用于承受压力的土工非织造材料进行增强，从而改善斜坡或墙壁的稳固性。土工格栅是专门为实现此功能而设计的产品，尽管在应力传递需求较低的地方已经有编织物和非织造材料的应用。

使用土工非织造材料作为增强材料的原理是将土工非织造材料引入土壤结构中，以增加颗粒之间的内聚力。这改变了负载的传递，并且由此得到的复合材料能够承受更高的负载。由于各种各样的载荷而施加在结构上的力转换为拉伸应力，使得复合材料的其他力学性能也有所改变，如抗穿刺性[30]。实现加固作用的土工非织造材料，主要的变形模式是抗剪切应力和受限拉伸应力[31]。

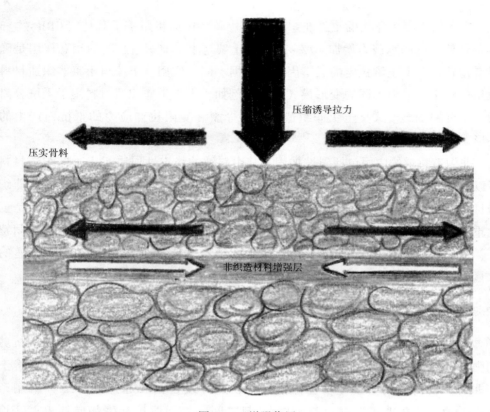

图 12.4 增强作用

12.4 土工非织造材料的发展

现今，非织造材料已经进入世界土木工程行业，成为一种具有多种用途的、可行且经济的建筑材料[32]。

12.4.1 地下排水

在潮湿的天气中，水可以穿过路面进入路基。基础土壤会保留水迁移到路基的路线，导致路面失去强度，产生车辙，并在寒冷天气中变形，使地面开裂。密集的设置法式排水沟有助于排水，但它们可能会被小土壤颗粒堵塞。与之相比，非织造材料则有明显的成本效益，如更易于安装，并可保持排水系统无堵塞，能保证长期使用时性能稳定。

热黏合非织造材料用于芯吸排水管和深度细粒土壤的过滤。大多数热黏合非织造材料在低扬程条件下排斥水，因此它们可能不是浅埋和低扬程安装的最佳选择。而针刺非织造材料不防水，因此它们更适合低扬程安装。大多数低克重的非织造材料在地下排水应用中用作过滤合成材料，这些低克重非织造材料，能允许较高的流速，且合成材料表面的小开口使这些合成材料成为过滤合成材料的理想选择。在排水系统周围包裹非织造过滤合成材料使得水能进入排水管，而又防止污垢堵塞系统。这种给排水系统周围包裹非织造过滤合成材料的方法，最适用于高抗压强度和高流量的道路边缘排水沟和机场跑道，且在绿色屋顶系统中起到关键的过滤功能。

12.4.2　铁路加固

在铁路应用中，土工非织造材料主要用于执行分离、过滤和侧向排水的功能。非织造材料在铁路上的具体应用如下：①用于密封铁路隧道的保护基层；②填料与低承载力土壤之间的分离层；③法式排水沟的包卷；④用作轨道床道砟与路基之间的分离器[33]。

保持轨道几何形状对于铁路运行至关重要。当路基泵入覆盖道砟时，会导致轨道支撑系统被破坏，并形成不平坦的轨道床。非织造材料可以防止基料和压载物冲入路基发生混合，使得维护成本降低，并提高了轨道的耐久性和排水性。通常土工非织造材料应用于"泵送轨道"和"压载区域"中。

土工非织造材料在铁路轨道结构中的使用受许多因素影响，如交通、轨道结构、路基条件、排水条件和维护要求。在欧洲，最小单位面积质量为 250~350g/m²，开口尺寸不超过 60μm 的针刺非织造材料，被认为是最适合用于铁路轨道的土工非织造材料。单位面积最小质量为 250g/m² 的热黏合土工非织造材料，与单位面积最小质量为 350g/m² 的针刺非织造材料性能稳定性相同，可安装在沙滩顶部用以延长沙滩的使用寿命。

12.4.3　沥青覆盖层

许多高速公路通常构建薄的热拌沥青（HMA）覆盖层作为柔性、刚性和复合路面的预防性维护或修复。HMA 覆盖层旨在恢复路面的平稳性，从而提高行驶车辆的乘坐质量，增强道路的结构性能和防滑性，并保护路面免受水的侵害。但由于设计的缺陷、材料本身的限制或环境因素等，许多覆盖层过早地出现了类似于长时间使用形成的裂缝[34]。一层新的沥青层是解决这个问题的最常见的补救措施。

然而，反射裂缝会使裂缝从旧的裂缝表面扩展到新的表面，从而限制了新加铺沥青面层的使用性能。交通、温度和降雨是造成路面破损的三个主要因素[35]。前两个因素是导致新沥青混凝土罩面反射裂缝产生和扩展的原因，新罩面反射裂缝使雨水渗入路面结构，通过系统的快速劣化削弱下垫层。水会使路基软化，进而使路面的结构性能降低多达60%。道路恶化的首要原因是水使路面下方的路基饱和，因为撞击沥青表面约2/3的水会通过路基[36]。

为了预防反射裂纹，在放置新覆盖层之前，必须先将最小单位面积质量为116g/m²（4.1oz）的针刺非织造材料放在裂缝上方。土工非织造材料会吸收沥青成为防水膜，最大限度地减少水进入道路内部结构的垂直流动，并成为密封层和应力吸收层[37-40]。

将土工非织造材料层放置在覆盖层中所带来的经济效益如下：①由于反射裂缝减少，增强了路面使用性能；②增加了路面寿命；③降低了路面维护成本；④结构容量的增加[41]。

沥青覆盖合成材料应该非常坚韧以使裂缝尖端能保持在一起，同时能够吸收沥青，从而可以在沥青覆盖合成材料下方和上方的层之间形成非常牢固的黏合和防潮界面。目前沥青覆盖层土工非织造材料的原材料选择及其构造有多种变化形式。从非织造聚丙烯/聚酯合成材料开始，现在网格和复合结构的沥青覆盖层土工非织造材料都可在市场上买到[42]。非织造材料和沥青也可应用于水库底板和运河衬里[43]。

12.4.4　道路分离层

路面的主要恶化因素是由于路基土壤因受到污染而逐渐丧失有效的基础骨料厚度。在路面的使用过程中，路基土壤细粒向上迁移到未增强的基础骨料中，一些骨料则会向下推入路基土壤中[44]。尽管定量数据很少，但引入道路分离层可有效阻止细粒的侵入，并降低维护成本，因此道路分离层可以使道路基层厚度减少[45]。

道路用非织造材料单位面积质量为135~200g/m²。除了防潮功能外，高克重的非织造材料还可作为缓冲或消除应力的膜层。

12.4.5　硬质甲壳衬垫

硬质甲壳失效的两个主要原因是岩石或混凝土砌块系统中发生的土壤迁移和静水压力增加。为了减轻流体静压力并防止在硬质甲壳防侵蚀系统下方的土壤迁移，可将非织造材料作为过滤材料应用于其中。

12.4.6　路堤基础

由于繁重的交通压力，泥炭路堤对现今的高速公路来说是一个难题。在规划高速公路的建设时，习惯上要避免泥炭地，然而，土地变得越来越稀缺，因此，可使用非织造材料来改善路堤的基础和摩擦特性。

12.4.7　土工膜保护衬垫

土工膜是在土壤中用作防水屏障的塑料薄膜。土工膜在其整个生命周期中并不总是与下层材料保持紧密接触。由于土工膜在任意暴露位置上都会受到风和水流的作用，因此其在与水接触的开放区域相邻的侧坡上可能会出现问题。水流的作用会使土工膜被重复地略微抬起，然后以同样的方式将其打回。而如果土工膜直接与土壤接触，会导致土壤颗粒松动，颗粒沿土工膜下方的斜坡向下移动。最终，在水线上形成一个悬崖，并在这一水位以下形成一个凸起，这可能会对土工膜和土壤施加过大的压力，防止这种形式的侵蚀。在土工膜出现局部撕裂或接缝破坏的情况下，土工布有助于将土壤固定到位，从而限制破坏的传播。虽然土工布的主要作用通常是将土工膜从土壤中分离出来，但它也可以充当通风口，释放下面土壤中捕获或产生的气体，加固或支撑土工膜[46]。

高克重的非织造材料可以缓冲和保护土工膜免受尖锐物体的损伤，从而最大限度地在较长的时期内减少泄漏的可能性（图 12-5）[47]。这些合成材料增强了土工膜的抗穿刺性、抗冲击和耐磨性，使得填埋系统的构造和操作可以实现，而不用担心损坏关键的土工膜。该结构相对简单，有非常大的应用前景，但由于保护土工膜的重要性被忽略，因此目前的应用还不多。目前常使用的产品是单位面积质量大于 $350\text{g}/\text{m}^2$ 的针刺非织造材料。

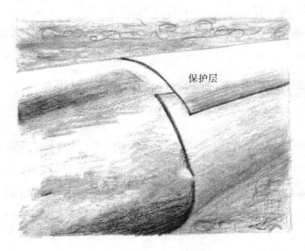

保护层

图 12-5　土工膜保护衬垫

12.4.8　垃圾填埋气体收集

传统的封闭式垃圾填埋场通常使用植被覆盖物来保持气体，然而，由于过度的侵蚀、气体压力增加、维护不善以及现场关闭后监督不力等，使得许多覆盖系统失效。因此，可采用土工非织造材料来解决覆盖失效和相关环境影响问题[48-49]。高克重非织造材料有助于收集和运输在固体废物填埋设施关闭后柔性土工膜下面积聚的气体。

12.4.9　垃圾填埋场排水系统

与土工网或排水石紧密接触的中等克重的非织造材料可以过滤土壤和垃圾，同时允许水和渗滤液通过。在新的垃圾填埋场建设中，工人沿填埋场底面安装一系列液体或渗滤液收集管和石材过滤器。这些初始收集区域将渗滤液输送到一个主要收集管中，该收集管将液体转移到集中处理中心。通常使用中等克重的非织造材料和单丝编织土工材料来确保渗滤液的收集[50]。

12.4.10　其他应用

（1）修复破损的土坝。

（2）安装在山区的钢质输送管道在施工和使用期间经常面临重大风险。最大的挑战之一是保护管道及其外部涂层免受机械损坏。目前，管道工业使用各种辅助机械保护系统，其中包括非织造材料。这种类型的应用材料通常是基于 PP 纤维的产品，通常在沉降工序之前安装在钢管的周围。

（3）测量土壤的保水功能，这是模拟土壤中不饱和流动的必要参数[51]。

12.5　土工非织造材料主要性能和测试标准

用于解决复杂工程问题的土工非织造材料需要具有较高的品质和耐用性。这只能通过在受控的实验室条件下根据国际标准和规范对关键性能进行定期的检验来监控。ASTM 和 EN 等标准化测试，可用于评估土工非织造材料对特定应用的适用性。土工非织造材料的设计工程师需要对这些测试方法有一定了解。

12.5.1　力学性能

土工非织造材料的力学性能是与土工非织造材料承受载荷或经历变形的应用相关的基本性质。

（1）抓取拉伸强度。确定拉伸强度和断裂伸长率。拉伸强度和伸长率反映合成材料在单向应力下的性能。

（2）顶破强度。特别是在施工期间，土工非织造材料必须承受周围骨料施加的压力。因此，需要测量抗刺穿强度，以此表明土工非织造材料对集中负荷的应变能力。

非织造合成材料的力学性能由原料的性质和原料的排列结构决定。纤维形态结构的重要指标有取向度、卷曲度和厚度。它们的变化会影响非织造材料力学性能和失效机理。在制造过程中，也可以通过改变和控制这些参数来改善非织造材料的设计和性能[52]。

12.5.2　水力性能

土工非织造材料的水力性能在输送或防止液体和气体渗漏的应用中非常重要。当土工非织造材料用作过滤材料时，必须满足过滤材料的两个设计标准：管道和透气性。它们必须能防止颗粒的冲刷，但也要允许足够的排水和静水压力释放。

（1）AOS。土工非织造材料表观开口尺寸的测量指标，表示最大孔径。通过干筛玻璃珠的方法确定，并作为选择合适过滤材料时的依据。

（2）介电常数。当介电常数乘以厚度时，可以确定其渗透率。有两种测试方法：恒定水头法和落水头法。

（3）透射率/平面内流量。通过恒定水头测试程序测量沿土工非织造材料平面的水流能力，其值通常与其厚度相关。

12.5.3　耐久性能

耐久性是指土工非织造材料在使用寿命期间短期性能随时间的变化。选用材料时要考虑其耐久性问题，在持续的负载下，土工合成材料会表现出流体的流动性[53]。

非织造材料各种性能的测试标准见表 12.2。

表 12.2　非织造材料的测试标准

指标	性能	测试方法
物理性能	单位面积质量	ASTM D5261/AS 2001. 1. 2. 13/ISO 9864
力学性能	负载下的厚度	ASTM D5199/ISO 9863-1
	抗拉强度和断裂伸长率	ASTM D4632/EN ISO 10319
	梯形撕裂强度	ASTM D4533/AS 3706. 1
	顶破强度	ASTM D4833/BS 6906-4
水力性能	CBR 穿刺	ASTM D6241/ISO 12236
	顶破强度	ASTM D3786
	动态穿孔/穿刺（锥形跌落测试）	EN 918/AS 3706. 5
	表观开口尺寸（AOS）	ASTM D4751
	介电常数和水流速	ASTM D4491/AS 3706. 9/DIN 60500-4
耐久性能	透射率/平面内流动水保留	ASTM D4716/ISO 12958
		ASTM F726
	抗紫外线（紫外线照射 500h，强度剩余百分比）	ASTM D4355/EN 12224
	耐碱性	EN 13249
	耐磨性	ASTM D4886

注　其他国际测试标准：①德国测试标准 DIN（FRG）54307，53857/2，53861，53847；②法国测试标准 NFG 07-112，07-001，38-014，38-012；③瑞士测试标准 SN 640550[54]。

12.6　未来趋势

　　土工非织造材料是土木工程师手中一种非常有效的工具，并已证明其可以解决众多土木工程问题。随着具有不同特征的各种产品的使用，设计工程师不仅需要了解产品应用的可能性，还需要了解使用土工非织造材料和控制土工非织造材料功能特性来满足特定功能的原理。基于合理的工程原理而设计和选择土工非织造材料，将实现最终产品的用户和非织造材料行业的双赢。

　　优越的过滤、分离、保护、增强和排水性能是推动土工非织造材料市场增长的关键因素，功能多样、厚度灵活、渗透性可控以及原料和劳动力成本低也是土工非织造材料市场增长的重要因素。

　　然而，由于缺乏对土工非织造材料的认识，缺乏道路建设的相关标准，目前使用的材料质量偏低，这将对土工非织造材料市场的增长产生负面影响。

　　土工和道路建设环境的大大改善，将给非织造材料带来非常可观的效益。由于对环境保护的关注日益增长以及对这些产品在各种应用中性能优势的认识逐渐增多，使得土工非织造材料的市场渗透率得以提高，推动了额外应用（在已知的使用土工非织造材料的行业之外的行业）的增长。随着对采矿、石油和天然气场地有害物质浸出到土壤和地下水的控制，以及对限制侵蚀和减少道路维护的关注，土工非织造材料的使用量也将增加。

参考文献

　　[1] JONES C J F P. Multifunctional uses of geosynthetics in civil engineering. In SARSBY R W （Ed.），Geosynthetics in civil engineering. Cambridge：Woodhead Publishing，2007：97-126.

　　[2] ADOLPHE D，LOPES M，SIGLI D. Experimental study of flow through geotextiles. Textile Research Journal，1994，64（3）：176-182.

　　[3] ZORNBERG J G，CHRISTOPHER B R. Geosynthetics. In The handbook of ground water engineering. Delleur：J. W. CRC Press，1999.

　　[4] COOKE T F，REBENFELD L. Effect of chemical composition & physical structure of geotextiles on their durability. Geotextiles & Geomembranes，1988，7（1-2）：7-22.

　　[5] TAN S A，CHEW S H，WONG W K. Sand-geotextile interface shear strength by torsional ring shear tests. Geotextiles & Geomembranes，1998，16（3）：161-174.

　　[6] ZHAI H，MALLICK S B，ELTON D，et al. Performance evaluation of nonwoven geotextiles in soil-fabric interaction. Textile Research Journal，1996，66（4）：269-276.

　　[7] ADANUR S，LIAO T. Fiber arrangement characteristics and their effects on nonwoven tensile behavior. Textile Research Journal，1999，69（11）：816-824.

　　[8] KOÇ E，ÇINÇIK E. An investigation on bursting strength of polyester/viscose blended needle-punched nonwovens. Textile Research Journal，2011，82（16）：1621-1634.

　　[9] http：//www. maccaferri. biz Accessed 24. 8. 15.

　　[10] http：//www. permathene. com Accessed 24. 08. 15.

［11］ WANG Y. A method for tensile test of geotextiles with confining pressure. Journal of Industrial Textiles, 2001, 30 (4): 289–302.

［12］ RAWAL A, ANANDJIWALA R. Relationship between process parameters and properties of multifunctional needle punched geotextiles. Journal of Industrial Textiles, 2006, 35 (4): 271–285.

［13］ RAWAL A, RAO P V K, RUSSELL S, et al. Effect of fiber orientation on pore size characteristics of nonwoven struetares. Journal of Applied Polymer Science, 2010, 118 (5): 2668–2673.

［14］ SI Geosolutions. htttp: //www. fixsoil. com Accessed 24. 08. 15, 2015.

［15］ LI T T, WANG R, LOU C W, et al. Evaluation of high–modulus, puncture resistance composite nonwoven fabrics by response surface methodology. Journal of Industrial Textiles, 2012, 43 (2): 247–263.

［16］ PAK A, ZAHMATKESH Z. Experimantal study of geotextiles drainage & filtration properties under different hydraulic gradients & confining pressures. International Journal of Civil Engineering, 2011, 9 (2): 97–102.

［17］ RAMSEY B, NAREJO D. Manufacturing nonwoven needle punched geotextiles with opening size larger than 0. 2mm. Geotextile Research & Development in Progress, 2008: 1–6.

［18］ AYDILEK A H, OGUZ S H, EDIL T B. Constriction size of geotextile filters. Journal of Geotechnical & Geoenvironmental Engineering, 2005, 131 (1): 28–38.

［19］ PATANAIK A, ANANDJIWALA R. Some studies on water permeability of nonwoven fabrics. Textile Research Journal, 2009, 79 (8): 147–153.

［20］ PALMEIRA E M, GARDONI M G. Drainage & filtration properties of non–woven geotextiles under confinement using different experimental techniques. Geotextiles & Geomembranes, 2002, 20 (2): 97–115.

［21］ SATO M, YASHIDA T. Drainage performance of geotextiles. Geotextiles & Geomembranes, 1986, 4 (3–4): 223–240.

［22］ INGOLD T S. Civil engineering requirements for long–term behavior of geotextiles. Durability of geotextiles. London & NY: Chapman & Hall Ltd, 1988: 20–29.

［23］ SVÉDOVÁ J. Industrial textiles. NY: Elsvier Science Publishing Co. Inc. , 1990.

　　[24] BOUAZZA A, KHODJA S D. Friction characteristics of a non-woven geotextile & peat. Geotextiles & Geomembranes, 1994, 13 (12): 807-812.

　　[25] KOPITAR D, SKENDERI Z, RUKAVINA T. Impact of calendaring process on nonwoven geotextiles hydraulic properties. Textile Research Journal, 2014, 84 (1): 66-77.

　　[26] CHELLAMANI K P, CHATTOPADHYAY D. Yarns & technical textiles. Coimbatore: The South India Textile Research Association, 1999.

　　[27] HWANG G S, LU C K, LIN M F. Transmittivity behavior of layer needlepunched nonwoven geotextiles. Textile Research Journal, 1999, 69 (8): 565-569.

　　[28] RAKSHIT A K, PATIL V K, BALASUBRAMANINAN N. Factors influencing the opening size and water permeability of nonwoven geotextiles. In Nonwovens. BTRA, 1990: 118-137.

　　[29] KHALID M, HASAN E. Geotextiles in transportation applications, 2004.

　　[30] RAWAL A, ANAND S, SHAH T. Optimization of parameters for the production of needle punched nonwoven geotextiles. Journal of Industrial Textiles, 2008, 37 (4): 341-356.

　　[31] MOGAHZY Y E E, GOWAYED Y, ELTON D. Theory of soil/geotextile interaction. Textile Research Journal, 1994, 64 (12): 744-755.

　　[32] HAERI S M, NOORZAD R, OSKOOROUCHI A M. Effect of geotextile reinforcement on the mechanical behavior of sand. Geotextiles & Geomembranes, 2000, 18 (6): 385-402.

　　[33] MARTINEK K. Geotextiles used by the German Federal Railway—Experiences & specifications. Geotextiles & Geomembranes, 1986, 3 (2-3): 175-200.

　　[34] CHOWDHURY A, BUTTON J W, LYTTON R L. Tests of HMA overlays using geosynthetics to reduce reflection cracking. Texas: Texas Transportation Institute, 2009.

　　[35] WEIDONG L, CHEN Z, WU S, et al. Rutting resistance of asphalt overlay with multilayer wheel tracking test. Journal of Wuhan University of Technology, 2006, 21 (3): 142.

　　[36] AL-QADI I L, LAHOUAR S, LOULIZI A, et al. Effective approach to improve pavement drainage layers. Journal of Transportation Engineering, 2004, 130 (5): 658-664.

　　[37] GARBER S, RASMUSSEN R. Nonwoven geotextile interlayers in concrete

pavements. Transportation Research Record: Journal of the Transportation Board, 2010, 2152: 11-15.

[38] AMERI M, SHAHI J, KHANI H S. A mathematical model for determination of structural value of geotextile in pavements. International Journal of Civil Engineering, 2012, 11 (1): 61-66.

[39] KOERNER R M. Designing with geosynthetics. NJ: Pearson Prentice Hall Eaglewood Cliffs, 2005.

[40] LEVY T. The use of polypropylene nonwoven geotextiles impregnated with bituminous binder in road pavement. Journal of Coated Fabrics, 1990, 20: 82-87.

[41] Interlayer guide. Asphalt Interlayer Association, 1999.

[42] GHOSH M, BANERJEE P K, RAO G V. Development of asphalt overlay fabric from jute & its performance evaluation. In Proceedings of the 4th Asian Regional Conference on Geosynthetics, 2008: 17-20.

[43] ANTE J O, PALMEIRA E M. A laboratory study on the performance of geosynthetic reinforced asphalt overlays. International Journal of Geosynthetics & Ground Engineering, 2015, 1 (1).

[44] MARIENFELD M, CHUCK F. Long - term pavement testing by FHWA, 2014.

[45] STARK T D, PAIKO D. Geosynthetic in new transportation applications, 2014.

[46] JOHN N W M. Geotextiles. New York: Chapman & Hall, 1987.

[47] http://www.geofabrics.com.au Accessed 21.07.15.

[48] http://watershedgeo.com Accessed 30.07.15.

[49] MEGGYES T. Landfill applications. In SARSBY R W (Ed.), Geosynthetics in civil engineering. Cambridge: Woodhead Publishing, 2007: 163-180.

[50] Propex Geosynthetics. htttp://www.geotextile.com Accessed 24.08.15, 2015.

[51] STORMONT J C, HENRY K S, EVANS T M. Water retention functions of four nonwoven polypropylene geotextiles. Geosynthetics International, 1997, 4 (6), 661-672.

[52] ADANUR S, LIAO T. Computer simulation of mechanical properties of nonwoven geotextiles in soil - fabric interaction. Textile Research Journal, 1998, 68 (3): 155-162.

［53］ PERKINS S W. The material properties of geosynthetics. In SARSBY R W (Ed.)，Geosynthetics in civil engineering. Cambridge：Woodhead Publishing，2007：19-35.

［54］ GEI Works. http：//www. erosionpollution. com/nonwovenfabric. html Accessed 27. 07. 15. http：//www. freedoniagroup. com Accessed 28. 07. 15，2015.

第 13 章　农用非织造材料

J. R. Ajmeri，C. J. Ajmeri
萨拉瓦尼克工程技术学院，印度苏拉特

13.1　概述

纑纺织品已经在农业中使用了数千年，以保护植物和动物免受极端条件的侵害。例如，可用于遮阴，有助于保持土壤湿度，提高土壤温度，还可以保护作物免受昆虫和杂草的侵害。农用非织造材料还包括各种各样的物品，如钓鱼线、渔网、绳索、覆盖垫、农作物的编织覆盖物和非织造覆盖物、鸟类防护网等[1]。使用农用非织造材料的一些目的如下：①防止侵蚀和为造林铺平道路；②温室覆盖层和渔网；③用于分隔空间；④用作植物网，用于无根植物和保护草地；⑤作为防晒层和挡风层；⑥作为包装材料和用于存放割下的草的袋子；⑦控制针织网的拉伸；⑧水池的底；⑨防鸟网；⑩用于幼虫成长阶段筛选和分离的非织造材料；⑪在缺水和水量过大时用于地下和植物水管里的垫子[2-3]。

13.2　农用非织造材料的性能要求

对于大多数终端应用，农用纺织品要求具有合适的抗拉强度和良好的透气性，并且在极端气候下不会显著恶化。这些特性取决于非织造材料的纤维原料及其制造的类型和条件。主要功能属性如下。

（1）能够贴合植物的轮廓，抵抗太阳辐射。在播种时或播种后立即将农用非织造材料放置在栽培区域。对于这种应用，它们必须承受由太阳辐射产生的周围温度的变化。

（2）耐候性。在地面和非织造材料之间形成微气候，从而平衡温度和湿度。同时，使根部的温度上升，促使农作物提前成熟。

（3）对微生物的抵抗力。保护农产品和预防疾病。

（4）生物降解性。在其生命周期结束后可生物降解，这样就不会污染土壤和环境。在产品的生物降解性方面，最重要的是使用天然纤维，如羊毛、黄麻和棉等。与合成纤维相比，天然聚合物具有可生物降解的优点，但使用寿命较短。

（5）较高的保留水分和减少水分蒸发的能力。防止土壤变干，这是通过纤维毡实现的，该纤维毡能吸入大量水并填充超吸收剂。

此外，还需具备以下属性：使用寿命长；浸于水中不腐烂；性价比高；节省空间；易于运输；可减少化肥、农药和水的使用量；足够的刚度；灵活性强；耐湿性和杀菌效果好（高达 20%），可避免土壤污染；长时间使用的结构也必须能够承受相当大的磨损；重量轻，非织造材料的重量应该是植物可以承受的。

13.3　非织造材料在农业中的应用

非织造材料被有效地用于优化农作物、花卉和温室作物的生产，例如，用于作物覆盖、毛细管垫、植物保护、杂草控制、温室遮阳、护根袋以及可生物降解的植物盆栽和草坪的覆盖物等[4-6]。农用非织造材料的优点是强度高、耐用性和弹性好；用于霜冻和昆虫防护；有独特的渗透性，非织造材料的孔隙足够大而允许空气和水到达作物，但小到足以阻挡昆虫；杂草控制，使植物和作物得以在不使用杀虫剂和除草剂的情况下生长；缩短农作物的生长和收获周期，提高产量，可全年种植[7]。

13.3.1　温室大棚用毛细管垫

将针刺丙纶非织造材料放置在温室中植物的根部是非织造材料在农业中最早的应用之一。在毛细管垫的应用中，非织造材料通过无土栽培的方法促进温室花卉和蔬菜的健康生长。非织造材料很容易在毛细作用下达到饱和，将水分分配给正在生长的植物，并提高温室内的湿度。与园艺中使用的人造丝产品相比，PP 毛细毡的优势包括：重量更轻；湿强度更高；耐腐蚀、霉变和化学物质；易于切割和成形以符合特定尺寸；快速吸水和快速响应；耐压碎和可逆性。

黄麻—聚丙烯混纺针刺非织造材料可作为覆盖材料（$30 \sim 70 g/m^2$），其中黄麻有助于植被保持水分，聚丙烯则作为强度承载组分[8]。

13.3.2　作物覆盖、行覆盖或防霜覆盖

蔬菜种植者试图提早将作物推向市场，以获得更高的收益。在过去的 20 年里，为了进一步提高早熟产量，行覆盖的使用有所增加[9]。非织造材料正在取代一些多年来用于保护农作物免受冰冻的稻草、玻璃和塑料薄膜。农民把作物覆盖物覆盖在植物和幼苗上，从而增加产量，改善作物产品的质量。苗床上铺着非常轻且柔软的覆盖物而形成微气候，在这种微气候下，热量和湿度得到了控制，保证植物和幼苗的苗壮成长。现在农业非织造材料被用来在种植的早期促进植物的生长，并保护植物免受恶劣天气条件和害虫的影响。

已有研究表明，采用农用非织造材料覆盖可促进作物的生长，尤其是可提高葡萄藤的长度和每株植物的叶数。黄瓜在早期使用农用织物覆盖，其产量比露天高 $10\% \sim 25\%$[10]。植物覆盖物既可以作为防风层[11]，可以保护植物免受机械损伤和过度蒸散，可以作为"小型温室"，从太阳辐射中捕获热量。此外，它们构成了对冰雹、鸟类、昆虫、其他害虫和白蝇的有效屏障。直接覆盖是最具成本效益的作物受保护的种植形式。轻质 SB 羊毛现在用于遮阳、隔热和杂草抑制。单位面积质量较高的非织造材料用于防风和防冰雹。

在大多数情况下，行覆盖物的主要功能不是防霜，而是在环境温度较低时起到促进生长的作用。对于大多数行覆盖物来说，春季的最大防霜能力是低于环境冰冻温度 $2 \sim 3$℃。只有用专门的、高克重的行覆盖物才能达到更好的防霜效果。霜冻通过破坏光合酶和光抑制来抑制光合作用的速率[12]。行覆盖物克重从 $10 \sim 50 \mathrm{g/m^2}$ 不等：用于防虫时，克重较低；用于防霜时，克重较高。SB 覆盖物（与机织相反）是将小直径的纤维沉积到相当均匀的片材中，从而保证 80% 的透光率以及优异的防水性和透气性。这些覆盖物具有抗紫外线功能，以防止在农业使用环境下过早降解。覆盖宽度 $1.8 \sim 17 \mathrm{m}$ 不等。无论种植者是单行覆盖还是多行覆盖，这些轻便的 SB 覆盖物只沿着边缘固定，而且通常是用泥土固定。因此，行覆盖物幅宽越宽，安装时的劳动强度就越低。

农用行覆盖物（图 13.1）具有高孔隙度，可控制霜冻和提高夜间温度，同时不会将白天温度升高到超过冷季作物承受范围。夜间低温严重影响植物生长和果实品质[13]，因此行覆盖有利于增加初始移植存活率[14]。行覆盖物的有效性由多种因素共同决定，包括覆盖层特性、放置时间、天气条件、作物和相关害虫[15]。由于行覆盖物用于延长作物种植季节，因此夜间温度通常是温度控制的焦点。最近推出了 $42 \mathrm{g/m^2}$ 的 PP，可提高保温性，同时透光率可达 75%。主要的优点是，早上

温度在行覆盖物下上升得比环境温度快，并且在下午时温度下降得慢。因为覆盖物作用时间达 2~4 周，所以每日额外的热量积累有助于作物生长。然而，当环境温度超过 30℃时，热量积累会造成覆盖层下的温度过高。茄科作物的花朵对这种程度的温度特别敏感，而葫芦科植物的花朵更耐高温。

行覆盖

图 13.1 农用行覆盖物

SB PP 行覆盖物（17g/m²）通过降低覆盖下的风速来促进黄瓜的生长[16-17]。第一个应用是保持甜菜、土豆和稻草等作物的干燥，防止产品变质。SB PP 行覆盖物由于经过特殊的表面处理，雨水很容易从外面流出，并且堆内的水分很容易通过多孔结构蒸发。第二个应用是减少堆肥的气味[18]。作物覆盖为种子萌发和幼苗生长创造了良好的微气候，在较凉爽的大气中，作物覆盖物通常被放置在直播行或新移除的作物上，以创造一个更温暖、更潮湿的微环境，从而帮助暖季作物快速生长。

作物覆盖物的主要特性是：它们既可以防虫，也可以挡风；减少对流产生的热量损失，使地面变暖，防止早霜，有效延长生长季节；允许最大程度的光照和水传播，为下面的植物和幼苗提供最佳的生长条件；减少虫害的发生；贴合植物的轮廓。

农作物覆盖物可以以不同方式在地面上使用。在英国，羊毛被直接平铺在地上。许多 3.2m 宽的覆盖物通常连接在一起形成一个宽达 16m 的覆盖物，通常使用连续胶线连接。在中东地区，作物覆盖物不与植物或地面直接接触。

造成田间作物覆盖损坏的主要原因是某一部位发生撕裂或高度磨损而形成孔洞。细小的撕裂主要是由场地上尖锐的石头刺穿而造成的，当覆盖物被平铺在田地上时，这一现象尤为普遍。当材料在边沿上拉得非常紧，或者风吹到作物覆盖物下面时，会使覆盖物与光滑的石头和其他坚硬的物体发生摩擦。

通过改善覆盖物的抗拉强度、撕裂强度和耐磨性，可以改善其实用性能。对于 SB 覆盖物，撕裂和磨损性能都由其的热压延黏合量控制。为了提高撕裂强度，可通过降低温度或压力来减少热压延黏合量。而耐磨性通常只有在增加热压延黏合量的情况下才能改善[19]。

如果覆盖层下的空气温度过高，则存在严重的作物质量损失风险。为了避免这些风险，种植者必须决定何时取消覆盖，权衡质量损失的风险与早期收益[20]。使用非织造材料覆盖物取暖的便利性可以通过延迟移除它们来增加，从而阻碍蜜蜂的循环，并导致雌花延迟和更多的同时授粉。通过这种方式，可以将收获期缩短一半，获得大小更均匀的果实，并提高劳动生产率[21]。

13.3.3　防护罩

对紫外线稳定的聚丙烯针刺非织造材料（140g/m^2）可用于室外储存稻草包和甜菜（图 13.2）。它可以抵御雨、雪和风，同时最大限度地降低因透气性差而产生霉菌的风险。它还可用于室内储存堆肥、土豆、谷类、木屑等，防止动物侵害和不利的天气状况，如霜冻[22]。

图 13.2　防护罩

13.3.4　水果套

它可以用作串套（覆盖整个水果串）或作为单独的水果套（图 13.3），可以使水果免受各种威胁（同时允许空气和阳光透过）。使用水果套（17~25g/m^2）可以增强葡萄、番石榴、石榴和芒果等水果的颜色，实现果实从上到下更好地分布。

除了阻挡昆虫外，水果套在各种水果中的使用效果如下。

图 13.3　水果套

13.3.4.1　香蕉

SB 非织造材料（18~25g/m²）香蕉束套袋（图 13.4）用于香蕉收割前的阶段，以抵御高温和阳光。香蕉束套袋有各种大小可供选择，可以保护香蕉在收获前免受霜冻、虫害，且不需要使用杀虫剂。香蕉束套袋可促进香蕉的生长，使串重增加（约 5%），有助于促进果实成熟，实现早期收获，增加盈利能力[23]。

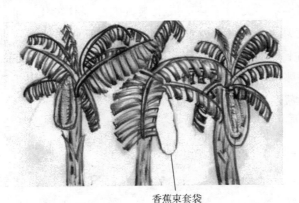

图 13.4　香蕉束套袋

13.3.4.2　芒果

使用套袋有利于保存果实，增加果重，获得良好的表皮光泽，减少茎端腐烂和斑点果实的发生率，减少海绵组织的产生。

13.3.4.3　葡萄

使用套袋可减少粉红色浆果的形成，延长葡萄的货架期，防止虫害。

13.3.4.4 石榴

使用套袋可防止晒伤，避免因磨损而损坏水果，防止因强风造成的损坏，预防虫害，获得多汁的石榴。

13.3.4.5 荔枝

使用套袋可使果实重量增加3%~5%，因晒伤和开裂而受损的水果减少（19%~23%），果实硬度和酸度较高，表明果实成熟期延长。

13.3.5 园林景观或杂草屏障

景观承包商正在定期研究降低维护成本和植物死亡风险的方法。园林绿化用非织造材料有效地消除了杂草，有助于减少侵蚀，缓和土壤温度，并会随着时间的推移逐渐分解。SB PP非织造材料是园林绿化用非织造材料的主要产品，因为它们具有高水流量、优异的介电常数、耐久性和相对低的成本。其强度足以阻挡杂草（图13.5），但其多孔结构可确保必需的水和液体营养物质通过，并且是作为杂草控制、土壤分离和地面稳定的理想选择。作为一种杂草阻滞剂，它们可以消除屏障下面遗留的水垢，这反过来可以最大限度地减少霉菌和气味。作为衬垫，它们可以改善土壤排水能力而不会造成土壤流失。园林绿化用非织造材料能够持续多年使用，以很少的努力使景观看起来像是得到专业修剪[25]。非织造材料的一些主要景观用途如下：①景观区域和花园的土壤保持和杂草控制；②用木材制成的土壤保持的挡土墙；③覆盖层下的杂草控制；④砖砌走道和庭院支撑；⑤花坛和盆栽排水；⑥拦截层沟槽的衬里；⑦保护育苗区域。

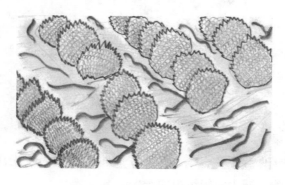

图13.5 景观用非织造材料

近年来，景观用非织造材料的使用变得非常流行，主要原因如下：①最大限度地减少工作时间、除草和持续维护的需要；②环保，不需要使用化学除草剂；③获得更健康的植物；④保持土壤的透气性和水分渗透性。

13.3.6　衬里

非织造材料可以裁剪成一定的形状，用来衬托盆栽和吊篮的底座，甚至可以用于垂直花园。它们通过吸收必要的水分来为植物生长提供最佳的水分环境。使用这项技术可以减少高达 50% 的用水量，并显著减少重复浇水的需要；还可以向水中添加化肥。

椰壳纤维非织造材料用于悬挂篮子，有助于更好地吸收培养基。由于空气可以更容易地通过椰壳纤维非织造材料的孔隙流动，它将有助于根部更快、更有力地生长。椰壳纤维非织造材料可根据篮子的尺寸切割成不同的形状。椰壳纤维非织造材料由于其优异的渗透性，将促进植物生长并在较长时间保持其水分，并通过过滤多余的水来分离盆栽土壤。

蔗渣纤维非织造材料可用于制作花盆。这种类型的花盆具有优异的生物降解性，可以埋在花坛或更大的塑料或陶罐中。

13.3.7　表层覆盖物或树垫

可堆肥的非织造材料可以是 100% 可堆肥的 PLA 纤维，可围绕在植物周围的土壤上（图 13.6）。它们在减少树木底部的杂草生长方面具有较好的效果[25]，最大限度地减少了浇水次数，并改善了土壤环境的整体热调节能力。

图 13.6　表层非织造材料

13.3.8　生物质卷

将椰壳纤维非织造材料制成卷状，用泥炭苔/椰壳纤维复合材料作为填充，形成生物质卷。使用这些生物质卷可促使植物根的快速生长。天然产品组合将有利于植物的生长。

13.3.9　屋顶绿化垫

城市农业是一项全球性的、不断增长的追求，可以为经济发展、创造就业机会、粮食安全和社区建设做出贡献。在城市农业中使用绿色屋顶技术将确保节能和雨水管理[26]。屋顶绿化垫是用椰壳纤维非织造材料制成的，上面可撒种子，或者将种子嵌入垫中。这些屋顶绿化垫铺在屋面上，垫上的种子在屋面上发芽，并均匀生长。

13.3.10　生长棍

生长棍被用作植物的天然支撑物。它们由包裹有椰壳纤维或非织造毡层的木杆组成。植物的根部可以很容易地穿透椰壳垫的孔隙。

13.3.11　畜牧业用过滤材料和衬里

13.3.11.1　牛奶过滤

自动挤奶系统中的牛奶过滤器必须始终正常运行，它们在牛奶质量控制中起着重要作用。用于农场牛奶过滤的一次性牛奶过滤器是由湿纺非织造材料敷设的，有助于在优质牛奶生产中保持高的卫生标准[27-28]。

牛奶过滤器最重要的物理特性是破裂强度、撕裂强度、拉伸强度、过滤能力、过滤效率、透气性和相容性。牛奶过滤器可以用胶合、缝合和密封等形式。

13.3.11.2　粪便储存衬里

牲畜周围必须有动物粪坑。由于存在有毒气体积聚、溺水或吞没的危险，因此粪便的储存对农民构成了潜在的威胁。粪便可以储存在地上的水箱和大桶里，也可以储存在地下的坑或池塘里。粪池可以用封闭或开槽的地板覆盖。如果妥善管理和有效地施用，动物粪便是一种很好的肥料来源；但是，如果粪便与地表或地下水接触，也可能成为污染物。

用于粪便储存的衬里可以是土工膜、土工合成黏土衬垫，以及压实土壤或放置在建筑的地板和地基下的抗穿刺土工非织造材料。

蔗渣纤维非织造材料可用作家禽养殖场的垫料。由于非织造材料易于铺设和包装，用过的非织造衬垫材料（收集足够的家禽粪便后）可以直接作为花园覆盖物包装出售。这种方法不仅促进了可生物降解和营养丰富的花园覆盖物的生产，还有助于简化动物排泄物的管理。

13.3.12　鱼塘防渗层

与其他土工非织造材料一样，蔗渣纤维非织造材料可用于水产养殖，如河畔杂草控制、过滤和桩子包覆。鱼类养殖中使用的人工栖息地可以通过提供住所和分离富集营养物质来改善水质，从而使水产养殖系统受益。因此，廉价的人工栖息地材料可以帮助养殖者获得更大的利润[29]。

鱼类养殖包括在水箱或围栏中商业化养殖，其基本要求是有一个蓄水的池塘，还可能需要一个地上灌溉系统（许多灌溉系统使用带集管的地下管道）。土工膜是作为鱼塘防渗层的理想材料，可以限制高渗透区域的渗漏。土工膜已广泛应用于内陆鱼虾养殖池塘。人们可以将水储存在池塘中衬上合成衬里，然后铺设在土工合成材料黏土上。针刺非织造材料对土工膜具有明显的抗穿透作用，此外，还在池塘底部提供排水和过滤功能[30]。

13.4　未来趋势

农用是较小类别的先进非织造材料应用之一。然而，根据全球人口的预计增长和对优质食品的需求，农用是预测增长力最强的领域之一。在发展中国家，市场估计每年增长 8%～10%。按价值计算，亚洲市场已占市场总量的 60% 左右。

纤维技术的发展为非织造材料的发展创造了新的可能性，这些非织造材料既可用作临时解决方案，也可用作长期解决方案。农用非织造材料的设计目的是实现高度可控的向根系输送水分和养分，同时显著减少蒸发损失和渗水。

目前，精准控制农业或受保护的耕种已经远远超出了作物灌溉和水资源管理的范畴。随着人口不断增加，人们对饮食要求的提高，对土地、水、能源、矿物质营养素的限制等所有资源管理的需要日益紧迫，全世界受保护的种植区域和分散度可能会持续增加，农用非织造材料将成为其助推器。

参考文献

［1］ IGNASI I, ALEGRE S. The effect of anti-hail nets on fruit protection, radiation, temperature, quality and profitability of 'Mondial Gala' apples. Journal of Applied Horticulture, 2006, 82 (2): 91-100 (M. B.).

［2］ http: //www. bch. in [Accessed 13. 08. 15].

［3］ MADHAVMOORTHI P, SHETTY G S. Nonwoven. Ahmedabad: Mahajan Publishers, 2005.

［4］ http: //www. stradom. com [Accessed 02. 09. 15].

［5］ http: //www. generalnonwovens. com [Accessed 02. 09. 15].

［6］ Zhongshan Hongjun Nonwovens Co. , Ltd, 2015. http: //www. z - nonwoven. com [Accessed 02. 09. 15].

［7］ http: //www. edana. org [Accessed 01. 09. 15].

［8］ DEBNATH S, MADHUSOOTHANAN M. Water absorbency of jute - PP blended needle-punched nonwoven. Journal of Industrial Textiles, 2010, 39 (3): 215-231.

［9］ REINERS S, NITZSCHE P J. Rowcovers improve early season tomato production. HortTechnology, 1993: 197-199.

［10］ CERNE M. Different agrotextiles for direct covering of pickling cucumbers. In ISHS acta horticulture 371. VII International Symposium on timing field production of vegetables, 2015.

［11］ LEE S, et al. Comparison study on soil physical & chemical properties, plant growth, yield & nutrient uptake in bulb onion from organic & conventional systems. HortScience, 2014, 49 (12): 1563-1567.

［12］ PINKARD E, et al. A history of forestry management responses to climatic variability & their current relevance for developing climatic change adaptation strategies. Forestry, 2015, 88: 155-171.

［13］ HAO J H, et al. Low night temperatures inhibit galactinol synthase gene expression & phloem loading in melon leaves during fruit development. Russian Journal of Plant Physiology, 2014, 61 (2): 178-187.

［14］ MARR C, LAMONT J W, ALLISON M. Row covers improve seedless watermelon yields in an intensive vegetable production system. HortTechnology, 1991, 1: 103-104.

[15] JENNI S, et al. Use of row covers to reduce insect damage in crisp head lettuce. American Society for Plasticulture, 2006, 33: 116-121.

[16] WELLS O S, LOY J B. Rowcovers & high tunnels enhance crop production in the Northeastern United States. HortTechnology, 1993, 3 (1): 92-95.

[17] RUMPEL J. Plastic & agrotextile covers in pickling cucumber production. In ISHS Acta horticulture 371. VII International Symposium on timing field production of vegetables, 2015. [Online]. Available from: http://www.pubhort.org Accessed 13.08.15.

[18] http://www.bonartf.com [Accessed 13.08.15].

[19] AVRIL D. An innovative approach to spunbond agricultural crop cover. Journal of Industrial Textiles, 2001, 30 (4): 311-319.

[20] GRAEFE J, SANDMANN M. Shortwave radiation transfer through a plant canopy covered by single & double layers of plastic. Agricultural & Forest Meteorology, 2015, 201: 196-208.

[21] BENINCASA P, et al. Optimising the use of plastic protective covers in field grown melon on a farm scale. Italian Journal of Agronomy, 2014, 9 (556): 8-14.

[22] http://www.thrace.ie [Accessed 01.09.2015].

[23] http://www.greenprononwovens.in [Accessed 01.09.2015].

[24] http://www.geodynamics-west.com [Accessed 01.09.15].

[25] APPLETON B, DERR J. Use of geotextile discs as chemical carriers for container nursery stock production. HortScience, 1990, 25 (8): 849.

[26] WHITTINGHILL L J, ROWE D B. The role of green roof technology in urban agriculture. Renewable Agriculture & Food Systems, 2012, 27: 314-322.

[27] ADANUR S. General industrial textiles. In ADANUR S (Ed.), Wellington Sears handbook of industrial textiles. Pennsylvania: Technomic Publishing Company Inc, 1995: 527-554.

[28] http://www.delaval.com.ar [Accessed 07.09.15].

[29] CHEN Y, NEGULESCU I. Producing nonwoven materials from sugarcane. Louisiana Agriculture Magazine, 2010. [Online]. Available from: http://www.isuagcenter.com Accessed 25.08.15.

[30] http://www.solenotextiles.com [Accessed 01.09.15].

第14章 建筑用非织造材料

P. A. Khatwani，*K. S. Desai*，*U. S. Thakor*
萨拉瓦尼克工程技术学院，印度苏拉特

14.1 概述

非织造材料在建筑领域主要有三个应用，即屋顶、墙膜和管道重新定位。建筑领域使用非织造材料具有以下优点：①对许多材料或成分具有黏合性；②高耐用性；③各向同性；④质轻；⑤表面光滑；⑥对许多化学品和水分具有抵抗力；⑦优异的延展和弹性；⑧可作为具有适当涂层的防水层；⑨静态抗剪切冲击的稳定性好。

14.2 建筑用非织造材料与技术

目前，人们正在设计和开发不同品种的非织造材料，以满足建筑领域的需求。天然和化学纤维或其组合都被用于生产非织造材料[2]。

椰壳纤维非织造材料的厚度在 $4.25\sim4.78cm$，平均厚度为 $4.5cm$，平均克重为 $1100g/cm^2$。在制造高质量的瓦楞板时，整个毡中椰壳纤维分布的均匀性是很重要的。

由聚酯纤维和玻璃纤维制成的非织造材料也是为建筑领域的不同应用而设计和开发的。用树脂浸渍的针刺非织造材料也适合作为结构增强材料。用玻璃纤维或聚酯纤维非织造材料制成的层压板可用于许多不同的聚合物基膜。

防水是基建发展的重要课题之一。在任何基础设施建设中，保护建筑物及其居住者不受外界气候条件和水分凝结的影响是最令人关注的。为了解决这一问题，人们使用了不同种类的墙膜，目前仍在进行大量的研究，以期对其进行改进。

　　针刺生产技术是最常用于生产建筑用非织造材料的技术。有时这些非织造材料会根据最终用途涂覆聚合物材料。

　　在大多数形式的墙壁结构中，适合用作透气膜的轻质柔性片材是由高密度聚乙烯、聚丙烯、PTFE（特氟隆）或两者的组合制成。涂覆或层压到非织造材料上的柔性膜控制其透湿性。

14.3　非织造材料在建筑中的应用

14.3.1　屋顶膜

　　天然椰壳纤维复合材料屋顶由椰壳纤维和竹子与合成树脂或其他合适的黏合剂结合制成，是瓦楞屋顶的替代品，可开发制造波纹屋顶板材。由于椰壳毡多孔且柔软，因此在瓦楞板的制造中使用编织竹垫和椰壳毡。对波纹屋顶板的透水性、黏合完整性和力学性能进行测试，结果表明，除了抗冲击性能外，波纹屋顶板的其他性能都通过了测试。曝光测试也表明，波纹屋顶板可代替传统的屋顶板。

　　随着玻璃纤维技术和非织造材料在各种屋顶的应用，屋顶行业正在发生革命性的变化，这有助于克服天然椰壳纤维屋顶材料的不足，同时为高端屋顶材料提供了一种经济的解决方案。商用和住宅屋顶毡技术为各种屋顶市场提供产品，应用范围从三片式、叠层式屋顶到底座、盖板和低坡屋顶。

　　在所谓的"倒置屋顶"结构中，针刺非织造材料可起到保护作用。用树脂浸渍的针刺非织造材料也适合作为结构增强材料。在合成屋顶材料下面铺设分离层以防止其损坏或变质。由于下面的沥青可以从 PVC 膜中提取增塑剂（软化剂），因此下面结构的表面可能发生损坏，并且合成屋顶材料的 PVC 膜也可能发生劣化。在大多数结构中，聚酯羊毛纤维具有防火功能；如果就空气火花而言，当不能保证建筑物有足够的外部防火保护时，可选用玻璃羊毛纤维。聚酯非织造材料可增强整个屋顶的结构。

　　由聚酯和/或玻璃纤维制成的稀松布，以及由玻璃或聚酯非织造材料制成的稀松布层压板，可用作许多不同的聚合物基膜（图 14.1）。稀松布通常用于由 PVC、PO、EPDM 或沥青制成的屋顶膜中[3-6]。

图 14.1　由不同纤维制成的稀松布

14.3.2　墙膜

在欧洲和北美，这些薄膜被用来控制热、空气和水分在混凝土结构中的运动，并且在很大程度上用于木结构建筑，从而保护环境，提高建筑的能源效率。这些薄膜也可以被称为防水透气薄膜，用来遮挡风雨，防止结露，还可用于穹顶、帐篷等临时建筑中。

防水膜系统可以是临时提供的或预先配置的产品，用于正面、反面或侧面[7]。

（1）正面防水系统。贴在元件表面，直接暴露在潮湿的环境中，通常在基础墙的外侧。它们有多种材料和形式。

（2）反面防水系统。贴在元件表面，与暴露于潮湿的表面相对，通常在基础墙的内部。它们通常仅限于水泥系统。

（3）侧面防水系统。预先应用于将直接暴露在潮湿环境中的混凝土构件放置的区域。它们通常是防水片或不透水的黏土基材料。

防水膜可分为以下四种类型。

（1）流体应用系统。材料包括聚氨酯、橡胶、塑料和改性沥青。

（2）薄膜系统。用于基础墙应用，包括热塑性塑料、硫化橡胶和橡胶沥青。这些系统的厚度 0.5~3mm 不等。

（3）膨润土采用钠基膨润土复合高密度聚乙烯（HDPE）衬里和土工非织造材料的复合体系，比传统体系更常用、更有效。

（4）水泥系统。使用波特兰水泥和沙子以及活性防水剂。这些系统包括金属

（金属氧化物）、结晶、化学添加剂和丙烯酸改性体系。

由聚四氟乙烯制成的薄膜有很多孔隙，使得水蒸气很容易散发出去，但同时，由于将水分子聚集在一起的力比挤压通过聚四氟乙烯膜的力要大得多，所以液态水被排斥，从而使薄膜具有防水性。

一些聚氨酯（PU）膜具有微孔结构，如 PTFE，它们具有易于蒸汽输出的微孔，但是不允许液态水通过；而一些 PU 膜是整体性的，没有微孔，通过扩散作用传输水分子，水不能从外面进入。

（1）墙面防水。以杜邦公司产品为例。

1955 年杜邦发明了 Tyvek[8]，Tyvek 轻巧耐用，在各种行业中被采用，创建了新的保护和安全领域。

Tyvek 品牌的保护材料是一系列坚韧耐用的纺粘烯烃片材产品，它比纸张更坚固，比织物更具成本效益和用途。Tyvek 很少或几乎不吸收水分，抗撕裂强度高，并且由环保材料制成。Tyvek 为明亮的白色且柔滑如丝，具有独特的外观和触感，可增强图案形象，使其与其他材料区别开来。

杜邦 AirGuard 控制系统：如图 14.2 所示，它是一个安装在石膏板衬里等其他材料后面的内部隔膜。当所有接头都用胶带粘贴时，它可以减少对流热损失，并在一定程度上控制水蒸气的渗透。它通过耐用的水蒸气控制屏障减少空气泄漏，旨在减少不受控制的空气泄漏，并最大限度地减少屋顶、墙壁和地板的对流热损失。

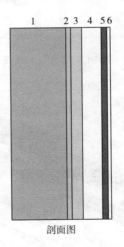

剖面图

图 14.2　杜邦 AirGuard 控制系统

1—外部覆层　2—Tyvek 底衬　3—OSB 或胶合板　4—绝缘层（嵌入 Tyvek 丁基胶带）

5—杜邦 AirGuard 控制　6—内部衬里

杜邦 AirGuard Smart AVCL：如图 14.3 所示，这是一款坚固且重量较轻的柔性 AVCL，具有可变的水蒸气阻力。其主要特征是其抵抗水蒸气通过的能力随周围环境而变化。它通过降低其水蒸气阻力来适应水分的存在，从而使水分迁移回建筑物内部。它具有气密性和防水性，并且随着湿度水平的变化适应其水蒸气阻力，使建筑物能够最大限度地防止由湿度引起的结构损坏。它有助于保护结构，让湿气在干燥阶段逃逸，然后在结构干燥且水分含量稳定后表现为传统的 AVCL。它也是冬季保暖的有效材料。

如图 14.3 所示，在夏季，外侧湿度较高，产品的耐水蒸气能力低。因此，建筑物内的过量水分都可以迁移出来，确保材料干燥。

如图 14.4 所示，在冬季，外侧湿度较低，在这种情况下，产品将通过扩散水蒸气来提供有效的水蒸气控制层。膜的水蒸气阻力变高，因此，减少了进入建筑物外壳的水分量，从而减少了间隙冷凝。

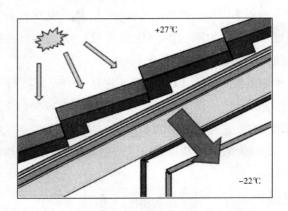

图 14.3　杜邦 AirGuard AVCL 系统处于夏季时

图 14.4　杜邦 AirGuard AVCL 系统处于冬季时

（2）淋浴防水。以 RedGard 膜[16]为例，如图 14.5 所示，可应用于基材，为瓷砖安装提供耐用的保护层，如淋浴和浴缸区域。它们具有防水和防水蒸气性能，因此非常适合在潮湿的区域使用，以提高墙壁的耐久性。

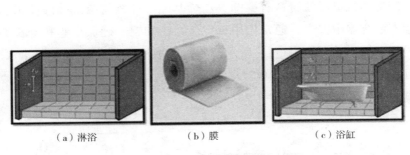

（a）淋浴　　　　　　　　（b）膜　　　　　　　　（c）浴缸

图 14.5　RedGard 膜

14.3.3　管道重新安装材料

CIPP 技术[9]用于衬砌或重新安装管道。这种技术是 Eric Woods 在 20 世纪 70 年代早期发明的，衬里被拉入管道或倒置，然后在压力作用下固化。

CIPP 衬管可以设计成能够承受外部地下水压力、内部工作压力（如果有的话）以及地面和交通负荷对主管道施加的总负荷。在主管道结构合理的情况下，可以将较薄的衬里设计为非结构衬里以解决渗透问题。

CIPP 技术可用于翻新大多数重力管道、涵洞、用于公共设施的压力管道（如水、污水和天然气）以及其他流体供应管道（如食品和饮料行业的流体、石油）等。通常，根据可用的固化方法，可以使用的衬里是直径为 100~2700mm 的圆形管。此外，非圆形管道，如蛋形、卵形和其他形状也可以用作衬里。

在采用 CIPP 技术衬砌之前，必须在安装、固化和重新调试过程中将管道从运行状态中移除，并且可能需要过度泵送、转移或加油以实现此目的。然后必须通过高压水喷射或手动（取决于尺寸）清洁管道，以清除管道中的碎屑、腐蚀性材料或其他材料，与主管道紧密配合对于确保结构完整性和防漏水是必不可少的。任何侵入或有缺陷的侧向连接也必须被移除，并且需要在衬砌之前进行修复。如果管道变形超过其直径或高度的 10%，则在衬砌之前必须对有缺陷的部分进行重新整理。类似地，在整个长度上进行翻新之前，可能需要注意大面积损坏的区域并进行局部修复。需要修复有缺陷的接头和其他缺陷的水渗透，以确保在固化过程中衬里不会失效。

CIPP 衬里由聚酯针刺非织造材料或玻璃纤维制成；但对于压力管，通常采用编织产品，以确保足够的强度，从而可承受管道的内部压力。

由 PU、PE 或 PVC 制成的涂层在运输和安装过程中可保护衬里。

工厂制备的衬里浸渍材料有聚酯、乙烯基酯、环氧树脂或硅酸盐树脂，它们在桶或静态混合器中混合，通常使用真空压力法和辊子确保全幅和全长的衬里涂覆饱和。浸湿加工过程如图 14.6 所示，其过程取决于固化类型，即热水、蒸汽、紫外线（UV）或环境固化。完成浸湿后，CIPP 衬里被运输到冷藏车内，以确保不因热量高而引发过早的固化。

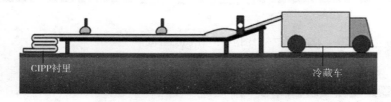

图 14.6　浸湿加工

这种衬垫通常具有 2~3 周的保质期，而用于 UV 固化的衬垫可以储存在阴凉的容器中长达 6 个月。

可以使用充气或倒置技术安装 CIPP 衬垫（图 14.7）[10]。采用倒置法时，衬里通过滚筒、衬里喷枪或喷射器的气压倒置到主机管道中，或者使用静态水压将衬里从脚手架塔中倒置到主管道中。脚手架塔的高度由衬垫到达衬里最远点所需的水压决定。安装长度可以从用于局部修复的接头或缺陷上的短节到全长衬里，通常为 30~200m。

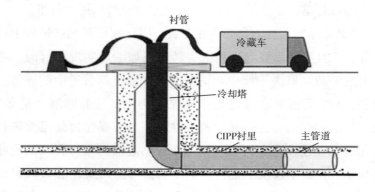

图 14.7　CIPP 冷却加工

　　该方法的一个重要部分是用树脂固化衬里。早期的固化形式要求衬里在压力下保持一整晚，但依然存在压力损失和可能崩溃的风险以及关于时间和生产效率的问题。因此，开发了改进的固化技术，具体如下。

　　（1）热水锅炉。锅炉通过衬管使热水循环，固化速度取决于需要加热的水量。固化温度取决于树脂的种类，例如，聚酯的固化温度为 85℃，环氧树脂的固化温度为 65~70℃。

　　（2）暖气。不使用热水锅炉，而是使用蒸汽锅炉或发电机。暖气的优点是固化速度快得多；但是所使用的衬里必须具有耐蒸汽的涂层。通过使用其他树脂，暖气固化效果也可以使成品比用热水锅炉固化得更强。

　　（3）紫外线。近年来紫外线技术发展迅速，是德国等国家 CIPP 衬里安装和固化的首选方法。如图 14.8 所示，衬管材料是非织造毛毡和玻璃纤维的组合，浸渍后，在黑色塑料管中运送，以防止暴露在阳光下。将衬里拉入管内并用空气充气以允许紫外线穿过充气衬里。光学系统由计算机控制，并且允许紫外线穿透聚酯树脂浸渍的衬里，其中树脂中含有光敏催化剂。一旦紫外线与衬里接触，就开始固化。紫外线固化速度很快，一旦光线通过一个点，那个点的衬里就会固化。

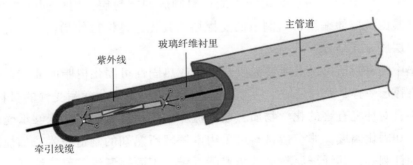

图 14.8　紫外线固化衬里

　　在衬里固化后而切割端部之前，需先使衬里冷却，将其与管端部齐平地切除，并在有需要时进行密封。此外，在切割之前不能发生变形收缩。废弃的固化水或蒸汽冷凝物以及从衬里切下的装饰物需单独移出，以便安全处置。

　　CIPP 衬里的样品应从管道末端或从进入室中固化的模具中取出，用于检验衬管是否符合相应的性能要求。

14.3.4　横向连接的衬里

横管的 CIPP 衬里直径通常为 100mm 或 150mm，长度为 5~20m，且这些管道的弯曲角度在 45°~90°。

在 20 世纪 90 年代，横向管道砌衬开始作为 CIPP 衬里的发展主线。首先，用聚酯树脂浸渍非织造衬里并将其拖入或推入管中。然后，安装操作员使用一根管子将校准软管"扭转"到衬管中。PVC 塑料管衬里可在水或气压下膨胀至管内 CIPP 衬管的尺寸。一旦衬里固化，就移除校准软管，只留下固化的衬里。

尽管拖拽或推动衬里的技术已经得到进一步的改善，但仍常使用"扭转"法来将衬里放置到位。因为采用"扭转"法可以提供更好的光洁度，并且可以使弯曲的管道得以重新塑造。目前聚酯树脂在很大程度上已被环氧树脂取代，并且开始使用小型锅炉或蒸汽固化技术取代自然环境固化。

14.3.5　管道衬里

衬垫由一层抗拉伸编织材料制成[14]，可以是稀松布，夹在两层非织造树脂浸渍材料之间以形成层压结构，将其卷成管以提供具有管状的同心轴衬里。

衬里的三层中至少两层是由非织造材料制成的密封层，用可固化树脂浸渍。第三层则是由抗拉伸编织材料制成的支撑层，其优选是抗拉伸稀松布，并将这三层结构以层压方式结合。

衬垫中的密封层可以由能够吸收热塑性或热固性可固化树脂的非织造材料制成。与支撑层一样，密封层应采用对通过管道的流体具有化学耐受性的材料制成，应采用不会对环境有害的化学物质释放到流体中的材料，并且应能够承受一般的安装压力和固化温度。非织造材料可采用本领域所熟知的制造技术，如梳理、交叉铺网和针刺等；其纤维原料可选用聚酯纤维、聚丙烯纤维、聚乙烯纤维、丙烯酸纤维、芳香族聚酰胺纤维及其组合等。可被吸收到密封层中的树脂包括聚酯、乙烯基酯和环氧树脂以及热固性聚乙烯树脂。树脂还应含有合适的催化剂以引发和促进交联反应。

14.3.6　刚性排水管

如图 14.9 所示，刚性排水管与非织造材料或天然过滤介质一起使用。刚性排水管 2/3 穿孔，1/3 底部封闭，使之有效排水。管道的密度取决于坡面或人行道表面上预期的水流量。

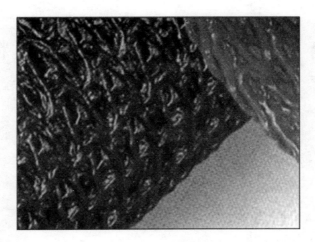

图 14.9 刚性排水管

参考文献

［1］ Technical Teachers Training Institute Chandigarh, Civil engineering materials, Tata McGraw Hill Publishing Company Limited, 2006.

［2］ http：//www. nonwoventechnologies. com/applications/industrial. aspx.

［3］ http：//www. komitex. ru/en/production/krovla.

［4］ http：//www. kingnonwovens. nl/eng/dakmarkt. php.

［5］ http：//www. dvc500. com/custom-non-woven-fabric-felt-textile-manufacturing-protective-roofing-slip-sheet-cushion. html.

［6］ https：//kirson. de/inhalt/en/download/en_produkte. pdf.

［7］ www. nemoequipment. com.

［8］ www. tyvek. co. uk.

［9］ http：//www. ukstt. org. uk/trenchless-technology/lining-techniques/cured-in-place-pipe-lining-cipp.

［10］ http：//www. elitepipeline. com/cipp-relining. html.

［11］ http：//pipevisioninc. com/what_is_cipp. html.

［12］ http：//www. levinecontractors. com/Pipelining/pl01. htm.

［13］ http：//www. industrialwasterecovery. com/cippipelining. html.

［14］ http：//www. google. tl/patents/WO2003100312A1? cl1/4en.

第15章 家居装饰用非织造材料

F. kane

拉夫堡大学艺术学院，英国拉夫堡

15.1 概述

家居行业由从事设计、开发、制造和零售使家庭或其他设施适合居住的产品的企业组成的。与之密切相关的是内饰装修行业，该行业为公共和商业空间提供服务，因此具有不同的产品标准和性能要求。家居装饰领域的产品种类繁多，包括软垫和非软垫家具、地板、地毯、墙面、窗帘、百叶窗和窗户修饰、采光罩、户外家具等。在这些产品中，非织造材料是重要的组件，具有基本使用功能和美化功能。

在家居产品中，非织造材料能够经济地实现一系列功能，包括阻燃性、高温下的尺寸稳定性、高撕裂强度和断裂强度、颜色稳定性、消除分层风险、流体抵抗性和保留性、抗微生物和抗菌性能等。因此，非织造材料可以为家居产品提供安全、舒适和美观的效果[1]。这些性能可通过合适的纤维原料选择、生产方法、结构参数和精加工来实现。非织造材料的生产方法及关键应用领域见表 15.1。

表 15.1 非织造材料的生产方法及其在家居用品中的应用

生产方法	应用领域
针刺法	毯子 地毯衬垫、背衬 室内装潢（包括合成皮革） 填料和衬垫 墙面覆盖物和隔声板
水刺法	墙面覆盖物的背衬 床垫罩 可分层床单 半成品桌布和餐巾 室内装潢（包括合成皮革）

续表

生产方法	应用领域
纺粘法	墙面覆盖物的背衬 地毯衬垫、背衬 窗帘头带 家具背衬 床垫罩 桌布 室内装潢（包括合成皮革） 墙面覆盖物
化学黏合法	填料和衬垫
热黏合法	地毯衬垫、背衬 家具背衬 填料和衬垫
湿法成网法	一次性桌布和餐巾 用于铺砌的玻璃纤维垫 墙面覆盖物 绝缘材料

15.2　家居装饰用非织造材料的性能要求

家居装饰用非织造材料设计时需考虑的因素和性能要求取决于产品的功能要求。例如，当非织造材料在床垫的芯部起覆盖和支撑作用时，非织造材料的拉伸强度和尺寸稳定性是最重要的性能。一般而言，非织造材料的设计、选择和评估标准应考虑性能和安全因素、制造和维护成本、美观和环境问题。

（1）性能和安全因素。性能和安全因素是家居产品设计和开发中的关键因素。由于产品需求，可能需要具有若干性能特性，如绝缘、隔声、遮光和阻燃性能[2]。一般性能规范通常由专业设计人员针对产品制定，或制造商根据相应国际、国家、行业标准以使产品满足可接受的使用性能水平。例如，在内饰市场中，阻燃性通常是强制性的要求，由政府机构制定有关消防安全的规定。《英国家具及家具装饰材料的防火安全法规》（1989 年，1993 年修订）规定了家用软垫家具、家具和其他含有室内装潢产品的耐火等级。这些法规涉及具体的标准和测试方法，由英国标准协会（BSI）或欧洲标准组织（EN）等维护。该法规涉及制造商（以及进口商，如果商品在国外生产）在保障安全产品方面的责任。

（2）维护。产品的维护会影响产品保持原有外观的程度，清洁会造成产品磨损程度。

（3）成本。成本因素与产品的初始成本及其生命周期有关。Yeager 认为初始成本与购买产品及其安装有关，生命周期与维护有关，包括清洁和清洁设备的频率、劳动力、能源以及保险费用等[2]。

（4）美观。美观因素在消费者选择产品中起主导作用，涉及面料的视觉外观和"触感"及其与室内设计趋势的相关性。设计时需考虑产品的颜色、图案、纹理、手感、悬垂性和可用性。

（5）环境。环境因素影响制造、使用和处置，设计时需考虑原料、能源、生产地点、运输、清洁和维护、产品的耐久性以及在其生命周期结束时回收或再利用的潜力等。工业界逐渐意识到需要以环保的方式开发工艺和产品，并且管理机构和法规也正在鼓励生产者进行改进：减少原材料消耗和有害加工剂的使用，材料多样化，纤维和纺织产品回收及再利用。

非织造材料在上述这些方面具有优势，并且可以此进行非织造材料的设计和开发，例如，在产品的生命周期结束时更有效地回收、处理或拆卸。

加工技术、生产参数和原材料都需要仔细选择，才能达到预期的设计和性能要求。每种非织造加工技术所生产的非织造材料都具有特定的性能，有些工艺可以提高强度，有些则可以提高设计灵活性。例如，纺粘法可以获得高强度，而针刺法可以实现原材料的灵活性。如果需要开发一种新型非织造材料，则需要在产品特性方面进行仔细讨论，并且通常需要进行取样测试。这可以通过中等规模生产线与有关制造商或专业研发中心合作来实现，例如，与英国利兹大学的非织造材料创新研究院（NIRI）或美国北卡罗来纳州立大学的非织造材料研究所合作。在开发新产品时，设计师、研究人员和技术团队必须紧密合作，并通过协作创新开发新产品。

15.3 非织造材料在家居装饰中的应用

15.3.1 地面材料

针刺法非织造技术广泛用于生产内部装饰地毯，以及用作主要和次要地毯背衬。

15.3.1.1　制作方法和性能

针刺可以用来生产既适合国内市场又适合合约市场的地毯。地毯必须足够稳定，以便在切割和铺设过程中不会发生尺寸变化，并且必须能够紧密铺设地面而没有气泡或折痕[3]。就合约行业而言，最终用途包括医院、学校、展览中心、机场、办公楼等的地板，因此，在这个领域，产品必须具备高耐磨性。除耐磨性外，合约部门的彩色地毯必须具有高的耐光色牢度。面料重量在 $300 \sim 800g/m^{2[4]}$。

针刺地毯通常由三层组成：面层、网眼布和底层。它们使用预针刺、扁平针刺和通常的结构化技术生产。随着针刺技术的进步，非织造材料可以实现图案化，从而使地毯在地板覆盖市场中占有一席之地。宽幅地毯和方块地毯都是使用针刺法生产的。通过使用结构化针刺机，可获得包括罗纹条、丝绒和颜色效果的表面纹理。为此，使用了带有"薄层"条的织机，刷子传送带和细规叉形织针。使用叉形针将预先缝制的非织造材料重新打孔，这些针在纤维薄片条之间传送纤维，这些薄片条充当底盘以产生毛圈起绒效果。调节针叉进入的非织造材料的取向，可以实现罗纹或丝绒效果[4]。通过选择针的位置和控制每分钟针的行程来引入图案。可以通过升高和降低沉降片来调节绒头的高度。针刺地板覆盖物通常以聚丙烯（PP）、聚酰胺（PA）或两者的混合物为原料，并在梳理之前进行纺前染色和混纺。聚对苯二甲酸乙二醇酯（PET）可用于需要较低耐磨性但需要较高柔软度的产品中。有时，为了提高舒适度，会添加少量柔软的纤维，如黏胶纤维。地毯的耐久性和压缩回复性能可通过混纺具有不同线密度的纤维来调节。当生产两层包含覆盖物时，可以使用从纺织废料中回收的纤维作为底层[3-4]。

非织造材料通常用作传统簇绒地毯的主要和辅助背衬。簇绒地毯由三个元素组成：绒头、簇绒基材（也称为主背衬）和第二背衬。主背衬位于地毯绒头和第二背衬之间。背衬决定地毯的最终性能，也是地毯不同构造阶段成功的关键因素。主背衬通常以 PP 和 PET 为原料，通过纺粘法生产。可以适当地使用天然纤维和再生纤维，面料克重通常在 $150 \sim 200g/m^2$。使用非织造材料作为背衬的优点是具有良好的尺寸稳定性。与传统织物相比，非织造材料的缺点是绒头锚固和抗撕裂能力小于机织基材。非织造主背衬也适用于宽幅地毯、方块地毯、汽车地毯、防尘垫和浴室垫[3-4]。

15.3.1.2　产品设计和示例

出于对用户健康的考虑，现在设计新建筑物时要仔细考虑通风、静电和湿度控制等方面的问题。通过精心设计的元素（如地板覆盖物）促使静电水平降低，改善用户的使用条件。后整理为产品提供了进一步的技术优势，例如易于护理、防污和阻燃性能，以及针对特定市场的特定功能。

非织造地毯材料的设计与生产技术有关，这些技术为图案、罗纹结构和各种绒头高度提供了可能。例如，Marlings 等公司用 PP 和尼龙制成细罗纹针刺和针刺天鹅绒地毯[5]，专门为计算机房、办公室而设计。

墙板材料是一种层压材料，由 100%羊毛毡和使用再生纺织品生产的针刺非织造材料制成。可以设计不同比例的毛毡和针刺非织造物，针刺非织造材料在层压材料中的占比高达 80%。由此产生的材料色彩鲜艳，可回收再利用，并且具有良好的声学特性[6]。混合条纹材料也使用相同的方法制备。

15.3.2 室内装潢和软装饰

在室内装饰区域内，非织造材料用于生产泡沫背衬作为床垫支撑和覆盖材料，是泡沫、皮革和耐用织物的替代品。

15.3.2.1 制作方法和性能

在这一领域内，非织造材料可用作内部产品组件，如床垫的支撑和覆盖材料以及泡沫替代品。黏合聚酯填充物（用于低应力应用）、热黏合非织造材料、非织造材料与机织或针织物层压，可提高覆盖层的尺寸稳定性，可用于生产支撑和覆盖材料，并作为室内装潢的泡沫衬垫。针刺填料和衬垫被整合到家具中作为隔热层和舒适层。这类用途的纤维包括从废衣、韧皮纤维、棉和原始合成纤维（如聚酯纤维、聚丙烯纤维等）回收的再生天然和合成纤维[4]。

基于缝编技术和非织造复合材料的多层针织物可用作家具的泡沫替代品。多层针织物具有优异的可压缩性，克重和体积密度较低，隔热、隔声和防振，优异的可塑性，而且如果其主要成分为热塑性纤维，则可被焊接。由各种非织造基底制成的高性能复合非织造材料也可用作泡沫替代物。

自 20 世纪 40 年代以来，皮革替代产品一直在开发中，以用于时装和室内装饰，其中非织造技术和材料占据重要地位[7]。虽然这些新材料仍然相对昂贵，但比高质量的真皮革便宜，并且具有产品质量和废弃物可控的优点。合成皮革可以通过挤出聚合物溶液作为薄膜片材或纤维基质来生产。然后将片材或基质黏合到提供尺寸稳定性的支撑基材上，如纺粘或水刺非织造材料。最常用的化合物是聚氯乙烯和聚氨酯。这些化合物也开发成扩展溶液，然后将其施加到基础织物上生产合成皮革材料。皮革表面的纹理效果是通过压花实现的。合成皮革通常也使用水刺和针刺技术生产。与传统方法相比，合成皮革是由可分离的双组分纤维进行水刺缠结而成的。针刺技术可用于生产致密的纤维结构，然后用聚氨酯树脂浸渍。通过反复针刺，非织造材料的密度逐渐增加。为了生产精细的高密度织物，可以使用具有高穿孔密度且需要带小倒钩的细针。通过在纤维混合物中使用一定比例的高收缩热塑性纤维，可以增加其比表面积和体积密度。水刺中使用的可分裂的纤维也可采用针刺技术生产，从而使非织造材料表面光滑、耐磨性高、没有针状痕迹。

15.3.2.2 产品设计和示例

使用微纤和透气、透湿的聚氨酯可提高合成皮革产品的质量[7]。例如，商品名为 Alcantara 的非织造材料，可用于高端或豪华家居、时装和配饰、汽车和室内装饰市场。它具有类似于绒面革的视觉和质地特性，但更耐磨损和更防水[8]。除了切割和压花工艺外，还可以利用层压和后整理工艺来对非织造材料的表面进行物理改性[10]。此外，还可采用激光标记和切割技术使表面图案化。

除了开发合成皮革外，耐用非织造材料还广泛用于室内装潢、软装饰区域、汽车内饰、墙面覆盖物等领域。例如，使用 APEXTM 技术开发的 Miratec，适用于耐用和长寿命的产品。该技术结合了先进的成网技术和激光技术，可生成 50 ~ 400g/m² 的强力均匀的非织造材料。Miratec 还可采用传统的后整理工艺进行处理，如喷洒染色、圆网印花、热转印和涂层，以扩展生产技术和提高美学价值。

15.3.3 寝具

在寝具中常使用非织造材料，因为它们具有阻燃和抗菌性能，并且比传统纺织材料的成本更低。非织造材料的主要产品包括床垫、枕头、棉被、羽绒被和毯子。

15.3.3.1 制作方法和性能

非织造材料用作床垫的内部支撑和覆盖材料。在该领域中使用的非织造材料包括：化学黏合的聚酯填料（用于低应力时）、热黏合非织造材料，以及与机织物或针织物层压的非织造材料，以提供具有高尺寸稳定性的覆盖物。聚酯或聚丙烯长丝非织造材料越来越多地用于替代平纹棉织物床垫套。为此，要求它们在所有方向上具有同样高的拉伸强度，以防止在缝纫后被撕裂，并且在切割时不会磨损[3]。此应用中使用的非织造材料的克量为 10 ~ 15g/m²，有时能达到 50g/m²。防止弹簧穿透床垫上层的绝缘层由非织造材料制成，各种非织造材料都可用于覆盖弹簧，然而，针刺非织造材料即可提供支撑又具有舒适性。

覆盖垫用来保护床垫免受灰尘、湿气和磨损，通常由聚酯纤维构成，编织在两种编织或非织造材料面层和背衬材料之间。

由于聚氨酯泡沫塑料存在火灾和健康危害，越来越多地以非织造材料作为其替代材料。为了生产合适的非织造材料，高蓬松度的原纤维（其中高达25%是热塑性双组分纤维）在冷却和压缩至适当厚度之前，需使用热空气进行热黏合。对于该应用，非织造材料需要在动态载荷下稳定并且具有高压缩性和良好的回复能力。所生产的非织造材料厚而且体积大，质量与相同厚度的常规泡沫相当。它们还具有良好的透气性和舒适性[3]。

非织造材料和纤维填料经常用于枕头、被子和羽绒被中。此外，针刺技术可用于生产低成本的毛毯。填充物和用作填充的松散纤维越来越多地用于家具中。中空纤维具有优异的绝缘性能，广泛用于床上用品和睡袋。用于此目的的纤维通常使用自交联苯乙烯共聚物黏合，因为其具有良好的耐化学性和抗老化性能。这些是使用饱和浸渍、喷洒或泡沫黏合技术黏合的[10]。类似地，用于枕头和羽绒被的绝缘填料可以是羽绒、羽毛、松散聚酯等。填充物被包裹在外覆盖物中，外覆盖物通常包括纺粘衬里，以防止填充物穿透表面。非织造材料也用作较便宜产品的外壳。

毯子是针刺技术的最早应用之一。在针刺毯的生产中，已经对针刺工艺进行了改进，以改善产品性能。例如，由Chatham制造公司于20世纪50年代开发的纤维制造工艺，现在由WestPoint Homes拥有，使用双面交替针刺和对角穿透针头技术[11]，使得纤维结合更为强烈，从而使产品更好地压缩和固化。厚的纤维网通过交叉层叠制成，并且包含一层起支撑作用的编织稀松布。

15.3.3.2 产品设计和示例

床上用品中非织造材料设计的一个重要发展是抗菌性能的整合。这是通过抗微生物整理实现的。例如，Nolla银聚合物等产品可以在不同生产阶段集成到非织造材料中。经抗菌整理的床上用品可以减少诸如耐甲氧西林金黄色葡萄球菌（MRSA）等的微生物的传播。此外，由于纤维结构非常紧凑，用作床垫、枕头和羽绒被的产品产生保护层，以抵御尘螨过敏源。

可以对非织造材料表面进行功能整理，也可以对其内部结构进行整理。可以通过浸轧、喷涂、水性涂料或泡沫应用等方法将抗菌剂施加到非织造基底上，它们也可以直接添加到纤维纺丝原液中[12]。Ahmed指出，专有化合物、含银的金属化合物和天然生物聚合物（如壳聚糖）在这一领域非常重要；含有巯氧吡啶的氯化苯氧基化合物的水分散体可以有效地抑制细菌、藻类、酵母和真菌[9]。为了获得最大的益处，抗菌处理必须耐洗涤；选择性地抑制不良微生物；对制造商、用户和环境无害；符合监管机构的要求；对产品质量无害；耐受体液和消毒处理。

后整理还可用于在非织造床上用品中提供感官益处和健康益处。例如，Mogul生产的"Moscento"将香味融入纺粘非织造材料中[13]。虽然香味只是暂时的，但它可以应用于一系列永久性和一次性产品，包括床上用品[14]。相反，可以在非织造材料中使用气味吸收技术来消除不需要的气味。

15. 3. 4　墙面覆盖物

非织造材料用作墙面覆盖物的背衬，也可用作传统纸张或 PVC 覆盖物的替代品。用于墙面覆盖物的非织造材料的要求为：具有足够的尺寸稳定性和强度，安装后保持光滑和一致的表面。

15. 3. 4. 1　制作方法和性能

作为背衬，当需要比传统粗斜纹棉布背衬更高水平的尺寸稳定性时，就会使用非织造材料，包括缝编和针刺非织造材料[3]。这些材料通常由聚酯纤维构成，克重在 $40\sim85g/m^2$。

在墙面覆盖物应用中，较高克重的湿法成网非织造材料已成为纸、乙烯基和机织基材的常用替代品。它们可以通过浸泡粘贴并直接施加到墙壁上，因此比传统基材更容易悬挂和移除。例如，由非织造材料制造商 Ahlstrom 开发的 Easylife™，具有良好的尺寸稳定性，在施加糊剂时不会收缩或膨胀，这意味着接缝不会分离，外观连续一致。此外，非织造墙面覆盖物还具有优越的强度、抗撕裂性、不透明性和透气性等优点，这阻止了墙壁和覆盖物之间的真菌生长。天然纤维和合成纤维制成的针刺非织造材料也可以用作墙面覆盖物[15]，面料克重应在 $150\sim300g/m^{2[3]}$，通常采用罗纹结构，据报道，许多这样的产品具有吸声性，并且与湿法成网非织造材料一样，可以设计成防污、防霉和防褪色的产品[16]。

15. 3. 4. 2　产品设计和示例

湿法成网非织造墙面覆盖物的尺寸稳定性好，不需要 PVC 涂层，这在制造和环境方面都是有利的。设计时也可加入长而随机的合成纤维，如剑麻或亚麻，以及装饰细节，以产生视觉、纹理和结构效果。例如，Vescom 提供了印花和装饰墙的设计方案，以 70%聚酯纤维和 30%木浆纤维构成的非织造材料作为主要基材[17]。

采用后整理技术可设计出一系列表面效果，可实现各种视觉和纹理设计，或使产品具有高性能。例如，由 Evonik 工业集团开发的墙面覆盖物 CCFLEX，以非织造材料为基础材料，外层涂覆陶瓷[18]。非织造材料为陶瓷涂层提供必要的柔韧性，从而形成防刮、抗冲击、耐化学物质且在紫外线下稳定的材料。

15.3.5 照明和窗户

在这一领域，非织造材料适用于窗帘、百叶窗、遮光帘。

15.3.5.1 制作方法和性能

非织造材料在窗帘和百叶窗中用作加强衬里和主要的外层面料。作为衬里，它们通常在一侧或两侧涂有热熔黏合剂，并通过热黏合置于支撑织物上。水刺非织造材料可用作传统窗帘网、卷帘和浴帘的替代品，因此，它们必须具有良好的撕裂强度、外观、手感，易于护理和折痕可回复。可以使用百分之百的聚酯产品，因为它们具有易护理性能，不易磨损，并且它们在洗涤过程中的收缩率仅为1.5%。经过防水整理后，它们可用作浴帘或卷帘[3]。

有些非织造产品质轻、半透明，可用于遮光、房间隔断和替代窗户等，通常采用纺粘法制备。在需要柔软的非织造材料时，可采用干法成网结构。

15.3.5.2 产品设计和示例

半透明、高强度、质轻、低成本等特性以及经济成本的结合，意味着非织造材料为室内空间和产品提供了一系列设计机会。例如，设计公司 Molo 的"软墙""软块"和"海胆软灯"等产品以一种创新的方式展示了这些特性[19]。Molo 设计的软墙（图 15.1）是一种柔软的隔板，由 600 层柔软的半透明非织造材料薄层制成。所使用的非织造材料以聚乙烯为原料，被制备成可收缩的柔性蜂窝结构。采用同样的方法设计了软嵌段产品（图 15.2）和海胆柔光产品（图 15.3）。所使用的非织造材料也可进行阻燃整理；如果需要，非织造材料也可以 100% 循环利用。

图 15.1 软墙

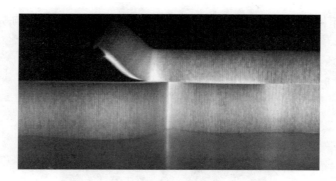

图 15.2 软嵌段产品

图 15.4 海胆柔光产品

15.4 未来趋势

非织造材料在家居装饰中起着重要的作用，是一种重要的组件材料，为广泛的产品提供支撑和技术支持，但往往隐藏在视线之外；然而，非织造材料具有纹理和视觉吸引力的可见表面的非织造材料正在增加。例如，非织造材料使用有机珠光材料，可具有新颖的色彩和视觉品质[20]。

家居装饰用非织造材料领域正在开发新的可持续材料，如树皮布。例如，由 BARK CLOTH 制造的由无花果树皮制得的天然非织造材料（图 15.4），它由纤维素纤维和少量单宁组成。通过精加工处理的树皮布还可具有特定的性能，如防污性、耐火性和低摩擦性。树皮材料已经被家居公司和家居用品设计者所采用，如 Dekodur[21] 和 Yemi Awosile[22]，Dekodur 根据树皮布的多功能特性开发了层压材料，

309

Yemi Awosile 用树皮布制作了一系列雕塑灯，如图 15.5 和图 15.6 所示。

图 15.4　BARK CLOTH 制备的树皮布

图 15.5　Dekodur 用树皮布开发的层压材料

图 15.6　Yemi Awosile 用树皮布制作的雕刻灯

参考文献

［1］ ENGQVIST H. Index 05 to Showcase Developments in Nonwovens for the Home. Technical Textiles International（March/April），2005.

［2］ YEAGER J I, TETER-JUSTICE L K. Textiles for Residential and Commercial Interiors, second ed. Fairchild Publications, New York, 2000.

［3］ STEIN W, SLOVACEK J M. Nonwovens for home textiles. In：ALBRECHT W, FUCHS H, KITTELMANN W.（Eds.），Nonwoven Fabrics, Raw Materials, Manufacture, Applications, Characteristics, Testing Processes. Wiley－Vech, Weinheim, Germany, 2003：512-522（Chapter 13）.

［4］ ANAND S C, BRUNNSCHWEILER D, SWARBRICK G, et al. Mechanical bonding. In：RUSSELL S J.（Ed.），Handbook of Nonwovens. Woodhead Publishing Limited, Cambridge, 2007（Chapter 5）.

［5］ http：//www. marlings. co. uk/index. php.

［6］ http：//materia. nl/material/wall-stripes/（accessed 21. 09. 15.）.

［7］ ASSENTH C, HASSE J, STOLL M, et al. Nonwovens for apparel. In：ALBRECHT W, FUCHS H, KITTELMANN W（Eds.），Nonwoven Fabrics, Raw Materials, Manufacture, Applications, Characteristics, Testing Processes. Wiley－Vech, Weinheim, Germany, 2003：523-544（Chapter 14）.

［8］ http：//nirvanacph. com/2015/07/material－month－alcantara/（accessed 25. 09. 15.）.

［9］ AHMED A I. Nonwoven fabric finishing. In：RUSSELL S J（Ed.），Handbook of Nonwovens. Woodhead Publishing Limited, Cambridge, 2007（Chapter 8）.

［10］ CHAPMAN R. Chemical bonding. In：RUSSELL S J（Ed.），Handbook of Nonwovens. Woodhead Publishing Limited, Cambridge, 2007：365（Chapter 7）.

［11］ KITTLEMANN W, DILO J P, GUPTA V P, et al. Web bonding. In：ALBRECHT W, FUCHS H, KITTELMANN W（Eds.），Nonwoven fabrics, Raw Materials, Manufacture, Applications, Characteristics, Testing Processes. Wiley－Vech, Weinheim, Germany, 2003：269-408（Chapter 6）.

［12］ GOPALAKRISHNAN D, ASWINI R K. Antimicrobial Finishes, Fibre2Fashion. http：//www. fibre2fashion. com/industry－article/textile－industry－articles/

antimicrobial-finishes/antimicrobial-finishes1. asp（accessed 18. 02. 09.)，2009.

［13］http：//www. mogulsb. com/（accessed 25. 09. 15).

［14］http：//materia. nl/material/mogul-moscento/，2015（accessed 25. 09. 15.).

［15］BITZ K（2003). Nonwovens Hit the Wall. Nonwovens Industry. http：//www. nonwovens-industry. com/articles/2003/10/feature1（accessed 10. 12. 08.).

［16］http：//www. odysseywallcoverings. com/skyline. html（accessed 12. 12. 08.).

［17］http：//www. vescom. co. uk/frameset. asp（accessed 12. 12. 08.).

［18］http：//corporate. evonik. com/en/Pages/default. aspx（accessed 21. 09. 15.).

［19］http：//molodesign. com/products/（accessed 25. 09. 15.).

［20］http：//materia. nl/brand/tci - tang - chen - international - corp/（accessed 25. 09. 15.).

［21］http//www. dekodur. com/en/dekowood-bark-cloth-broadcloth-panel-real-wood-surface. html#1（accessed 21. 09. 15.).

第 16 章　包装用非织造材料

G. Kellie

凯利解决方案有限公司，英国塔尔波利

16.1　概述

从历史上看，包装行业一直是非织造材料应用中的一个小而常被忽视的部分。然而，最新的数据显示，包装用非织造材料正在占据非织造市场日益重要的一部分。凯利公司的数据表明，包装用非织造材料约占非织造市场的 3%，并且以每年 5% 以上的复合年增长率（CAGR）增长。非织造材料在包装中的最终用途也在逐渐扩大，并且随着非织造材料越来越为包装界所知，新的应用逐渐出现。

与许多传统的材料（如纸或合成薄膜）相比，大多数非织造材料（如纺粘非织造材料）坚固耐用，且在纵向和横向上具有各向同性（相同的强度）。此外，非织造材料可提供特殊的功能，如可控透气性和液体的吸收、转移，使包装具有额外的功能，如延长产品的保质期。

16.2　非织造材料在包装中的应用

非织造材料在包装中的最终用途包括：耐用的零售包装、活性或智能的包装组件、医疗包装、消毒包装、茶包装、奶酪包装、鱼包、疏松布增强包装、木材或砖包、表面保护包装、计算机等电子产品包装、服装载体、鞋或手提包、服装袋、广告袋、工业包装、干燥剂袋、水果袋等。

16.2.1　茶包和咖啡袋

茶包在非织造材料应用中占据独特的地位。非织造材料茶包不仅具有注入茶叶和方便泡茶等最基本的功能，而且茶透气。按体积计算，在包装上茶包和咖啡袋是非织造材料的很大用户。尽管开发了新型生物塑料纺丝黏合剂，但湿法成网技术仍是制备茶包和咖啡袋的主要方法[1]。该技术的目的是获得网状结构的非织造材料，从而提供出色的茶叶浸泡效果，同时还可确保细茶颗粒的高保留率。

16.2.2　医疗包装

随着外科技术和科技的进步，专业医疗器械包装市场呈现长期稳定的增长。医疗用包装要求严格，需经过专业认证，应用范围包括缝线、注射器及其针头、伤口护理材料、导管等的包装。

在大多数情况下，包装的一个重要功能是提供安全和保护性的介质和系统，以保证长期无菌。医疗包装形式有多种，包括泡罩箔、成型—填充—密封网、预成型袋、刚性和半柔性热成型容器，其中非织造材料在许多包装中起着至关重要的作用。例如，杜邦公司生产的 Tyvek 是许多医疗设备包的关键组成部分，系列产品有 Tyvek 1073B、Tyvek 1059B、Tyvek 2FS 和 Tyvek Asuron 等。

这些包必须满足许多要求，其中一个关键的要求是需要经受至关重要的灭菌过程。因此，该领域一直在积极开发透气性网络组件的使用。这些组件提供了包装完整性和产品灭菌之间的重要联系。该领域占主导地位的技术之一是环氧乙烷灭菌（EtO），要求包装中可以装满 EtO 气体，并在不允许细菌进入的情况下进行排空。这种复杂的平衡法需要先进的包装透气性技术和控制技术。此外，还需要具有"清洁剥离"和"不起毛"的性能。包装通常可以为非织造薄膜或（和）特殊纸的混合物。生产设备日益复杂，需要对产品的无菌性和可追溯性提供高水平的保证。关键性能领域包括密封强度和微生物屏障测试[2]。

灭菌包装主要用于包装手术器械，以便在手术室使用之前进行消毒。例如，可以 SSMMSS（纺粘和熔喷非织造复合材料）聚丙烯复合材料为原料[3]。包装物必须适合蒸汽、EtO 和 γ 灭菌。具体地，包装必须符合 BS EN 868 第 2 部分和 ISO 11607 第 1 部分的要求。

16.2.3　活性和智能包装

自 2010 年以来，活性和智能包装一直是包装中增长最快的领域之一。

活性包装可用于改变食品附近的环境，目的是在不使用食品添加剂和防腐剂的情况下延长保质期。智能包装可管理或者控制包装食品的状况，特别注重将食品生产商与超市联系起来的冷链系统。

结合非织造材料的包装组件主要目的是提供独特的增强功能，满足消费者的需要。例如，吸水性气流铺设非织造材料可以配置一系列黏合技术。这些工艺可以帮助提供具有受控液体吸收特性的衬垫材料。许多材料还具有多层结构，其中加入性能材料，如高吸水性树脂（SAP）。SAP 通常与气流成网非织造材料结合使用，也可用于包装新鲜食品以维持食品的外观和保质期。SAP 在食品和特种包装中的应用越来越多。

16. 2. 4　工业包装

包装用非织造材料的应用广泛且多样化。工业公司已逐渐采用非织造材料包装产品以保护高价值产品。例如，非织造材料越来越多地用于包装电子产品和计算机产品。

以 Subrenat 集团为例，该集团为最终用户、原始设备制造商（OEM）和零售商提供广泛的包装材料，包括各种各样的非织造材料（纺粘、干法成网、湿法成网、气流成网）。这些材料通常作为耐用和可重复使用的保护包销售，如防止表面刮擦等，部分产品如图 16.1 所示。

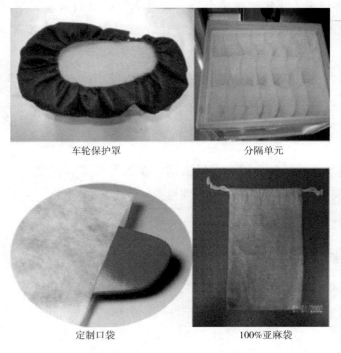

车轮保护罩　　　　　　　　　分隔单元

定制口袋　　　　　　　　　100%亚麻袋

图 16.1　Subrenat 集团部分产品

16.2.5　标签

非织造材料在耐用和防潮标签方面具有重要的市场地位，适用于要求苛刻的工业和化学应用以及特种服装。例如，杜邦公司制造了一种特殊等级的标签，名为 Tyvek Brillion；最近，杜邦又推出了两种新的标签：Tyvek Brillion DR 和 Tyvek Brillion DRC。已经开发用于条形码和可变数据的热转印应用[4]。

16.2.6　干燥剂袋和功能性化学袋

干燥剂袋具有多种功能，如保护吸收性材料、防止细颗粒被释放以及提供足够的空气渗透性以除去大气中的水分。

功能性化学袋具有智能吸收或解吸特性等功能，如防腐蚀挥发性缓蚀剂或气相抑制剂（VCI/VPI）的包装袋子、氧气清除袋、气味吸收袋等[5]。

16.2.7　购物袋

自 2005 年以来，零售购物袋市场一直是非织造材料最重要的增长领域之一。这个市场变化的驱动因素包括改善绩效、政府立法、媒体宣传和消费者态度的变化。

随着耐用、多用途手提袋的快速增长，一次性用袋行业销售明显下滑。非织造材料提供了一系列解决方案，其主要竞争产品是自层压编织袋[6]。

16.2.8　促销袋

近年来，非织造材料促销袋市场激增。在各类展览和促销活动中，它们都以多种形式出现，其优势在于重量轻、强度高、可以支撑重物、美观、可以长时间传递促销信息。

16.2.9　快递袋和信封

杜邦 Tyvek 提供了一种独特的材料，可以取代纸张或塑料薄膜，并且具有可印刷、超轻重量、优异的强度和产品保护性能。由聚乙烯制成的 Tyvek 产品可回收。随着快递市场的扩大，非织造材料快递袋和强力保护信封的市场也迅速增长。

杜邦公司开发了 Tyvek Plus 信封基板，它具有吸收性表面和更硬的片状结构，从而使信封更易于处理和运输，并且提高了打印质量。

16.2.10　其他应用

其他一些应用包括香肠和奶酪包装、纤维肉肠衣、鱼包装非织造材料和鲜花包装等。

16.3　未来趋势

非织造材料难以印刷，从而很难满足包装行业的严格标准。目前，随着创新技术的开发，一些公司已经掌握了高速和高产量的优质产品生产，并有望在包装中进一步应用复合印刷非织造材料。

参考文献

［1］Tea Bags：http：//teabagfilter. com/products/nowoven_filter/soilon_nw. html/http：//www. glatfelter. com/products/food_beverage/tea_bag_papers. aspx/，www. ahlstrom. com/en/products/enduseApplication/foodAndRetail/teaBags/Pages/default. aspx/，www. glatfelter. com/about _ us/news _ events/press _ release. aspx？PRID1/455/www. purico. co. uk/sectors/3. /www. unileverme. com/brands/foodbrands/lipton. aspx.

［2］Medical Packaging：www. pmpnews. com/article/dupont−readies−tyvek−future，www. touchbriefings. com/pdf/954/Oliver _ tech. pdf. http：//etd. lib. clemson. edu/documents/1252937372/Blocher _ clemson _ 0050M，www. healthcarepackaging. com/archives/Materials/bags_pouches_pkg/，www. freedoniagroup.

［3］Sterilisation Wrap：www. amcor. com/businesses/healthcare/hospital _ packaging/business _ afhc _ hosp _ sheets. html，www. kcprofessional. com/us/product−details. asp？prd _ id1/410709，www. medicaldevice − network. com/features/feature80279/，www. plusmedical. cn/home.

［4］Nonwoven Labels：www. index11. org/en/the−exhibition/packaging−workshop−nonwovens−in−packaging−0−238，www. greenerpackage. com/recycling/world _ demand _ green_packaging _ reach _212_billion _2015，www. flexography. org/resources/FLX _ Jan11 _ forecast. pdf，http：//russian americanbusiness. org/web _ CURRENT/categories/Magazine − archive/Market−analysis/，www. worldpackaging. org/uploads/paperpublished/2 _ pdf. pdf， www. flexography. org/resources/FLX_Jan11_forecast. pdf.

［5］ Desiccant and Functional Chemical Bags：www. multisorb. com/products/natra-sorb. html，www. lantor. nl/index. php/id_structuur/9987/packaging. html.

［6］ RetailMarkets：ShoppingBags：www. wrap. org. uk/retail_supply_chain/voluntary_agreements/carrier_bags/，www. wrap. org. uk/downloads/Review_of_Carrier_Bag_Use_by_Supermarkets_201，www. hzgoldenlily. com/en/index. php？act1/4product& code1/4view&id1/449.